MATHEMATICS FOR APPLIED LIFE

수정판

생활속의 수학

민만식 · 최영미 지음

한티미디어

저자소개

민만식 고려대학교 수학과와 통계학과대학원에서 석사, 박사학위를 취득했다.
현재 수원대학교에서 강의하며, 그동안 강의 경험을 바팅으로 다수의 저서를 집필하였다.
저서로는 〈SPSS을 활용한 통계학〉, 〈미분적분학〉, 〈선형대수학〉, 〈이산수학〉, 〈공학수학〉, 〈R통계학〉, 〈사례로 배우는 확률과 통계〉, 〈R을 이용한 빅데이터분석 입문〉 등 여러 권이 있다.

최영미 아주대학교 수학과대학원에서 박사학위를 취득했다.
현재 안양대학교에서 강의하며, 그동안 강의 경험을 바탕으로 다수의 저서를 집필하였다.
저서로는 〈대학수학〉, 〈선형대수학 이론 및 응용〉, 〈다변수미분적분학〉 등 여러 권이 있다.

생활속의 수학 수정판

발행일 2017년 9월 7일 초판 1쇄
2022년 7월 29일 수정판 1쇄
2024년 2월 28일 수정판 2쇄
2025년 8월 15일 수정판 3쇄
지은이 민만식 · 최영미
펴낸이 김준호
펴낸곳 한티미디어 | **주 소** 경기도 고양시 덕양구 청초로 66, 덕은리버워크 B동 1707호
등 록 제15-571호 2006년 5월 15일
전 화 02)332-7993~4 | **팩 스** 02)332-7995
ISBN 978-89-6421-441-1 (93410)
가 격 25,000원

마케팅 노호근 김택균
관 리 김지영

이 책에 대한 의견이나 잘못된 내용에 대한 수정 정보는 한티미디어 홈페이지나 이메일로 알려주십시오.
독자님의 의견을 충분히 반영하도록 늘 노력하겠습니다.
홈페이지 www.hanteemedia.co.kr | **이메일** hantee@hanteemedia.co.kr

---

PREFACE

이 책은 AI 시대에 수학을 전공으로 택하지 않은 학생들의 수준에 맞추어 실제생활에서 접하는 다양한 문제들을 수학이라는 도구를 이용하여 해결해 나가는 방법을 제시하고, 빅데이터 시대를 살아가는 데 도움을 받을 수 있도록 하였다. 수학을 이해하는 수준에 따라 빅데이터는 다양해지므로 실용적인 면에서 이용되는 수학의 수준도 올라가게 마련이다.

본서에서 제시된 내용은 중·고등학교의 기본적이고 기초적인 과정에 충실한 학생은 충분히 이해할 수 있는 실생활 적용 문제이므로, 수학에 자신이 없거나 싫어했던 학생도 흥미를 갖고 쉽게 접근할 수 있도록 구성되었다. 그리고 수학을 가까이 함으로써 학교생활이나 사회생활에서 분명하고 정확하게 문제를 해결하는 능력을 길러 주는데 초점을 맞추었으며, 실생활 문제해결을 통해 수학의 필요성을 깨닫도록 하였다.

AI 시대에는 수학적 지식이 더욱 강조되고 있으며, 삶의 질을 높이는데 가장 쉬운 접근방법이 수학을 생활화하는 것이라고 유명한 수학자들은 강조해왔다. 우리는 살아가면서 직면하는 많은 문제를 해결하는데 있어 수학적 방법을 이용하여 접근하게 되면 큰 보람을 얻게 될 것이다.

이 책은 기본개념에 대한 설명을 분명히 한 다음, 예제를 통해 실생활 문제를 해결해 보도록 하였다. 또한 바로 다음 문제를 통해 그것을 확인해 보고 자신감을 갖고 풀 수 있도록 하였다. 한편 전체적으로 문제들이 생활주변에서 일어나거나 일어날 수 있는 것들이므로 쉬워 보일 것이나 간과하지 말고 해결과정을 확실히 익혀 좀 더 높은 수준에 도달할 수 있는 응용방법을 터득하고 수학이 문제해결 능력의 중요한 요소임을 알 수 있도록 했다.

이 책의 내용이 생활주변의 모든 문제를 포함한 것은 아니며 극히 일부일 것이다. 이와 더불어 적절치 못한 용어, 내용의 흐름이 부드럽지 못한 곳, 매끄럽지 못한 부분을 지적해 주면 즉시 반영하여 수정·보완하고 보다 나은 책이 되도록 노력하고자 한다.

이 책이 나오기까지 물심양면으로 도움을 주신 한티미디어 직원 여러분과 김준호 사장님께 깊은 고마움을 전합니다.

2022. 7

저자

CONTENTS

CHAPTER 6 직선 · 함수를 이용한 생활수학

CHAPTER 7 지수와 로그를 이용한 생활수학

CHAPTER 8 행렬을 이용한 생활수학

CHAPTER 9 미분을 이용한 생활수학

CHAPTER 10 적분을 이용한 생활수학

CHAPTER 11 확률을 이용한 생활수학

CHAPTER 12 통계를 이용한 생활수학

APPENDIX 생활과 수학을 위한 미적기초

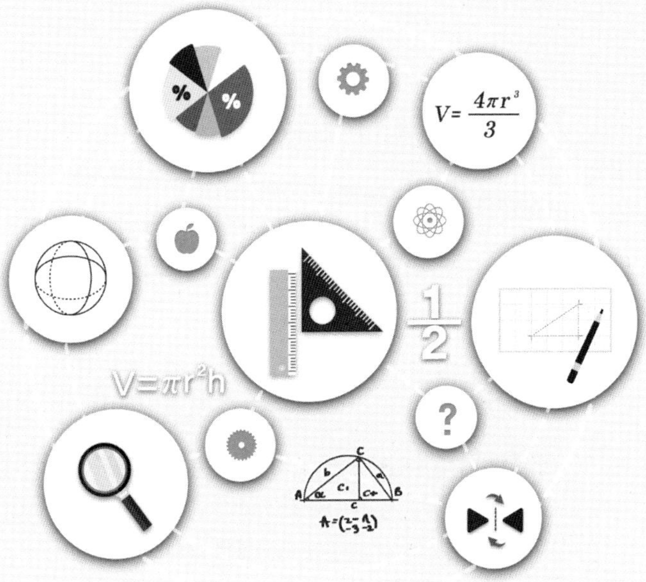

CHAPTER 01

퍼센트

1.1 퍼센트의 형태

퍼센트는 비율이다. 즉, 퍼센트는 전체를 100으로 둘 때의 비율이다. 퍼센트라는 말은 백분율의 의미로 라틴어도 per centum에서 유래되었다.

예제 1.1

35명의 학생이 있는 반에서, 10명이 농구를 그들이 가장 좋아하는 운동으로 꼽았고, 7명이 야구, 6명이 미식축구, 5명이 축구, 5명이 테니스, 그리고 2명이 하키를 꼽았다고 가정하자. 이 지료들의 도수분포표와 각 범주에 백분율을 나타내어라.

〈표 1.1〉 운동 종목에 대한 도수분포표

범주	도수	백분율
야구	7	20
농구	10	29
미식축구	6	17
하키	2	6
축구	5	14
테니스	5	14

(1) 퍼센트를 분수로 전환하는 방법

① 퍼센트를 100으로 나눈다.

② 기약분수로 나타낸다.

예제 1.2

88%를 분수로 나타내어라

풀이

$$88\% = \frac{88}{100} = \frac{22}{25}$$

예제 1.3

$37\frac{1}{2}\%$ 을 분수로 나타내라.

풀이

$$37\frac{1}{2}\% = 37.5\% = \frac{37.5}{100} = \frac{3}{8}$$

문제 1.1

어느 화장지 회사에서 생산된 미용용 화장지 50장을 임의로 뽑아 불량품을 조사하여 불량의 종류를 알아보았더니, 구멍 뚫림이 15개, 잘못 접혀짐이 5개, 찢어짐이 22개 그리고 기타의 불량이 8개씩 있었다. 불량의 종류에 대한 퍼센트로 나타내어라.

문제 1.2

다음을 분수로 나타내시오.

(1) 8%

(2) $12\frac{1}{2}\%$

(3) 365%

(4) $\frac{2}{3}\%$

(2) 퍼센트를 소수로 전환하는 방법

① 퍼센트를 100으로 나눈다.

② 100으로 나눈 후 왼쪽에서 소수점 둘째자리로 이동한다.

예제 1.4

8%를 소수로 나타내어라.

풀이

$8\% = 8 \div 100 = 0.08$

예제 1.5

$32\frac{1}{4}$%을 소수로 나타내어라.

풀이

$$32\frac{1}{4}\% = 32.25\%$$
$$= 32.25 \div 100$$
$$= 0.3225$$

문제 1.3

다음을 소수로 나타내어라.

(1) 60%

(2) $13\frac{1}{4}$%

(3) 153%

(4) 5%

(5) 0.025%

(6) 0.0057%

(3) 소수를 퍼센트로 나타내는 방법

① 소수에 100을 곱하고 %를 붙인다.

② 오른쪽으로 소숫점을 두 자리 이동한다.

예제 1.6

2.4를 퍼센트로 나타내어라.

풀이

$2.4 \times (100\%) = 240\%$

예제 1.7

0.009를 퍼센트로 나타내어라.

풀이

$0.009 \times (100\%) = 0.9\%$

문제 1.4

다음을 퍼센트로 나타내어라.

(1) 0.54 (2) 2.3

(3) 1.07 (4) 11.3

(4) 분수를 퍼센트로 나타내는 방법

① 분수에 100을 곱한다.

예제 1.8

$\frac{3}{20}$ 을 퍼센트로 나타내어라.

풀이

$\frac{3}{20} \times 100 = 15\%$

예제 1.9

$\frac{5}{2}$ 를 퍼센트로 나타내어라.

풀이

$\frac{5}{2} \times 100 = 250\%$

문제 1.5

다음을 퍼센트로 나타내어라.

(1) $\frac{4}{5}$　　(2) $\frac{3}{25}$

(3) $\frac{15}{10}$　　(4) $\frac{12}{3}$

1.2 퍼센트 방정식

퍼센트 문제들의 세 가지 형태가 있다.

① 부분의 양을 찾는 문제
② 퍼센트를 찾는 문제
③ 전체를 찾는 문제

$$\text{부분의 양} = \frac{\text{퍼센트}}{100} \times \text{전체}$$

예제 1.10

다음을 구하여라.

(1) 250의 104%는 얼마인가?

(2) 12의 몇 퍼센트가 16인가?

(3) 70은 어떤 수의 40%인가?

풀이

(1) $250 \times \frac{104}{100} = 260$

(2) $12 \times \frac{x}{100} = 16$　　$x = 133\frac{1}{3}\%$

(3) $x \times \frac{40}{100} = 70$ 에서　　$x = \frac{700}{4}$

문제 1.6

다음을 구하여라.

(1) 170의 6%는?

(2) 400의 220%는?

(3) 14는 70의 몇%인가?

(4) 60의 몇 %가 2.7인가?

(5) 17.5는 어떤 수의 35%인가?

(6) 11은 어떤 수의 550% 인가?

문제 1.7

A 도시는 45,000명의 성인 중에서 8%가 실업자 일 때 실업자가 아닌 성인의 수는?

문제 1.8

철수가 생활 속의 수학 시험에서 20문제 중 18문제를 맞추었다. 정답률은 몇 % 인가?

문제 1.9

철수가 25,000 원을 주고 생활 속의 수학을 샀다. 이 금액은 철수가 받은 용돈의 15% 이다. 철수가 받은 용돈은 얼마인가?

1.3 퍼센트의 응용

1.3.1 할인(discount)

아웃도어나 텐트 등을 정가의 몇 % 인하된 가격으로 세일하는 것을 신문과 방송으로 알 것이다. 실생활에서 할인(discount)는 다음과 같이 정의한다.

할인 가격=정가×할인율

세일 가격=정가−할인 가격

예제 1.11

정가 27,800 원의 셔츠가 할인율 15%일 때, 할인 가격과 세일 가격을 구하여라.

풀이

할인 가격=27,800×0.15=4,170원

세일 가격=27,800−4170=23,630원

예제 1.12

어느 품목의 가격이 45,000원을 32,850원에 팔았다면, 할인율은 얼마인가?

풀이

$$\frac{45{,}000-32{,}850}{45{,}000}\times 100 = 27\%$$

문제 1.10

다음 품목들의 세일 가격을 구하여라.

(1) 정가 : 90,000 원
할인율 : 10 %

(2) 정가 : 59,000 원
할인율 : 12.5%

문제 1.11

다음 품목의 할인율을 구하여라.

(1) 정가 : 50,000 원
할인가격 : 12,000 원

(2) 정가 : 800,000 원
세일가격 : 600,000원

1.3.2 인상률(markup rate)

언론에서 아파트값이 몇 % 인상되었다거나, 봉급이 몇 % 올랐다거나, 생활용품이 몇 % 올랐다는 기사를 종종 보게 된다. 인상되기 전 가격을 원래정가라 하고 인상된 가격을 인상가라고 하면 식은 다음과 같다.

$$\text{인상률} = \frac{\text{인상된 금액}}{\text{원래 정가}}$$

$$\text{인상가} = \text{원래정가} + \text{인상률} \times \text{원래정가}$$

예제 1.13

어떤 셔츠가 28,000원이 현재 25%가 올랐다면 현재 가격은 얼마인가?

풀이

$28{,}000 + 28{,}000 \times 0.25 = 35{,}000$ 원

예제 1.14

나비넥타이를 18,000원 상품을 20,000원에 팔았다면 인상률은 얼마인가?

풀이

$$\frac{2{,}000}{18{,}000} = \frac{1}{9}$$

문제 1.12

다음 품목에서 인상된 가격을 구하여라.

(1) 정가 : 15,000 ; 인상률 : 25%

(2) 정가 : 155,000 ; 인상률 : 18%

(3) 정가 : 25,500 ; 인상률 : 30%

문제 1.13

다음 상점 품목의 인상률을 구하여라.

(1) 정가 : 50,000 ; 인상된 가격 : 12,500

(2) 정가 : 17,500 ; 인상가 : 35,000

(3) 정가 : 1,800,000 ; 인상가 : 2,340,000

1.3.3 커미션과 팁(commissions and tips)

세일즈맨의 봉급은 일반적으로 판매금액의 퍼센트로 계산된다. 이 금액을 커미션(%)이라 한다. 또 개인적인 서비스에 대한 수입을 팁이라고 부른다. 식은 다음과 같다.

$$수입 = 커미션 \times 판매금액$$
$$팁 = 총금액 \times 퍼센트$$

예제 1.15

어느 레스토랑의 음식 값이 34,750원 이고, 15%의 팁을 준다면 팁의 금액은 얼마인가?

풀이

$34,750 \times 0.15 = 5212.5$ 원

예제 1.16

헤어디자이너가 55,000원 파마비와 팁 10,000원을 손님에게 받았다면 몇 %의 팁을 받았는가?

풀이

$$\frac{10,000}{55,000} = 0.\overline{18} \approx 0.18$$

문제 1.14

다음과 같을 때 수입을 구하여라.

(1) 판매금액 : 4,300,000원 ; 커미션 : 7%

(2) 판매금액 : 10,009,000원 ; 커미션 : 20%

문제 1.15

가격의 15%가 팁일 때 팁을 구하여라.

(1) 헤어커트 : 15,000원

(2) 구두닦이 : 5,000원

문제 1.16

다음 판매금액과 수입이 주어졌을 때 커미션(%)을 구하여라.

(1) 판매금액 : 10,800.000원 ; 수입 : 864,000원

(2) 판매금액 : 42,500,000원 ; 수입 : 7,225,000원

문제 1.17

다음 수입과 커미션(%)이 주어졌을 때 판매금액을 구하여라.

(1) 수입 : 2,425,000원 ; 커미션 : 25%

(2) 수입 : 585,000원 ; 커미션 :9%

문제 1.18

다음 레스토랑의 음식값과 팁이 주어졌을 때 팁의 퍼센트를 구하여라.

(1) 가격 : 35,600원 ; 팁 : 4,000원

(2) 가격 : 63,200원 ; 팁 : 10,000원

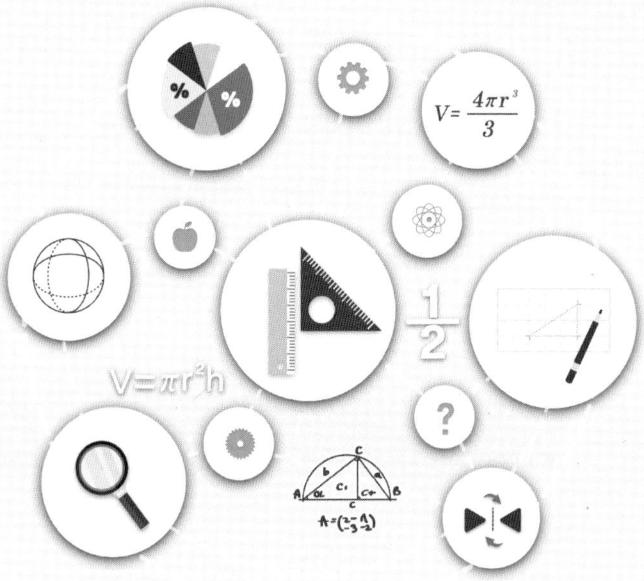

CHAPTER 02

이자(interest)

2.1 단리(simple interest)

5,000만원을 년 5%의 이율로 2년간 이자를 계산하면, 5,000만원×0.05×2 = 500만원이 된다. 즉 이자 I, 연이율 r%, 기간 t년, 원금 P 라면 I = Prt 이다.

예제 2.1

5,000만원을 연이율 8%로 4년간 단리로 투자하면 투자이익은 얼마인가?

풀이

P = 5,000만원, t = 4, r = 8%

I = Prt에서, I = 5,000×0.08×4 만원 = 1,600만원

문제 2.1

단리에 의한 다음 이자를 계산하여라.

(1) 4,000만원을 3년간 연이율6%

(2) 450만원을 5년간 연이율 2.5%

(3) 2억원을 6개월간 연이율 4%

예제 2.2

100만원을 연리 5% 단리로 몇 년간 맡겨야 이자로 100,000원을 받을 수 있는가?

풀이

P=100만원, I=50,000, r=5%

100만×0.05×t=100,000원 t=2 ∴ 2년

문제 2.2

단리계산으로 기간을 구하여라.

(1) 2,000만원을 연리 5%로 300만원의 이자를 받으려면 몇 년 지나야 하는가?

(2) 1,600만원을 연리 6%로 240만원의 이자를 받으려면 몇 년 지나야 하는가?

(3) 2억원을 연리 7%로 1,680만원의 이자를 받으려면 몇 년 지나야 하는가?

(4) 2,500만원을 연리 5.5%로 1,100만원의 이자를 받으려면 몇 년 지나야 하는가?

예제 2.3

4년간 연리 10% 단리로 얼마를 맡겨야 100만원의 이자를 받을 수 있는가?

풀이

I=100만원, r=10%, t=4

$P=\frac{I}{rt}$에서, $P=\frac{100\text{만원}}{0.10\times 4}=250\text{만원}$

문제 2.3

다음에서 원금을 구하여라.

(1) 5년간 연이율 6% 단리로, 1,200만원의 이자를 받으려면 얼마를 맡겨야 하는가?

(2) 7년간 연이율 6.5% 단리로 2,275,000원의 이자를 받으려면 얼마를 맡겨야 하는가?

(3) 18개월간 연이율 9% 단리로 810만원의 이자를 받으려면 얼마를 맡겨야 하는가?

예제 2.4

500만원을 6개월간 투자하여 8만원을 받으려면 단리로 연이율이 얼마인가?

풀이

I = 8만원, P = 500만원, t = 0.5

$$r=\frac{8}{500\times 0.5}=0.032$$

문제 2.4

다음에서 단리로 연이율을 구하여라.

(1) 3,500만원을 4년간 투자하여 투자이익 980만원을 받으려면 연이율은?

(2) 800만원을 18개월간 투자하여 투자이익 24만원을 받으려면 연이율은?

(3) 5,500만원을 2년간 빌려 이자로 1,980만원을 주었다면 연이율은?

2.2 정기예금과 채권

금융상품에는 여러 가지가 있으나 여기서는 정기예금, 채권 등에 대해 알아보자. 정기예금(term deposits)은 돈을 고정된 기간 동안 맡기고 이자율은 돈을 맡긴 기간에 의존한다. 기간 안에 해약을 한다면 손해를 감수해야 한다. 금융기관들은 자유로운 입출금 예금보다 높은 이자를 제공할 수 있다. 채권(bond)은 정부나 은행에 의해 제공되는 투자이다. 채권에 의해서 받는 이자는 정해진 기간(월별, 분기별, 반년, 년단위)에 투자자에게 지불되고 원금도 돌려받을 수 있다.

예제 2.5

어떤 사람이 1000만원을 연이율 4.5%의 저축예금에 가입하고 있다. 은행원은 6개월간 이상 저축하려면 정기예금에 맡기라고 권유한다. 6개월 이상의 정기예금 이자율은 단리로 연 6%이다.

(1) 저축예금에 6개월간 맡겨두면 이자는 얼마인가?

(2) 6개월간 정기예금에 맡겨두면 이자는 얼마인가?

(3) 정기예금을 해약하게 되면 30만원의 위약금을 부담해야 한다. 은행원의 제안을 받아들이려면 몇 개월 맡겨야 하는가?

풀이

(1) 이자는 1000만원$\times 0.045 \times \frac{1}{2}=225,000$원

(2) 이자는 1000만원$\times 0.06 \times \frac{1}{2}$=300,000원

(3) x개월 맡겨 이자가 300,000원보다 많아야 하므로, 이자율의 차이는 연 1.5%에서 1000만원$\times 0.015 \times \frac{x}{12} > 300{,}000$ 즉, $1000 \times 0.06 \times \frac{1}{12}x - 1000 \times 0.045 \times \frac{1}{12}x > 300{,}000$

$x > 24$ $\therefore$ 24개월을 넘게 예금해야 한다.

문제 2.5

A는 5,000만원을 상속받아서 그 돈을 연리 5%인 단리로 채권에 투자하여 매 6개월마다 이자를 받고 싶어한다.

(1) 매 6개월마다 이자를 얼마나 받는가?

(2) 매 6개월마다 210만원의 이자를 받고 싶다면 채권에 얼마를 투자해야 하는가?

문제 2.6

어떤 사람이 정년퇴임을 하고 3억원을 받았다. 다음 두 가지 금융상품에 대해 물음에 답하여라.

(선택1) 5년간 년 9% 단리로 매년 이자가 지급되는 회사채

(선택2) 매 6개월마다 년이율 8% 단리로 이자가 지급되는 정기예금

(1) (선택1)을 택하고 연소득은 얼마인가?

(2) (선택2)를 택하고 원금에 6개월 마다 이자를 더해 재투자할 때, 연소득은?

2.3 할부 구매

돈을 빌려서 차나 컴퓨터와 같은 물건을 살 때, 은행으로부터 돈을 빌리거나 또는 물건을 산 회사에 할부금을 납부할 수 있다. 어떤 경우든 이자를 내야하고 정규할부금에 원금과 이자가 모두 포함되어 있다.

예제 2.6

컴퓨터 회사가 가격이 340만원인 컴퓨터를 팔고 있다. 소비자를 위해 연이율 5% 단리로 자금을 빌려주고 있다. 소비자는 36개월 동안 컴퓨터값으로 일정금액을 지불해야 한다.

(1) 지불해야 하는 총금액은 얼마인가?

(2) 매달 지불해야 할 돈을 얼마인가?

풀이

(1) 이자 $I = Prt$에서, I=340만원×0.05×3=51만원
따라서, 지불해야 할 총금액은 340+51=391만원

(2) $\frac{391\text{만원}}{36} \approx 108{,}611$ 원

문제 2.7

어떤 사람이 3,000만원인 차를 연이율 6% 단리로 이자를 물기로 하고 4년간 매달 일정금액을 갚기로 하고 구입했다.

(1) 이자로 얼마를 지불해야 하는가?

(2) 지불해야 하는 돈은 모두 얼마인가?

(3) 매달 지불해야 할 금액은 얼마인가?

예제 2.7

어떤 신혼부부가 750만원인 가전제품을 살 충분한 돈이 없어, 마트로부터 200만원을 우선 선금으로 내고 12개월 동안 매달 50만원씩 갚으라는 제안을 받았다.

(1) 갚아야할 금액은 모두 얼마인가?

(2) 이자로 얼마를 지불하는가?

(3) 이 구매에서 연이율은 얼마인가?

풀이

(1) 200+12×50=800만원

(2) $800-750=50$만원

(3) $r=\dfrac{I}{Rt}=\dfrac{50}{550\times1}\approx0.091$

문제 2.8

어떤 사람이 790만원인 TV를 구입하려고 한다. 150만원을 선금으로 주고 18개월 동안 매달 40만원씩 갚기로 했다.

(1) 갚아야 할 금액은 모두 얼마인가?

(2) 이자는 얼마인가?

(3) 연이율은 얼마인가?

문제 2.9

1,000만원인 돌 침대를 할부로 구입하려고 한다. 120만원은 선불하고 매월 80만원씩, 12개월 동안 갚기로 한다.

(1) 갚아야 할 금액은 모두 얼마인가?

(2) 이자는 얼마인가?

(3) 연이율은 얼마인가?

2.4 복리(compound interest)

은행에 맡긴 돈이 계속 증가하도록 이자를 원금에 더해주는 이자계산방법에 대해 생각해 보자. 5,000만원을 매년 8% 이율로 맡길 때, 매년말에 이자가 원금에 더해진다면

1년 후 이자는 5,000만원의 8%인 400만원이고,

원금은 5,000+400=5,400만원이 된다.

2년 후 이자는 5,400만원의 8%인 432만원이고,

원금은 5,400+432=5,832만원이 된다.

3년 후 이자는 5,832만원의 8%인 466.56만원이고,

원금은 5,832+466.56 = 6,298.56만원이 된다.

이와 같이 반복된다면 20년 후에 원리합계는 얼마로 늘어나겠는가?

원리합계 $= 5{,}000 \times 1.08 \times 1.08 \times \cdots \times 1.08 = 5{,}000 \times \left(1 + \frac{8}{100}\right)^{20}$ 이 된다.

일반적으로, 원리합계 $A = P\left(1 + \frac{r}{100}\right)^{n}$, P는 원금, r은 연이율, n은 기간 수, A는 원리합계

예제 2.8

3,000만원을 복리로 매년 3% 이율로 예금을 하였다면 5년 후의 원리합계는?

풀이

r = 3%, P = 3,000만원, n = 5

따라서, $A = 3{,}000$만원 $\times (1 + 0.03)^5 = 34{,}778{,}200$원

문제 2.10

다음을 복리로 계산하여라.

(1) 8,000만원을 연이율 4%로 4년간 투자했을 때 원리합계는?

(2) 350만원을 연이율 5%로 2년간 투자했을 때 원리합계는?

(3) 200,000,000원을 연이율 6%로 5년간 투자했을 때 원리합계는?

예제 2.9

3,000만원을 연이율 3%로 매3개월 마다 복리로 5년간 투자하면 원리합계는?

풀이

기간 수 n=5×4=20, 이율 r=$\frac{3}{4}$%=0.0075, p=3,000만원이므로

원리합계, $A = P(1+r)^n = 3{,}000$만원 $\times (1+0.0075)^{20} = 34{,}835{,}500$원

문제 2.11

8,200만원을 18개월 동안 연이율 4%로 매 3개월마다 복리로 투자를 했다면 원리합계는?

예제 2.10

예금을 하고 7년 후에 통장을 보니 11,185,500원이 찍혀있었다. 매년 4%의 복리로 이자가 계산된다면 처음에 예금한 금액은 얼마인가?

풀이

$A = 11{,}185{,}500$, $n = 7$, $r = 0.04$

$A = P(1+r)^n$에서 $11{,}185{,}500 = P(1+0.04)^7$

$P = \dfrac{11{,}185{,}500}{1.04^7} = 8{,}500{,}060.7$원 $\approx 8{,}500{,}060$원

문제 2.12

매년 6.25%의 복리로 4년 후에 1,529만원이 되려면 얼마를 투자해야 하는가?

예제 2.11

6,000만원을 빌려 5년 후 120,680,000원을 갚았다. 매년 이자가 복리로 계산되었다면 연이율은 얼마인가?

풀이

$A = 120{,}680{,}000,\ P = 6{,}000$만원, $n = 5$에서

$12{,}068 = 6{,}000 \times (1+r)^5$

$(1+r)^5 = 2.01133333,\ 1+r = 1.15,\ r = 0.15$

문제 2.13

1,500만원을 예금하였는데, 18개월 후에 16,409,018원이 되었다. 이자가 매달 복리로 계산된다면

(1) 월이율은 얼마인가?

(2) 연이율은 얼마인가?

예제 2.12

어떤 사람이 세계여행을 하는데 2,500만원이 필요하다. 1,800만원을 연이율 4% 3개월마다 복리로 이자가 계산되는 예금을 하여 여행경비가 될 때까지 얼마나 걸리는가?

풀이

A=2,500만원, P=1,800만원, 3개월당 이율은

$r = \dfrac{0.04}{4} = 0.01,\ A = P(1+r)^n$ 에서, $2{,}500 = 1{,}800(1+0.01)^n$

$1.38888 = 1.01^n,\ \ n = \dfrac{\log 1.38888}{\log 1.01} \approx 33.014 \qquad 33 \div 4 = 8.25$년

문제 2.14

1,400만원을 연이율 10%의 1년마다 복리로 계산되는 예금을 하여 2,254.71만원이 되려면 얼마나 걸리는가?

2.5 감가상각

대부분의 전자제품, 컴퓨터, 자동차와 장비들은 사용 년 수에 따라 감가상각(depreciation)된다. 대부분의 물건은 세월이 흐름에 따라 가치를 잃어가고 있다. 물건의 감가상각된 가치를 잔존가액(감가 상각된 가격)이라 한다. 감가상각에는 세가지 유형이 있다.

(1) 고정비용 감가상각 : 매년 고정된 가격만큼 가치가 감소되는 잔존가액

(2) 일정비율 감가상각 : 매년 주어진 %만큼 가치가 감소되는 잔존가액

(3) 단위비용 감가상각 : 물건의 사용년수에 따라 가치가 감소되는 잔존가액
이를 테면, 차는 운행한 km 수에 따라 감가상각 될 수 있다.

예제 2.13

1,500만원인 복사기가 매년 처음 가격의 8%씩 감가상각되고 있다.

(1) 5년 후 복사기의 잔존가액을 구하여라.

(2) 10년간 복사기의 잔존가액을 그래프로 그려라.

풀이

(1) 매년 감가상각비는 1,500만원$\times\frac{8}{100}$=120만원

5년간 감각상각비는 120만원×5=600만원

따라서, 잔존가액은 1,500만원−600만원=900만원

(2) 잔존가액 y, x 년간 감가상각비 120만 x 원

따라서, 잔존가액 y=1,500만원−120만x 원

$y=1{,}500-120x$ (단위 : 만원)

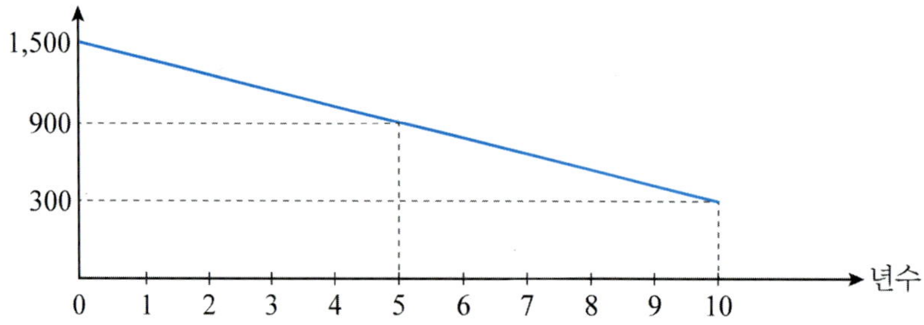

〈그림 2.1〉

문제 2.15

1,400만원인 장비가 매년 105만원씩 감가상각된다.

(1) 4년 후 장비의 잔존가액을 구하여라.

(2) 14년간 장비의 잔존가액을 그래프로 그려라.

(3) 장비가 언제 가치가 없어지는가?

예제 2.14

1,500만원인 복사기가 매년 12%의 비율로 감가상각 된다고 한다.

(1) 5년 후의 잔존가액을 구하여라.

(2) 10년간 감가상각된 잔존가액의 그래프를 그려라.

풀이

(1) y : 잔존가액, P : 처음가격, r : 감가상각율, x년 후 잔존가액은
$y = P(1-r)^x$에서, 5년 후 잔존가액은 1,500만원$\times(1-0.12)^5 = 7,915,979.8$원
따라서, 5년 후 잔존가액은 7,915,980원

(2) x년 후 잔존가액은 y만원$=1,500(1-0.12)^x$을 그래프로 그리면 된다.

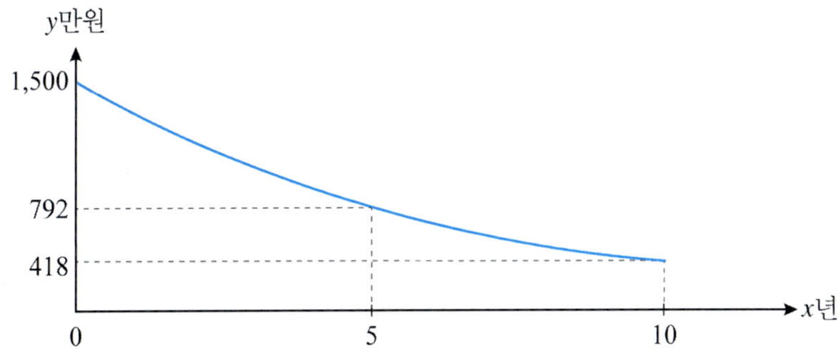

〈그림 2.2〉

문제 2.16

어떤 회사는 1,300만원인 청소장비를 구입했다. 이 장비는 매년 13%의 비율로 감가상각된다고 한다.

(1) 이 장비의 4년 후의 잔존가액을 구하여라.

(2) 첫 4년간 감가상각 금액을 구하여라.

(3) 5년간 잔존가액의 그래프를 그려라.

예제 2.15

1,500만원인 복사기가 5,000장 복사하는데 275,000원씩 감가상각된다.

(1) 100,000장을 복사한 후 복사기의 잔존가액을 구하여라.

(2) 잔존가액이 0이 되는데 몇 장을 복사할 수 있는가?

풀이

(1) 1장당 감가상각비는 $275,000 \div 5,000 = 55$원
100,000장 복사한 후 감가상각비는 100,000×55=550만원
따라서, 복사기의 잔존가액은 1,500−550=950만원

(2) 1,500만÷55=272,727.2727
272,727장 복사

문제 2.17

어떤 회사의 택시의 현재가격은 850만원이다. 1km운행마다 25원을 감가상각한다.

(1) 택시가 100,000km, 124,000km, 245,000km 운행하면 감가상각비는?

(2) 택시의 가격이 100만원이 되려면 몇 km를 운행해야 되는가?

2.6 물가지수, 인플레이션율, 실질가치

2.6.1 물가지수

물가지수(price index)는 물건의 가격 또는 서비스의 가격이 시간이 경과함에 따라 얼마나 변화하는가를 측정하는 단위로 다음 공식으로 계산된다.

$$\text{물가지수} = \frac{\text{현재가격}}{\text{기준시가격}} \times 100$$

소비자물가지수(consumer price index)는 기준년도의 가격과 비교하여 주어진 품목의 가격의 변화를 조사한다.

예제 2.16

2010년에 1,250원인 빵의 가격이 2017년에 2,200원이 되었다. 2017년 빵의 물가지수를 계산하여라.

풀이

물가지수는 $\frac{2,200}{1,250} \times 100 = 176$ 따라서, 빵의 물가지수는 176이다.

문제 2.18

2000년 휘발유가격은 1L당 1000원이었다. 2017년 휘발유 가격은 1L당 1,450원이다. 휘발유의 2017년도 물가지수를 기준년도를 2000년으로 하여 구하여라.

예제 2.17

2016년 우유에 대한 물가지수는 145이다. 기준년도 우유의 가격이 1L당 1,200원이었다면 2016년 우유의 가격은 얼마인가?

풀이

$$145 = \frac{2016\text{년 가격}}{1,200} \times 100$$

2016년 우유의 가격은, 145×12=2,740원

문제 2.19

2016년 대학수학 교재의 가격이 12,000원이었다. 2017년 대학수학교재의 물가지수가 130이라면 2017년 대학수학교재의 가격을 구하여라.

2.6.2 인플레이션율

$$\text{인플레이션율} = \frac{\text{현재년도소비자물가지수} - \text{기준연도소비자물가지수}}{\text{기준연도소비자물가지수}} \times 100$$

인플레이션은 일정기간동안 물가수준이 일반으로 증가하는 것이다. 소비자물가지수의 증가로 계산된다. 다음은 몇 가지 품목의 소비자 물가를 나타낸다.

〈표 2.1 소비자 물가〉

	기준년도 1981년	2010년	2017년
A	1,250	1,600	2,200
B	1,000	1,400	1,600
C	600	850	1,200
D	1,450	2,000	2,300
합계	4,300	5,850	7,300

$$2010년도\ 소비자물가지수= \frac{5,850}{4,300} \times 100 = 136$$

$$2017년도\ 소비자물가지수= \frac{7,300}{4,300} \times 100 = 170$$

$$2010년과\ 2017년\ 사이의\ 인플레이션율= \frac{170-136}{136} \times 100 = 25\%$$

7년간 25% 인플레이션 되었고, 매년 평균 3.6% 인플레이션 되었다.

예제 2.18

2015년 소비자물가지수는 110이었다. 2017년 소비자물가지수는 116이다. 2015~2017회계년도에 대한 인플레이션율 얼마인가?

풀이

$$인플레이션율 = \frac{116-110}{110} \times 100 = \frac{6}{110} \times 100 = 5.54\%$$

문제 2.20

어떤 나라의 2012년부터 2017년까지 소비자물가지수(CPI)가 다음 표와 같다.

(1) 2013~2014, 2014~2015, 2015~2016, 2016~2017회계년도 인플레이션율을 구하여라.

(2) 5년간 평균 인플레이션율을 구하여라.

(3) 가장 높은 인플레이션율은 언제인가?

〈표 2.2 소비자 물가〉

년도	CPI
2012	100
2013	108
2014 2015	118 120
2016	137
2017	147

예제 2.19

2012년부터 2017년까지 평균 인플레이션율은 3.5%였다. 2012년에 4억원인 집의 2017년의 가치를 구하여라.

풀이

$2017\text{년의 집의 가치} = 4\text{억원} \times (1+0.035)^5 = 475{,}075{,}000\text{원}$

문제 2.21

2010년에 다이아몬드 반지가격이 3백만원이었다. 2010년부터 2017년까지 평균 인플레이션율이 5%라면 2017년 다이아몬드 반지의 가격을 구하여라.

2.6.3 실질가치

$$\text{실질가치} \times (1+\text{인플레이션율})^n = n\text{년전의 가치}$$

예제 2.20

어떤 사람이 8,000만원을 침대 밑에 감추어 두었다. 앞으로 3년간 평균 인플레이션율이 6%라면 3년후 돈의 실질적인 가치를 구하여라.

풀이

3년후 실질적인 가치를 P라 하면

$8{,}000\text{만원} = P(1+0.06)^3$

$\therefore P = \dfrac{8{,}000\text{만원}}{1.06^3} = 67{,}169{,}500\text{원}$

문제 2.22

4년 전에 철수가 3,500만원을 감추어 놓고, 잊었다가 그 돈을 올해 부인이 찾아냈다. 지난 4년간 평균 인플레이션율은4.6%이다. 그 돈의 실질가치를 구하여라.

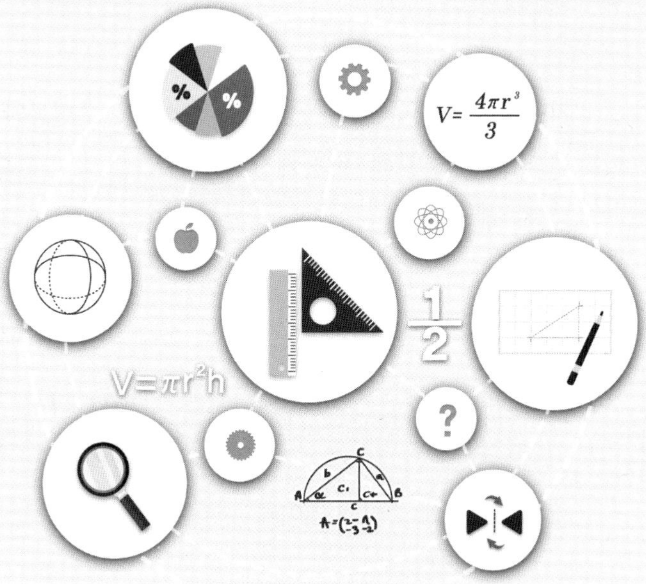

CHAPTER 03

부금과 연금

자동차를 사거나 집을 살 때 일정한 돈을 수년동안 갚을 때 불입금액 계산이나 일정한 봉급을 받을 때 적금 계산 또는 연금을 받기도 되어있을 때 사정상 한꺼번에 받고자 할 때 계산하는 방법은 다음 공식을 이용하여 예제를 통해 알아보자.

(1) 원금 a를 연이율 r, 1년마다의 복리로 적립할 때, n년 후의 원리합계

$$a(1+r)^n$$

(2) 매년 초에 a 원씩 연이율 r, 1년마다의 복리로 n년간 적립할 때의 원리합계

$$a(1+r)+a(1+r)^2+\cdots+a(1+r)^n=\frac{a(1+r)[(1+r)^n-1]}{r}$$

(3) 매년 말에 a 원씩 연이율 r, 1년마다의 복리로 n년간 적립할 때의 원리합계

$$a+a(1+r)+a(1+r)^2+\cdots+a(1+r)^{n-1}=\frac{a((1+r)^n-1)}{r}$$

(4) p원하는 상품을 사서 월이율 r 매월 말에 n개월 갚을 할부금

$$\text{할부금}=\frac{pr(1+r)^n}{(1+r)^n-1}(\text{원})$$

(5) a 원 씩 매년 말에 받는 연금을 현재 받을 금액

$$\text{현재 받을 금액}=\frac{a((1+r)^n-1)}{r(1+r)^n}$$

3.1 적금

예제 3.1

월이율 1%, 매월마다 복리로 매월 1일에 100만원씩 5년동안 적립하면 만기일에 얼마를 찾을 수 있는가? (단, 만기일은 마지막 불입금을 낸 때로부터 1개월 후이고, $1.01^{60} \fallingdotseq 1.82$로 계산한다.)

풀이

만기일에 찾을 수 있는 돈을 P만원이라고 하면 (이하 단위는 만원)

$$P = 100 \times 1.01 + 100 \times 1.01^2 + \dots + 100 \times 1.01^{60}$$

$$= \frac{100 \times 1.01 \times (1.01^{60} - 1)}{1.01 - 1} \fallingdotseq \frac{101 \times (1.82 - 1)}{0.01} = 8282(\text{만 원})$$

예제 3.2

1000만 원의 목돈을 마련하기 위하여 월불입금 10만 원 월이율 1%, 매달 복리로 계산하는 적금에 가입하려고 한다. 적금의 만기일이 마지막 불입금을 낸 때로부터 한 달 후하고 할 때, 최소한 몇 번의 불입금을 내야 만기일에 원리합계가 1000만 원 이상이 되는지 구하시오. (단, $\log 1.01 = 0.0043$, $\log 2.01 = 0.3032$로 계산한다.)

풀이

$$100000(1+0.01) + \dots + 100000(1+0.01)^n \geq 10000000$$

$$\frac{100000 \times 1.01 \times (1.01^n - 1)}{1.01 - 1} \geq 10000000$$

$$1.01(1.01^n - 1) \geq 100 \times 0.01$$

$$1.01^{n+1} \geq 2.01$$

양변에 상용로그를 취하면

$$(n+1)\log 1.01 \geq \log 2.01$$

$$(n+1) \times 0.0043 \geq 0.3032$$

$$0.0043n \geq 0.2989$$

$$\therefore n \geq \frac{0.2989}{0.0043} \fallingdotseq 69.5$$

따라서 최소한 70번을 불입해야 1000만 원 이상이 된다.

문제 3.1

어느 직장인이 노후 생활을 위하여 연봉의 일부를 매년 초에 적립하는데 임금 인상률을 감안하여 매년 전년도보다 10%씩 증액하려고 한다. 2016년 1월 1일부터 500만 원을 적립하기 시작한다면 2025년 12월 31일 까지 적립한 금액의 원리합계를 구하여라. (단, $1.1^{10}=2.6$, 연이율 10%, 1년마다 복리로 계산한다.)

문제 3.2

영은이의 부모님은 매년 초에 일정한 금액을 적립하여 3년 후 연말까지 영은이의 대학 등록금 420만원을 마련하려고 한다. 연이율이 5%이고, 1년마다의 복리로 계산할 때, 매년 초에 얼마씩 적립해야 하는가? (단, $1.05^3=1.16$으로 계산한다.)

문제 3.3

태현는 매년 초에 10만 원씩 연이율 3%의 복리로 10년 동안 적립하고 민식이는 매년 초에 20만 원씩 연이율 3%의 복리로 5년 동안 적립할 때, 태현이가 10년 후 연말에 받는 금액은 민식이가 5년 후 연말에 받는 금액의 몇 배인가? (단, $1.03^5=1.16$으로 계산한다.)

문제 3.4

어느 봉급생활자가 봉급의 일부를 매년 1월 1일 적립하기로 하였다. 적립할 금액은 봉급 인상률을 감안하여 매년 전년도보다 6% 씩 증액하기로 하였다. 2014년 1월 1일부터 500만 원을 적립하기 시작한다면 2023년 12월 31일까지 적립된 금액의 원리합계는 얼마인가? (단, 연이율 6%, 1년마다 복리로 계산하도 $1.06^{10} \fallingdotseq 1.8$로 계산한다.)

3.2 대출금

예제 3.3

240만 원 하는 컴퓨터를 우선 반값만 지불하고 구입하였다. 나머지 금액은 한 달 후부터 매월 일정한 금액씩 6회로 나누어 갚기로 하였다. 월이율 2%, 매월마다 복리로 계산할 때, 매월 갚아야 할 금액을 구하여라. (단, $1.02^{-6} \fallingdotseq 0.890$이고, 천 원 미만은 버린다.

풀이

120만 원에 대한 6개월 후의 원리합계는 120×1.02^6(만 원) ①

한편 1개월 마다 x만 원씩 갚을 때, 이들의 6개월 후의 원리합계는

$$x + x \times 1.02 + x \times 1.02^2 + \cdots + x \times 1.02^5 = \frac{x(1.02^6 - 1)}{1.02 - 1}(\text{만 원}) \quad ②$$

①과 ②는 같아야 하므로 $\dfrac{x(1.02^6 - 1)}{0.02} = 120 \times 1.02^6$

$$\therefore x = \frac{120 \times 1.02^6 \times 0.02}{1.02^6 - 1} = \frac{120 \times 0.02}{1 - 1.02^{-6}} \fallingdotseq 21.8(\text{만 원})$$

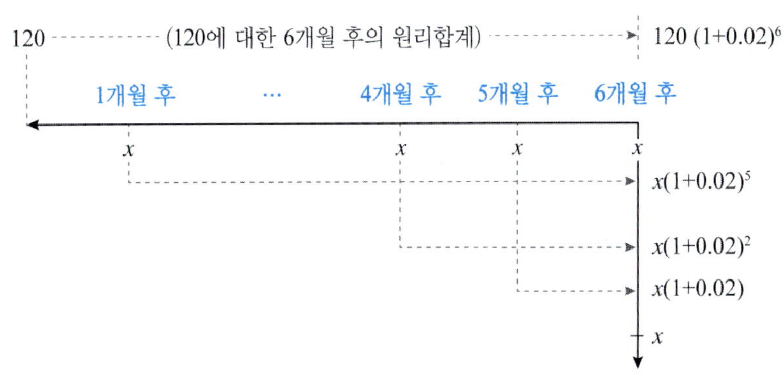

〈그림 3.2〉

예제 3.4

1500만 원짜리 물건을 사는데 300만 원은 먼저 내고, 나머지는 1년 후부터 연이율 6%, 매년마다 복리로 10년 동안에 갚기로 하였다. 연부금을 구하여라. (단, $1.06^{10} \fallingdotseq 1.791$이고, 만 원 미만은 버림한다.)

풀이

1200만 원에 대한 10년 후의 원리합계는

$$1200 \times 1.06^{10}(\text{만 원}) \qquad ①$$

한편 1년만다 x만 원씩 갚을 때, 10년 후의 원리합계는

$$x + x \times 1.06 + x \times 1.06^2 + \cdots + x \times 1.06^9$$

$$= \frac{x(1.06^{10} - 1)}{1.06 - 1}(\text{만 원}) \qquad ②$$

①과 ②는 같아야 하므로

$$\frac{x(1.06^{10} - 1)}{0.06} = 1200 \times 1.06^{10}$$

$$\therefore x = \frac{1200 \times 1.06^{10} \times 0.06}{1.06^{10} - 1}$$

$$\fallingdotseq \frac{1200 \times 1.791 \times 0.06}{1.791 - 1} \fallingdotseq 163(\text{만 원})$$

문제 3.5

이달 초 가격이 20만 원인 물건을 할부로 구입하고 이달 말부터 매달 일정한 금액을 12개월에 걸쳐 갚는다면 매달 얼마씩 갚아야 하는가? (단, 1.015^{12}=1.2, 월이율 1.5%, 1개원마다 복리로 계산한다.)

문제 3.6

2000만 원짜리 자동차를 구입하는데 1000만 원은 구입 시 현금으로 지불하고 나머지 1000만 원은 할부로 지불하기로 하였다. 구입한 날로부터 1개월 후부터 매달 일정한 금액을 36회로 나누어 갚는다면 매달 얼마씩 갚아야 하는지 구하여라. (단, 1.01^{36} = 1.4 월이율 1%, 1개월마다 복리로 계산한다.)

3.3 연금

예제 3.5

올해부터 매년 말에 500만 원씩 10년 간 받는 연금이 있다. 이 연금을 올해 초에 한꺼번에 받는다면 약 얼마를 받게 되는가? (단, $1.05^{10}=1.63$, 연이율 5%, 1년마다 복리로 계산하고 1000원 미만은 버린다.)

풀이

매년 말에 500만 원씩 10년 동안 연이율 5%의 복리로 적립한 금액의 원리합계는

$$500+500\times1.05+\cdots+500\times1.05^9=\frac{500(1.05^{10}-1)}{1.05-1}=\frac{500(1.63-1)}{0.05}=6300(\text{만 원}) \quad ㉠$$

올해 초에 한꺼번에 연금 a만 원을 받는다고 하면 a만 원의 10년 후의 원리합계는

$$a\times1.05^{10}=1.63a\,(\text{만 원}) \quad ㉡$$

㉠과 ㉡이 같아야 하므로 $6300=1.63a$

$$\therefore a=\frac{6300}{1.63}=3865.03\times\times\times\fallingdotseq 3865$$

따라서 한꺼번에 받으면 약 3865만 원을 받는다.

예제 3.6

1년 후부터 매년 500만 원씩 20년 간 받을 연금 증서를 팔려고 한다. 연이율 5%, 1년마다 복리로 계산할 때, 연금의 현재 가치를 구하여라. (단, $1.05^{-20}\fallingdotseq0.377$이고, 만 원 미만은 버린다.

풀이

연금의 현재 가치를 P만 원이라고 하면 (이하 단위는 만 원)

$$P\times1.05^{20}=500(1+1.05+1.05^2+\cdots+1.05^{19})=\frac{500(1.05^{20}-1)}{1.05-1}$$

$$\therefore P=\frac{500(1.05^{20}-1)}{0.05\times1.05^{20}}=\frac{500(1-1.05^{-20})}{0.05}\fallingdotseq\frac{500(1-0.377)}{0.05}=6230(\text{만 원})$$

문제 3.7

퇴직자 A씨는 금년 말부터 1800만 원씩 30년이 지급되는 연금을 받기로 되어 있다. 이 연금을 일시불로 계산하여 받으려고 한다면, 퇴직자 A씨가 받는 금액은? (단, 연이율 10%, 1년 마다 복리로 계산하고, $1.1^{30} = 18$로 계산한다.)

문제 3.8

1년 후부터 1년마다 5만원씩 10년간 받을 연금이 있다. 이것을 모두 받는다면 현재 얼마를 받아야 하는가? (단, 연이율 5푼, 1년마다의 복리로 계산하고, $1.05^{10} = 1.630$)

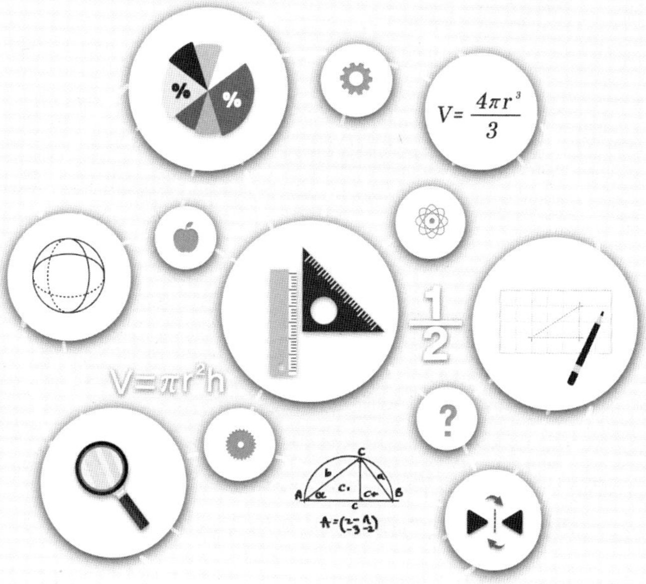

CHAPTER 04

세금

사람의 평생 동안 지출되는 돈의 일부가 세금이다. 초중고생이 문방구에서 볼펜 한 자루를 사도 세금, 대학생이 햄버거를 사먹어도 세금, 신입사원이 첫 월급을 받아도 세금이 부과된다. 그리고 집안에서 상속을 증여해도 세금이 붙는다. 세금은 이렇게 일상생활에 함께한다.

하나의 구체적인 예를 들어보자. 잠실에서 안양으로 출근하는 민교수씨가 하루 동안 내는 세금은 얼마나 될까?

담배를 피웠다면 4,500원짜리 담배에 1,500원 정도의 각종 세금을 내야한다. 점심을 사 먹으면 밥값의 10% 역시 부가가치세, 식후 커피를 마셨다면 또 10%의 부가가치세, 자동차 기름을 넣는 경우 역시 10%의 부가가치세, 퇴근 후 회식을 가졌다면 술값의 10%를 부가가치세로 낸다. 이를 표로 나타내면 다음과 같다.

〈표 4.1〉 세금

항목	지출(원)	민교수가 낸 세금(원)
담배	4,500	1,500
점심	7,000	700
커피	3,500	350
회식	50,000	5,000
계	65,000	7,550

월 20일로 계산을 하는 경우 1년이면 180만원이 넘는다. 이외에도 많은 종류의 세금이 붙는다. 세금의 종류에 대하여 먼저 알아보자. 우리나라의 조세는 크게 국세와 지방세로 나누어져 있다. 국가에서 징수하는 조세를 국세라고 하고, 지방세법에 의거해 지방자치단체가 그 재정수입을 충당하기 위해 관할구역안의 주민에게 부과 징수하는 세금을 지방세라고 한다. 부가가치세, 상속세, 증여세, 종합소득세, 양도소득세, 근로소득세, 금융소득세, 기타소득세 등은 국세이고, 취득세, 등록세, 주민세, 재산세 등은 지방세이다.

4.1 가정용 전기료 누진세

전기는 한정된 자원이다. 대부분의 소비자들은 전기료 누진체계를 잘 모르고 있다. 누진제는 1974년 서민층을 보호하고 전기소비절약을 유도한다는 취지로 주택용 요금에만 도입된 제도로 전기를 많이 쓰면 요금이 올라가는 구조로 6단계로 되어 있는데, 한국전력공사는 2016년 12월 1일부터 시행하는 새로운 요금체계를 발표하였다. 주택용 전력요금의 경우는 다음 표와 같다.

〈표 4.2〉 요금체계

(1) 200kWh 이하 기본요금 : 910+kWh당 93.3원
(2) 201~400kWh 기본요금 : 1,600+kWh당 187.9원
(3) 401kWh 이상 기본요금: 7,300+kWh당 280.6

※ 난방 등으로 인한 전열기구 사용량이 많은 12월~02월 사이 동계기간과 에어콘과 선풍기 등 냉방장치 사용이 많은 07월~08월 사이 하계기간에는 1,000kWh 초과시 709.5원/kWh의 슈퍼유저 요금제도가 적용된다.

전기요금 청구액 (10원 미만 절사) 계산방법은 다음과 같다.

① 기본요금
② 사용량요금(원단위 미만 절사)
③ 전기요금계=①+②(원단위 미만 절사)
④ 부가가치세(원단위 미만 4사5입)=③×10%
⑤ 전력산업기반기금(10원 미만 절사)=③ × 3.7%
⑥ 청구요금합계(10원 미만 절사)=③+④+⑤

최근 냉난방 수요증가와 가전기기 보급 확대 등으로 주택용 전력 사용량이 증가하고, 특히 여름 무더위에 에어컨 사용 증가로 일부 가구의 전기요금이 평소보다 몇 배씩 부과되기도 한다. '더 쓴 만큼 더 낸다'는 게 주택용 전기료 누진제의 핵심내용이다.

전기요금은 '기본요금'과 '사용량요금'으로 구성되며, 기본요금과 사용량요금의 합계에 '전력산업기반기금'과 '부가가치세'가 포함되어 청구금액이 결정된다. 기본요금과 전력사용량요금을 합한 금액을 '요금합계'라고 하면 부가가치세는 요금 합계의 10%(원미만 사사오입), 전력산업기반기금은 요금합계의 3.7%(10원미만 절사)이다.

예제 4.1

한 달에 93kWh를 사용하는 경우 민교수네의 청구요금을 계산하여라.

풀이

사용량이 93kWh이므로 기본요금은 910원이고, 사용량요금은 93.3원 × (93kWh) = 8676.9원인데 원단위 미만 절사하면 8676원이다. 그러므로 요금합계는 910+8,676=9,586(원)이다. 부가가치세는 9,586 × 0.1=958.6(원)인데, 원단위 미만 4사5입하면 959원이고, 전력산업기반기금은 9,586 × 0.037=354.682(원)인데, 10원 미만 절사하면 350원, 그러므로 전기요금청구금액은 9,586+959+350=10,895(원)인데 10원 미만 절사하면 10,890원이다.

예제 4.2

손교수 가족이 에어컨을 밤낮으로 틀어 558kWh(가정용 고압)를 사용했다면 청구요금은 얼마인가?

풀이

558kWh의 전기를 사용한 경우, 기본요금은 7,300원 이고, 전력량요금은 280.6×558kWh= 156,575원 이다.

그러므로 요금합계는 7,300+156,575=163,875(원)인데, 원단위 미만 절사하면 163,875원이다.

부가가치세는 163,875 × 0.1=16,387.5(원)인데 원단위 미만 4사5입하면 16,388원이고, 전력산업기반기금은 163,875 × 0.037=6,063.37(원)인데, 10원 미만 절사하면 6,060원, 그러므로 전기요금청구금액은 163,875+16,388+6,060 =186,323(원)인데 10원 미만 절사하면 186,320원이다.

민교수네보다 손교수네 가족은 전기는 6배 썼지만 청구요금은 17배가 나왔다. 누진세의 의미을 알게 된다.

예제 4.3

철수네는 평소에는 한 달에 평균 250kWh(가정용 고압)의 전기를 쓰고 있다. 그러면 전기요금은 얼마를 내는가? 또 한여름에는 추가로 '1kWh용량의 에어컨을 하루 평균 6시간씩 10일간 사용'했다면 그 달의 총 전력사용량은 얼마이며 전기요금은 얼마가 되는가?

풀이

250kWh의 전기를 사용한 경우, 기본요금 1,600원, 전력량요금은 187.9 × 250=46,975(원)이므로 이 둘을 합하면 4,8575(원)이 된다. 부가가치세는 48575×0.1=4857.5(원)인데, 원단위 미만 4사5입하면 4,858원이고, 전력산업기반기금은 48575×0.037=1797.28(원)인데, 10원 미만 절사하면 1790원이다.

그러므로 전기요금청구금액은 48,575+4,858+1,790=55,223(원)인데 10원 미만 절사하면 55,220원이다.

다음은 추가로 에어컨을 사용한 요금이다.

사용한 전기량 250+6 x 10=310kWh 기본요금 1,600원, 전력량요금은 187.9 x 310=58,249(원)이므로 이 둘을 합하면 59,849(원)이 된다. 부가가치세는 59,849 x 0.1=5,984.9(원)인데, 원단위 미만 4사5입하면 5,985원이고, 전력산업기반기금은 59,849 ×0.037=2214.41(원)인데, 10원 미만 절사하면 2,210원이다.

그러므로 전기요금청구금액은 59,849+5,985+2,150=68,044(원)인데 10원 미만 절사하면 68,040원이다.

총 전력 소비량은 250kWh에서 310kWh으로 60kWh, 즉24%가 늘었지만 전기요금은 누진제 적용으로 55,220원에서 68,040원으로 12,820원, 즉 23%를 더 내야한다.

문제 4.1

7월에는 360kWh(가정용 고압)의 전기를 쓴 영희네가 8월에는 너무 더워서 추가로 '1kWh용량의 에어컨을 하루 평균 4시간씩 15일간 사용'했다면 그 달의 총 전력사용량은 얼마이며 전기요금은 얼마가 되는가?

문제 4.2

다음을 구하여라.

(1) 한 달에 평균 210kWh(가정용 고압)의 전기를 쓰는 준보네가 2kWh용량의 에어컨을 하루평균 4시간씩 20일간 사용했다면 그 달의 총 전력사용량은 얼마이며 전기요금은 얼마가 되는가?

(2) 한 달에 평균 600kWh(가정용 고압)의 전기를 쓰는 지은이네가 3kWh용량의 에어컨을 하루 평균 5시간씩 20일간 사용했다면 그 달의 총 전력사용량은 얼마이며 전기요금은 얼마가 되는가?

4.2 상속세

상속세와 증여세는 기본적으로 재산의 무상이전이라는 점에서 같기 때문에 세율도 같다. 그러나 과세방법은 다르다.

상속은 어느 가정에서나 발생할 수 있어 피할 수 없는 것이지만, 증여는 그래도 어느 정도 재산이 있는 집안에서 인위적인 대물림이 되기 때문에 세법은 상속보다는 증여를 규제 대상으로 본다. 상속은 일반적으로 유산이 10억 원 미만이라면 상속세가 부과되지 않는다. 왜냐하면 배우자의 최저공제액이 5억 원, 일괄공제로 5억 원을 공제할 수 있어서 총 10억원 만큼 공제되기 때문이다. 상속세 신고납부의무가 있는 납세의무자에는 상속을 원인으로 재산을 물려받는 상속인과 유언이나 증여계약 후 증여자의 사망으로 재산을 취득하는 수유자가 있다. '상속인'은 혈족인 법정상속인과 망인의 배우자 등을 말한다.

법정상속순위는 다음과 같다.

- 1순위 : 사망한 사람의 직계비속과 배우자(태아를 포함한다)
- 2순위 : 직계존속과 배우자(제 1순위가 없는 경우)
- 3순위 : 형제자매(제1, 제2 순위가 없는 경우)
- 4순위 : 4촌 이내의 방계혈족

법적상속인이 없는 경우에는 그 재산은 국고에 귀속된다.

배우자는 1순위와 2순위의 상속인이 있으면 그 상속인과 같은 순위의 상속인이 되며, 1순위와 2순위 상속인이 모두 없으면 단독 상속인이 된다. 다시 말하면 직계비속과 같은 순위로 공동상속인이 되며, 직계비속이 없는 경우에는 제2순위인 직계존속과 공동상속인이 된다. 직계존속과 직계비속이 모두 없는 경우에는 단독 상속인이 된다. 또 상속인의 상속지분은 동일하나, 배우자에게는 직계비속이나 직계존속 상속지분의 5할을 가산한다. 즉, 예를 들어 배우자, 장남, 차남, 장녀가 상속인일 때, 배우자는 1.5, 자녀는 1의 비율이란 뜻이다.

상속과 관련된 몇 가지 용어의 뜻은 다음과 같다.

- 직계비속 : 자기로부터 직계로 이어져 내려간 혈족 곧, 자녀, 손자, 증손을 말한다.
- 직계존속 : 조상으로부터 직계로 내려와 자기에게 이르는 혈족 곧 부모, 조부모, 증조부모를 말한다.
- 대습상속 : 상속인이 될 직계비속 또는 형제자매가 상속개시 전에 사망하거나 결격자가 된 경우 그들의 직계비속과 배우자가 대신하여 상속인이 되는 것을 대습상속이라 한다.

피상속인의 사망으로 상속이 개시되면 공동상속인간에 상속재산을 분할하게 된다.

상속세란 피상속인의 사망으로 그 재산이 가족이나 친지 등에게 무상으로 이전되는 경우에, 당해 상속재산에 대하여 부과되는 세금을 말한다.

상속인이 여러 명일 경우에는 상속받는 재산의 비율에 따라 상속세를 납부할 의무를 진다.

상속세 납부의무가 있는 상속인들은 상속개시일이 속하는 달의 말일부터 6개월 이내에 피상속인의 주소지 관할세무서에 상속세를 신고하고 납부하여야한다.

상속세와 증여세는 세율이 같은데 다음 표와 같다. 최저 10%, 최고 50%의 5단계 초과누진세율이다. 증여세는 개인별로 증여받은 재산에 부과되고, 상속세는 상속재산 전체를 대상으로 상속세를 부과한다.

〈표 4.3 상속세 과세표준〉

과세표준	세율(%)
1억 원 이하	과세표준의 10%
1억 원 초과 5억 원 이하	1천만 원+1억 원을 초과하는 금액의 20%
5억 원 초과 10억 원 이하	9천만 원+5억 원을 초과하는 금액의 30%
10억 원 초과 30억 원 이하	2억4천만 원+10억 원을 초과하는 금액의 40%
30억 원 초과	10억4천만 원+30억 원을 초과하는 금액의 50%

위의 표는 2000년 1월1일부터 2017년 현재 적용되는 세율이다.

소득이 점점 많아지면 세율도 덩달아 올라가는 세율구조를 누진세율이라고 한다. 이에 반해 소득과 무관한 세율을 비례세율 또는 단일세율이라고 한다.

예제 4.4

100억 원을 가진 양철수씨는 아들을 4명 두고 있는데 다음의 경우 세부담을 비교하라. 단, 계산의 편의를 위하여 증여공제 및 상속공제는 없다고 가정한다.

(1) 25억 원씩 미리 증여하는 경우

(2) 상속재산으로 남기어 25억 원씩 분배하는 경우

풀이

(1) 증여하는 경우 세 부담은 다음과 같다.
25억 원×증여세율=2억4천만 원+15억 원×40%=8억4천만 원
증여세액=8억4천만 원×4명=33억6천만 원

(2) 상속하는 경우 세 부담은 다음과 같다.
100억 원×상속세율=10억4천만 원+70억×50%=45억4천만 원

결국 상속하는 경우의 세금이 증여하는 경우의 세금보다 11억8천만 원이 더 많음을 알 수 있다.

예제 4.5

아버지가 사망하고 상속인으로 배우자인 어머니와 장남, 차남, 장녀가 있는 경우 상속지분을 계산하라.

풀이

배우자인 어머니는 1.5, 자녀는 각각 1의 비율이므로 어머니는 1.5/4.5(즉 3/9), 세 자녀는 각각 1/4.5(즉 2/9)이 된다.

이때 만약 장남이 상속 개시 전에 사망했고 장남의 유족으로 며느리와 손녀가 있는 경우 며느리와 손녀의 상속지분은 다음과 같다.

며느리의 상속지분은 2/9 × (1.5/2.5) = 6/45, 손녀의 상속지분은 2/9 × (1/2.5) = 4/45가 된다.

문제 4.3

상속재산이 10억이고 상속인으로 배우자와 두 자녀가 있는 경우 각자의 상속재산을 계산하여라.

상속인이 피상속인의 자녀를 제외한 직계비속인 경우에는 상속세 산출세액의 30%를 할증하여 과세한다.

이처럼 세대를 건너뛴 상속에 대하여 상속세를 할증 과세하는 이유는 상속세는 세대 간의 재산의 무상이전에 대한 세금인데, 세대를 건너뜀으로써 한 세대가 부담하여야 할 상속세가 사라지기 때문이다. 단, 대습상속 받는 경우는 할증이 제외된다. 예를 들면 아버지의 사망으로 조부가 손자에게 대습상속 시 할증이 제외된다.

문제 4.4

김세종씨의 사망으로 상속이 개시되었다. 법정상속인으로는 배우자, 장녀, 차녀가 있다. 김세종씨는 장녀의 아들인 손자에게도 유언에 의해 상속을 하였는데 그 재산가액이 다음과 같은 경우 상속세 할증세액을 계산하라. 배우자 10억 원, 장녀 6억 원, 차녀 6억 원, 손자 8억 원 합계 30억 원이고 상속세 과세표준이 12억이다.

문제 4.5

홍길동씨의 사망으로 상속이 개시되었다. 법정상속인으로는 배우자, 장남, 장녀, 차녀가 있다. 이들 각자의 상속재산은 얼마인지 계산하라. 상속재산은 총 25억이라고 한다.

4.3 증여세

타인으로부터 재산을 무상으로 받는 경우에 당해 증여재산에 대하여 부과되는 세금을 증여세라고 한다. 증여를 받는 사람, 즉 수증자는 증여세 납부의무가 있으므로 증여받는 날이 속하는 달의 말일부터 3개월 이내에 주소지 관할 세무서에 증여세를 신고하고 납부하여야한다.

다음 표는 증여세 과세 세율이다.

〈표 4.4 증여세 과세표준〉

과세표준	세율(%)
1억 원 이하	과세표준의 10%
1억 원 초과 5억 원 이하	1천만 원+1억 원을 초과하는 금액의 20%
5억 원 초과 10억 원 이하	9천만 원+5억 원을 초과하는 금액의 30%
10억 원 초과 30억 원 이하	2억4천만 원+10억 원을 초과하는 금액의 40%
30억 원 초과	10억4천만 원+30억 원을 초과하는 금액의 50%

위는 적용연도가 2000년1월1일부터 2017년 현재이다.

증여세의 계산에 있어 증여재산공제는 상속세의 경우보다 그 공제 폭이 작다.

그리고 공제대상은 친족으로부터 증여받는 경우에만 가능하다. 여기에서 친족이란 배우자, 직계존비속 그리고 기타친족의 세 가지로 구분한다.

배우자는 6억 원을 공제하고 직계비속은 5,000만 원, 직계존속은 3,000만원을 공제하는데 이때 수증자가 미성년자일 때는 2,000만 원을 공제하고, 기타 친족은 500만

원을 공제한다. 기타친족은 직계존비속 등외에 4촌 이내의 인척을 말한다. 장인, 장모, 시부모, 사위, 며느리도 기타친족에 해당한다. 직계비속 1순위, 부모, 조부모 직계존속 2순위, 형제자매 3순위, 4촌 이내 방계혈족 4순위이다.

배우자공제액이 6억 원으로 비교적 큰 이유는 배우자간의 증여는 세대 간의 부의 이전이 아닌 수평적인 부의 이전이고 증여자의 재산형성에 수증자가 기여한 점을 고려하고 있기 때문이다.

수증자가 증여자의 자녀가 아닌 직계비속이면 할증한다. 상속세와 마찬가지로 세대를 건너뛴 증여재산에 대하여는 30%의 할증과세를 적용한다. 그러나 아버지가 사망한 경우에 할아버지가 손자에게 증여하는 것은 할증과세 하지 않는다.

또 동일인으로부터 몇 차례에 걸쳐 증여를 받는 경우에는 10년간 이를 합산하여 1천만 원 이상인 경우에는 이를 합산과세하고 당초 납부한 증여세는 이를 공제한다. 이때 증여자가 직계존속인 경우에는 그 배우자도 동일인으로 간주한다.

예제 4.6

민교수씨가 아버지로부터 5년 전에 2억 원을 증여받은 사실이 있는데 지금 어머니로부터 또 2억 원의 증여를 받는다면 증여재산가액은 얼마인가?

풀이

증여재산가액은 4억 원(=2억 원+2억 원)이다. 과세표준은 이 4억 원에서 증여공제 5천만 원을 공제한 금액이 되며 산출세액에서 당초 납부한 2억 원에 대한 증여세는 기납부세액으로 공제받는다.

예제 4.7

부모님이 4억 원을 2억 원씩 각각 증여하여 아들과 딸에게 집을 사주는 경우 증여세 계산을 하면 얼마인가?

풀이

첫 번째 경우로 4억 원을 아들 1명과 딸 1명에게 각각 2억 원씩 증여하는 경우, 각각 5,000만 원씩 공제가 되고 그래서 과세표준은 각각 1억5000만원이다.

1억5000만원에 대한 증여세는 1천만 원+(5,000만원) × 20%=2,000만원이 되어 산출세액은 2,000만원이다. 산출세액의 10%가 세액공제되므로 200만원의 세액공제를 하면 납부 세액은 1,800만원이므로, 둘의 증여세 합계는 3,600만원이다.

두 번째 경우로 딸, 아들, 며느리, 사위 4명에게 각각 1억 원씩 증여할 경우이다.

아들과 딸은 각각 증여공제 5,000만원, 사위와 며느리는 각각 증여공제 500만원, 세율은 모두 10%이고 세액공제도 모두 10%이다. 결국 아들과 딸의 납부세액은 각각

(1억 원−5,000만 원)×10%×90%=450만원,

며느리와 사위의 납부세액은 각각

(1억 원−500만 원)×10%×90%=855만원으로

세액 합계는 2,610만원이 된다.

증여를 여러 사람에게 쪼개서 하면 더 낮은 세율을 적용받을 수 있는 사례이다.

사람들은 사전에 증여하는 것으로 미래에 내야 할 무거운 세금을 줄일 수 있다고 생각한다. 반면 상속으로 재산을 남겨주는 것이 더 유리하다고 하는 사람도 있다. 늙어서는 돈이 곧 힘이니 절대로 자녀들에게 미리 재산을 주지 말라는 사람도 있다. 상속과 증여는 재산을 무상으로 이전하는 과정이라는 점에서 유사하다. 피상속인이 사망하기 전에 재산을 무상으로 이전하면 증여이고, 사망한 이후에 망자의 재산을 물려받으면 상속이다.

그런데 증여를 통한 상속세를 줄일 수 있는 방법도 있다.

문제 4.6

어떤 사람이 50억 원의 자산을 남기게 되었는데 법정상속 3순위까지 해당자가 없어서 4순위자인 성인 10명에게 각각 5억 원씩 무상으로 이전한다고 하자.

(1) 상속으로 남겨줄 경우의 세금은 얼마인가?

(2) 증여로 남겨줄 경우의 세금은 얼마인가?

탈세가 아닌 절세의 방법에는 어떤 것이 있는 지 알아보자.

문제 4.7

민씨 부부는 20억 원이 재산을 모두 남편이 가지고 있다. 한씨 부부는 20억 원의 재산을 부부가 각각 10억 원씩 나누어 가지고 있다. 상속공제액은 배우자가 살아 있다면 10억 원(기타 공제 5억 원 포함), 그렇지 않다면 5억 원을 공제받을 수 있다고 한다. 두 가정 모두 남편이 먼저 사망한다고 가정할 때, 재산은 모두 자녀가 상속받는다고 하면 어떤 부부에게 상속세가 얼마나 적게 나올까?

문제 4.8 **다음을 각각 구하여라.**

(1) 김병수씨가 그의 부인에게 10억 원을 증여하였다면 증여세는 얼마가 되는가?

(2) 이은희씨가 올해에 태어난 손자에게 1억 원을 증여하였다면 증여세는 얼마인가?

4.4 금융소득세

2013년 1월 1일부터 금융소득 종합과세 기준이 종전의 4,000만원에서 2,000만원으로 변경되었다. 금융소득이 많은 사람에게 누진세율을 적용하여 부의 재분배를 촉진하고 조세형평성을 추구하기 위한 제도가 금융종합과세 제도이다.

이자, 배당, 연금 및 투자이익 등을 금융소득이라고 한다. 그런데 금융소득 종합과세에 포함되는 소득은 이자소득과 배당소득을 말한다. 은행에 예금을 해서 이자를 받으면 이자소득세 14%와 주민세(이자소득세의 10%)를 합해서 15.4%를 은행에서 원천징수하여 국세청에 납부한다.

1년간 이자와 배당을 합친 금융소득이 2,000만원을 초과하게 되면 초과한 금액에 대해서 종합소득 신고를 통해 다시 한 번 세금을 징수한다. 여기서 금융소득은 세전이자를 기준으로 한다. 즉 2,000만원 초과여부를 따질 때에 원천징수되기 전의 금액을 기준으로 한다. 부부합산을 하지는 않는다. 또 금융기관에서 이자소득이나 배당소득을 수령할 때에 원천징수당한 세액은 종합과세 신고 시 기 납부세액으로 공제해준다. 즉 이중과세하는 것은 아니다.

금융소득종합과세는 개인의 각종 금융소득을 다른 종합과세 대상소득과 합산하여 과세하는 것이다. 개인별로 매년 1월1일부터 12월31일 사이에 발생한 금융소득을 합산해 2,000만원을 초과하면 그 초과금액과 다른 종합소득을 합산해 소득세 확정 신고를 해야 한다.

금융 외 소득으로는 산업소득, 근로소득, 연금소득, 기타소득 등이 있다.

누진세율은 과세표준금액이 커짐에 따라 적용되는 세율이 높아지는 세율구조로서 단순누진세율과 초과누진세율이 있다.

- 단순누진세율
  과세표준금액에 대하여 단일한 누진세율을 적용하여 세액을 산출하는 방법
- 초과누진세율
  과세표준금액을 여러 단계로 구분하고, 높은 단계로 올라감에 따라 점차적으로 보다 높은 세율을 적용하는 방법

2013년 국내 근로 소득세 세율은 '초과누진세율'을 적용하고 그 기준은 아래와 같다.

〈표 4.5 근로소득 과세표준〉

근로소득 과세표준	구간 별 소득세율(지방세 제외)
1,200만원 이하	6%
1,200만원 초과 ~4,600만원 이하	15%
4,600만원 초과 ~8,800만원 이하	24%
8,800만원 초과 ~3억원 이하	35%
3억원 초과	38%

다음에 나오는 예제와 문제 풀 때 계산의 편의를 위해 '소득공제'와 '지방세'는 고려하지 않는다. (지방세는 소득세율의 10%이다.)

예제 4.8

다음의 경우 금융종합소득세가 얼마인가?

(1) 다른 소득은 없고 금융소득만 5,000만원 있는 경우

(2) 근로소득자의 연봉이 5,000만원이고, 금융소득이 3,000만원 있는 경우

(3) 사업소득이 1억 원이고, 금융소득이 4,000만원 있는 경우

풀이

(1) 먼저 금융소득 5,000만원에 대하여 은행에서 14%를 원천 징수한다. 그리고 3,000만원(=5,000만원-2,000만원)에 대해서 종합소득세율을 적용하면 처음 1,200만원까지는 6%, 다음 1,800만원에 대해서는 15%의 세율이 적용되어 (1,200만원)×6%+(1,800만 원)×15%=72만원+270만원=342만원인데, 이 3,000만원에 대하여 은행에서 이미 3,000만원×14%=420만원을 원천징수를 하였고 이 금액이 342만원보다 많으므로 추가부담은 없다.

(2) 금융소득 초과분 1,000만원을 연봉 5,000만원에 더하면 6,000만원이 되고 이때 적용되는 종합소득세율은 24%가 되어 은행이 원천징수세율 14%보다 높다. 따라서 초과누진세율로 계산하면 (1,200만원)×6%+(3,400×0.15)+(6,000만원-4,600만원)×24%=918만원인데, 여기서 금융소득 2,000만원을 초과한 1,000만원에 대하여 이미 은행에서 14%의 이자소득세 140만원을 원천징수하였으므로 이 돈을 공제하면 878만원(=918만-140만원)을 세금으로 내면 된다.

(3) 금융소득 초과분이 2,000만원이므로 종합소득세 대상 금액이 1억 원+2,000만원=1억2천만 원이다.
초과누진세율을 계산하면 (1,200만원)×6%+(4,600-1,200)×0.15+(8,800만원-4,600만원)×24%+(1억2천만-8,800만)×35%=2,710만원인데, 여기서 금융소득 2,000만원 초과한 2,000만원에 대하여 이미 은행에서 14%이자소득세 280만원을 원천징수하였으므로 이돈을 공제하면 2,430만원(=2,710만원-280만원)을 세금으로 내면 된다.

예제 4.9

금융소득이 3,000만원이고 사업소득이 8,000만원인 경우에 금융종합과세가 얼마인가?

풀이

금융소득초과분이 1,000만원이므로 종합소득세 대상 금액이 8,000만원+1,000만원(=3,000만원−2,000만원)=9,000만원이다. 처음 1,200만원까지는 6%, 그 다음 3,400만원에 대해서는 15%, 그 다음 4,200만원에 대해서는 24%, 마지막 200만원에 대해서는 35%의 세율이 적용되어 (1,200만원) × 6%+(3,400만원) × 15%+(4,200만원) × 24%+(200만원) × 35%=1,660만원인데, 여기서 금융소득 2,000만원을 초과한 1,000만원에 대하여 이미 은행에서 14%의 이자소득세 140만원을 원천징수하였으므로 이 돈을 공제하면 1,520만원(=1,660만원−140만원)을 세금으로 내면 된다.

문제 4.9

금융소득이 5,000만원이고, 사업소득 2억9천만 원인 경우 금융종합소득세가 얼마인가?

예제 4.10

은퇴 후 다른 소득은 없고 금융소득만 6,600만원 있는 경우 금융종합소득세가 얼마인가?

풀이

금융소득 2,000만원을 초과한 금액인 4,600만원에 대한 종합소득세를 계산하면 (1,200만원) × 6%+(3,400만원) × 15%=72만원+510만원=582만원이다.

그런데 은행에서 원천징수한 이자소득세액은 (4,600만원) × 14%=644만원으로 582만원보다 높으므로 추가부담은 없다.

문제 4.10

연봉이 3,500만원이고 금융소득이 3,000만원인 사람은 종합소득세가 얼마인가?

예제 4.11

다른 소득이 3,000만원 있고 여기에 금융소득이 2,100만원 있다고 하자. 이 경우 금융종합소득세가 얼마인가?

풀이

금융소득 2,000만원까지는 14% 분리과세 초과금액인 100만원 3,000만원의 다른 소득에 더하여 3,100만원이 종합소득세 대상이 된다.

종합소득세액은 (1,200만원)×6%+(1,900만원)×15%−(100만원)×14%=343만원이다.

문제 4.11

다른 소득은 없이 금융소득만 3,000만원이 있는 박철수씨의 경우 금융종합소득세가 얼마인가?

문제 4.12

근로소득자인 김인섭씨는 연봉이 5,000만원이고 이자소득이 1년에 3,000만원이 있다고 한다. 그러면 금융소득 종합과세로 금융소득 2,000만원을 초과한 1,000만원에 대하여 종합소득세가 얼마인가?

4.5 재산세

우리는 일 년에 재산세를 어느 정도 내는가?

우리나라 국민들이 보유한 자산 비율은 부동산 70~80%, 그리고 나머지는 금융자산이라고 알려져 있다. 아직도 많은 사람들이 부동산을 재테크 수단으로 생각한다는 의미이다.

재산세란 법인이나 개인이 소유하는 재산에 대해서 부과하는 조세이다. 그러나 모든 재산에 대해서 재산세를 과세하는 것은 징세비가 많이 들고 징세기술상 어려움이 있으므로 지방세법은 토지, 건축물, 주택, 선박 및 항공기만을 재산세의 과세대상으로 하고 있다.

대부분의 경우 선박이나 항공기를 소유하는 일이 없으므로 주택, 토지, 건축물에 대한 재산세에 대하여 알아보자.

재산세의 과세표준은 다음 표와 같다.

〈표 4.6〉 재산세 과세표준

구분	과세표준
토지와 건축물	시가표준액×70%(공정시장가액비율)
주택	시가표준액×60%(공정시장가액비율)
선박과 항공기	시가표준액

재산세 계산 방법을 알려면 먼저 자신 소유의 주택, 토지, 건물 등의 기준시가, 토지의 경우는 공시지가를 알아야 한다. 국토해양부 홈페이지 기준시가 조회에 들어가면 자신 소유의 부동산 기준시가를 조회할 수 있다. 재산세는 과세표준액에 세율을 곱하면 된다.

위의 표를 보면 주택의 경우

$$과세표준액=기준시가(시가표준액) \times 60\%$$

이다.

예제 4.12

김기수 집의 기준시가가 2억4천만 원이라면 과세표준액은 얼마인가?

풀이.

240,000,000 × 60%=144,000,000(원)이다.

주택의 경우 세율은 다음 표와 같다.

〈표 4.7〉 주택 과세표준

과세표준	세율
6,000만원 이하	0.1%
6,000만원 초과 1억5천만원 이하	6만원+6,000만원 초과금액의 0.15%
1억5천만원 초과 3억원 이하	19만5천원+1억5천만 원 초과금액의 0.25%
3억원 초과	57만원+3억 원 초과금액의 0.4%

토지의 경우 세율은 다음 표와 같다.

〈표 4.8〉 토지 과세표준

과세표준	세율
5,000만원 이하	0.2%
5,000만원 초과 1억원 이하	10만원+5,000만원 초과금액의 0.3%
1억 원 초과	25만원+1억원 초과금액의 0.5%

예제 4.13

김 전식 집의 기준시가가 2억4천만 원이라면 재산세는 얼마인가?

풀이

과세표준액은 240,000,000 × 60% = 144,000,000(원)이 되고, 과세표준액이 '6,000만원 초과 1억5천만 원 이하'에 해당되므로 세율 적용식은 6만원+(6,000만원 초과금액) × 0.15%가 되어서 6만원+(1억4천만 원−6,000만원) × 0.15% = 180,000원이다.

다시 말하자면

과세표준액 ⇒ 기준시가의 60%
재산세 ⇒ 과세표준액 × 해당세율

여기에 도시계획세, 지방교육세, 지역자원시설세 등을 합해서 최종적인 금액이 우리가 받는 고지서에 나오는 세금액이다.

문제 4.13

백운화씨는 기준시가 5억 원인 토지를 소유하고 있다.

(1) 과세표준액은 얼마인가?

(2) 재산세는 얼마인가?

문제 4.14

다음을 각각 구하여라.

(1) 조준보씨는 기준시가 6억 원의 주택을 가지고 있다. 재산세를 계산하여라.

(2) 신형목씨는 기준시가 6억 원의 토지를 가지고 있다. 재산세를 계산하여라.

4.6 취득세와 등록세, 양도소득세

4.6.1 취득세와 등록세

취득세와 등록세는 지방세이다.

취득세의 과세대상은 상당히 넓지만 여기서는 일상생활에서 자주 접하는 주택을 매매로 취득하는 경우에 한하여 공부해보자. 부동산을 취득하면 취득세와 등록세를 낸다. 2011년부터 등록세가 취득세로 통합되어 취득세로 명칭이 변경되었다.

과세표준액은 실제 거래되는 가격이며 법정세율은 다음과 같다.

■ 취득자 본인이 취득가액이 6억 원이하의 1주택을 취득하는 경우

〈표 4.9〉 취득세 과세표준

구 분	법정세율	
	전용면적 85m^2 이하	전용면적 85m^2 초과
취득세	1%	1%
농특세	-	0.2%
지방교육세	0.1%	0.1%
합계	1.1%	1.3%

■ 취득자 본인이 취득가액이 6억초과 9억이하의 1주택을 취득하는 경우

〈표 4.10〉 취득세 과세표준

구 분	법정세율	
	전용면적 85m^2 이하	전용면적 85m^2 초과
취득세	2%	2%
농특세	-	0.2%
지방교육세	0.2%	0.2%
합계	2.2%	2.4%

■ 취득자 본인이 취득가액이 9억초과의 1주택을 취득하는 경우

〈표4.11〉 취득세 과세표준

구 분	법정세율	
	전용면적 85m^2 이하	전용면적 85m^2 초과
취득세	3%	3%
농특세	-	0.2%
지방교육세	0.3%	0.3%
합계	3.3%	3.5%

그 밖에 중개비용 같은 수수료가 발생한다.

일반주택(고급주택은 제외)의 경우 부동산 중개수수료 요율은 다음과 같다.

〈표4.12〉 부동산 중개수수료 과세표준

구분	거래가액	요율상한(%)	한도액
매매	5천만원 미만	0.6	250,000원
	5천만원 이상 2억원 미만	0.5	800,000원
	2억 이상 6억원 미만	0.4	-
	6억 이상 9억원 미만	0.5	-
	9억원 이상	0.9%이내에서 중개사와 협의	

예제 4.14

백승희씨가 전용면적이 $95m^2$인 주택을 3억4천만 원을 주고 샀다. 취득세 얼마이며 세금합계는 얼마인가? 또 부동산 중개수수료는 얼마를 주어야하는가?

풀이

먼저 취득세는(3억4천만원) × 1%=340만원 이고 여기에 농특세는 (3억4천만원) × 0.2%=64만원이고, 교육세는(3억4천만원) × 0.1%=34만원이어서 세금합계는 340만원+64만원+34만원=438만원이다.

그리고 부동산 중개수수료는 3억4천만원 × 0.4%=136만원이다.

문제 4.15

다음의 경우에 취득세는 얼마이며 세금합계는 얼마인가? 또 부동산 중개수수료는 얼마를 주어야하는가?

(1) 이영우씨가 전용면적이 $84m^2$인 주택을 1억4천만 원에 산 경우

(2) 성장관씨가 전용면적이 $90m^2$인 주택을 1억9천만 원에 산 경우

(3) 박은숙씨가 전용면적이 $100m^2$인 주택을 12억 원에 산 경우

(4) 정인호씨가 전용면적이 $99m^2$인 주택을 8억 원에 산 경우

4.6.2 양도소득세

소득세법상 '양도'는 자산에 대한 등기 또는 등록에 관계없이 매도, 교환, 법인에 대한 현물출자 등으로 인하여 그 자산이 유상으로 사실상 이전되는 것을 말한다.

가장 흔하게 접할 수 있는 양도는 집이나 아파트를 판 경우이다.

양도소득세란 자산의 양도에 따라 발생하는 소득에 대하여 과세하는 세금이고, 이것은 국세이다. 1세대 1주택의 경우는 보유요건 및 거주요건 등 비과세 요건을 충족한 때에는 양도소득세가 과세되지 않는다.

부동산을 양도한 경우에는 양도일이 속하는 달의 말일부터 2개월 이내에 주소지 관할세무서에 예정신고납부를 해야 한다. 예를 들어 2017년 1월5일 잔금을 지급받았다면 양도소득세 예정신고 납부기한은 2017년 3월31일까지이다. 무신고시 가산세 20%가 부과된다.

보유한 부동산을 처분할 때는 국세인 양도소득세를 납부해야하는데 이 양도소득세는 토지나 건물 같은 부동산과 분양권, 골프회원권, 주식 등을 양도하여 발생한 소득에 대하여 과세되는 세금이다.

2017년 개정된 양도소득세율은 다음 표와 같다.

〈표 4.13〉 개정된 양도소득세 표준

구분	보유기간	과세표준액	세율	누진공제액
	1년 미만		40%	
	1년 이상 2년 미만		6~40%	
일반세율	2년 이상 보유시	1,200만원 미만	6%	
		1,200만원 초과 4,600만원 이하	15%	108만원
		4,600만원 초과 8,800만원 이하	24%	522만원
		1억 5,000만원 이하	35%	1,490만원
		5억원 이하	38%	1,940만원
		5억원 초과	40%	2,940만원
1주택자 (비과세요건)		1주택자 : 2년 이상		

1세대 2주택 이상인 경우 위의 표와 동일하다.

부동산 양도세 산출세액
양도가액은 양도 당시의 실지거래가액이고 취득가액도 실지거래가액이다.
필요경비는 양도비 등 실제경비이다.
양도차익=양도가액-취득가액-필요경비
양도소득금액=양도차익-장기보유특별공제
양도소득과세표준=양도소득금액-양도소득기본공제
산출세액=양도소득과세표준 × 세율
자진 납부할 세액=산출세액-감면세액

다음 각 호의 경우는 소득별로 각각 연 250만원을 공제한다. 다만, 미등기 양도 자산의 경우에는 적용이 제외된다.

- 주식 또는 출자자본
- 부동산, 부동산에 관한 권리, 기타자산

다음 예는 장기보유특별공제액은 생각하지 않는다.

예제 4.15

정재은씨는 보유하고 있는 주택을 25개월 만에 양도하기로 했다. 양도가액은 1억5천만 원이고, 취득가액은 1억 원, 필요경비(중개수수료 등)는 5백만 원이다(비과세 요건이 아니다).

예정신고 기한 내에 신고 납부할 경우, 납부세액을 구하여라.

풀이

(1) 양도차익 = 양도가액 - 취득가액 - 필요경비
= (1억5천만 원) - (1억원) - (500만원)
= 4,500만원

(2) 과세표준 = 양도소득금액 - 양도소득기본공제
= (4,500만원) - (108만원) = 4,392만원

(3) 세율 = 6~15% 초과누진세율(2년 이상 보유 시 적용되는 세율)

(4) 산출세액은 (처음 1,200만원) × 6%+(다음 3,192만원) × 15%
= (1,200만원) × 6%+(4,392만원−1,200만원) × 15%
= 72만원+478.8만원=5,508,000원

예제 4.16

안철수씨부부는 두 개의 주택을 보유하고 있다. 기준시가가 주택1은 3억원, 주택2는 합계 8억 원이다. 두 채 모두 30개월(2년 이상 3년 미만) 보유한 후 매도 하였는데, 주택1은 3억4천만 원에, 주택2는 5억6천만 원에 팔았다.

다음의 세 경우에 양도소득세는 어떻게 될까?

풀이

- 경우 1 : 안철수씨가 두 개의 주택을 모두 보유하고 있다.
- 경우 2 : 안철수씨가 주택2를, 그의 부인이 주택1을 보유하고 있다.
- 경우 3 : 두 주택을 둘 다 부인과 공동 명의로 하였다.

과세는 소유자별로 한다. 즉, 과세 판단은 '1세대'를 기준으로 하나 세금계산은 지분별로 한다. 모두 2년 이상 보유하였기에 세율은 6~35%가 적용되어 세금계산은 다음과 같다.

- 경우 1 : 과세표준은 8,510만원(=1억 원−1,490만원)이므로 산출세액은 (처음 1,200만원) × 6%+(다음 3,400만원) × 15%+(다음 3,910만원) × 24% = 72만원+510만원+938.4만원=15,204,000원
- 경우 2 : 안철수씨는 과세표준이 5,478만원(=6,000만원−522만원)이고 그의 부인은 3,892만원(=4,000만원−108만원)이므로 산출액은 다음과 같다.
  안철수씨 : (처음 1,200만원) × 6%+(다음 3,400만원) × 15%+(마지막 878만원) × 24%=72만원+510만원+2,107,200원=7,927,200원
  그의부인 : (처음 1,200만원) × 6%+(마지막 2,692만원) × 15%=72만원+403만8천원=475만8천원 두 사람이 내야하는 세액합계는 12,685,200원이다.
- 경우 3 : 두 사람의 과세표준은 각각 4,478만원(=5,000만원−522만원)이므로 1인당 산출세액은 다음과 같다. (처음 1,200만원) × 6%+(다음 3,278만원) × 15% = 72만원+491만7천원=563만7천원

두 사람이 내야하는 세액합계는 1,127만4천원이다.

- 결론 : 절세 측면에서는 경우 3의 보유형태가 가장 좋다.

또 다른 예를 보자.

2년 5개월 보유하고 판 주택의 양도소득이 9,000만원일 때

- 경우 1 : 부부 중 한사람의 명의인 경우
  과세표준은 7,510만원(=9,000만원-1,490만원)으로 양도소득세를 계산해 보면 (처음 1,200만원) × 6%+(다음 3,400만원) × 15%+(다음 2,910만원)×24%=72만원 +510만원+698만4천원=12,804,000원이다.
  여기에 지방소득세 10%인 1,280,400원을 더하면 14,084,400원이다.
- 경우 2 : 부부 공동 명의인 경우
  부부 각각 4,392만원(=4,500만원-108만원)이 과세표준이고 양도소득세는 (처음 1,200만원)×6%+(다음 3,192만원)×15%=72만원+478.8만원=550.8만원이다. 여기에 지방소득세 10%인 55.08만원을 더하면 605.88만원을 세금으로 내야하는데, 두 사람 합계 12,117,600원을 내면 된다.

결론적으로 경우2가 경우1보다 세금을 14%정도 적게 낸다.

양도소득세의 계산에 다음을 참조하면 도움이 된다.

양도가액은 처분할 때 실제로 받는 금액 즉 부동산매매계약서상의 금액이고 취득가액은 취득당시의 가액이므로 계약서를 잘 보관하여 이를 입증하여야 한다.

필요경비는 취득과 양도에 필수적으로 발생하는 각종 비용, 여기에는 취득세, 중개수수료, 법무 관련 수수료, 자본적 지출금액등이 해당하고 보통 영수증으로 입증한다.

그 외 필요경비로 가능한 것은 인테리어 비용(계약서+거래영수증+송금영수증), 새시공사, 거실확장공사, 상하수도 배관공사, 붙박이장, 보일러교체 등 자본적 지출이다.

문제 4.16

1억 원에 집을 사서 1년3개월 보유한 후에 1억2000만원에 팔게 되었다면 양도소득세는 얼마인가?

'1가구 1주택에 대한 양도소득세 비과세'는 1세대가 양도일 현재 당해 양도주택 하나만을 보유하고 있는 경우 2년 이상 보유한 주택을 말한다.

1가구 2주택의 양도소득세 비과세는 다음의 경우이다. 기존의 집이 있고, 또 하나의 집을 취득 시 1가구 2주택에 해당된다. 기존의 집이 2년 이상(1가구1주택 비과세 요건)기간이 지나고 또 하나의 집을 취득한 날로부터 3년 이내에 기존의 집을 처분한다면 비과세에 해당한다.

예를 들면 집을 사지 1년 정도 경과된 집이 하나 있고 다시 새로운 집 하나를 사면 1가구2주택이 된다. '추가로 취득한 주택'을 산 날짜로부터 3년 이내에 종전 주택을 처분하면 비과세 혜택을 본다. 물론 종전주택을 2년 이상 보유한 후 처분해야한다.

4.6.3 장기보유특별공제

'장기보유 특별공제제도'는 장기간에 걸쳐 형성된 양도소득을 누진세율체계로 과세함에 있어서, 장단기 보유에 따른 세 부담의 균형을 유지하고 장기보유를 유도하여 부동산 투기억제효과를 거두기 위하여 채택한 제도이다.

'장기보유특별공제액'은 양도소득 금액을 계산함에 있어 3년 이상 보유한 토지 또는 건물을 양도한 경우에 다음과 같이 일정 금액을 양도 차익의 범위 내에서 공제하는 것을 말한다.

다만 미등기 양도재산, 1세대 2(3)주택이상자로 한시적 특례 세율이 적용되는 주택, 비사업용 토지양도의 경우에는 적용이 제외된다.

장기보유특별공제액
=(실지양도금액－실지취득가액－기타필요경비)×(보유기간에 따른 공제율)

보유기간에 따른 공제율은 다음 표와 같다.

〈표 4.14〉 공제 과세표준

보유기간	1세대1주택	다주택자/건물·토지
3년 이상 4년 미만	24%	10%
4년 이상 5년 미만	32%	12%
5년 이상 6년 미만	40%	15%
6년 이상 7년 미만	48%	18%
7년 이상 8년 미만	56%	21%
8년 이상 9년 미만	64%	24%
9년 이상 10년 미만	72%	27%
10년 이상	80%	30%

위의 표에서 '1세대1주택'은 비과세여부와 상관없이 양도 당시 1주택이면 적용되고, 비거주자는 적용되지 않는다.

장기보유특별공제 적용대상은 3년 이상 보유하고 양도하는 토지◦건물에 대하여 적용한다.

예제 4.17

민씨는 1세대1주택자로서 10년 전에 주택을 3억에 사서 살고 있다가 지금 5억에 팔게 되었다. 양도소득세는 얼마나 될까? 단, 계산의 편의를 위해서 필요경비는 없다고 가정한다.

풀이

과세표준은 2억원−(2억원×80%)=4,000만원 이므로 양도소득세를 계산해 보면 (처음1,200만원)×6%+(다음 2,800만원)×15% =72만원+420만원=492만원이다. 여기에 지방소득세 10%인 49.2만원을 더하면 54.2만원이다.

문제 4.17

민씨는 2016년 3월1일 1억2천만원을 주고 주택을 샀는데 2017년 3월25일에 1억5천만원을 받고 이 주택을 팔았다. 필요경비가 680만원이라면 양도세는 얼마일까? 1세대1주택이라고 한다.

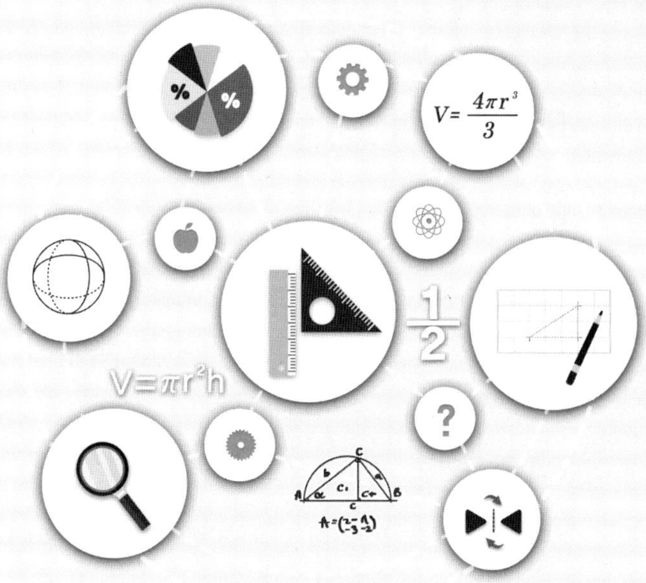

CHAPTER 05

방정식 · 부등식을 이용한 생활수학

5.1 방정식

5.1.1 방정식

분모에 미지수가 있는 분수식을 포함한 방정식을 분수방정식이라 하고, 정방정식과 분수방정식을 통틀어 유리방정식이라고 한다.

5.1.2 무연근

분수방정식을 변형하여 얻은 정방정식의 근 중에서 주어진 분수방정식의 분모를 0이 되게 하는 근을 분수방정식의 무연근이라고 한다.

5.1.3 방정식의 해법

(1) 대수방정식의 모든 해는 인수분해하여 구한다.

(2) 분수방정식은 분모의 최소공배수를 양변에 곱하여 정방정식으로 고쳐 푼다. 무연근을 확인한다.

예제 5.1

영준이가 초속 9.8m로 똑바로 위로 공을 던졌을 때, t초 후 지면으로부터의 공의 높이를 y m라고 하면 y와 t 사이에는 $y=-4.9t^2+9.8t+1.5$인 관계식이 성립한다고 한다. 이 공을 던진 후 공이 지면에 떨어질 때까지 몇 초가 걸리는지 구하여라.

풀이

공이 지면에 떨어질 때, 지면으로부터 공까지의 높이가 0이므로 주어진 식에 $y=0$을 대입하면

$(7t-15)(7t+1)=0$ 따라서 $t=\frac{15}{7}$ 또는 $t=-\frac{1}{7}$ $-4.9t^2+9.8t+1.5=0$, $49t^2-98t-15=0$

그런데 $t>0$이므로 $t=\frac{15}{7}$ 따라서 공을 던진 후 공이 지면에 떨어질 때까지 걸리는 시간은 $\frac{15}{7}$초이다.

문제 5.1

수지와 민혁이가 동아리 활동에서 만든 물 로켓의 발사 지점으로부터 어느 시점의 물 로켓까지의 수평거리를 x m, 지면으로부터 물 로켓까지의 높이를 y m라고 할 때, x와 y사이에는

$y=-0.05x^2+2x+0.5$인 관계식이 성립한다고 한다. 발사 후 물 로켓이 두 번째로 지면으로부터 15.5m 높이에 있을 때, 발사 지점으로부터 물 로켓까지의 수평거리를 구하여라.(단, 물로켓의 크기는 무시한다.)

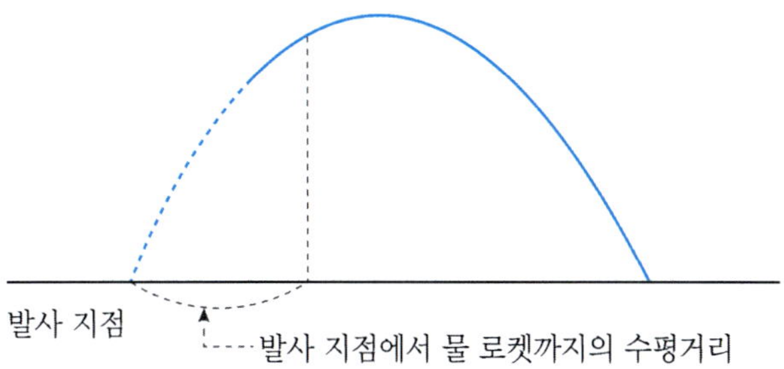

〈그림 5.1〉

예제 5.2

어느 공장에서 생산품을 가로의 길이가 8m, 세로의 길이가 6m, 높이가 4m인 직육면체 모양의 창고에 보관하였다. 내년에는 올해보다 생산량이 늘어날 것으로 예상하고 창고를 넓히려고 한다. 창고의 가로의 길이, 세로의 길이, 높이를 각각 x m만큼 늘여서 창고의 총 부피가 480m^3가 되도록 할 때, x의 값을 구하여라.

풀이

창고의 부피를 x에 관한 식으로 나타내면 $(x+8)(x+6)(x+4)=480$, $x^3+18x^2+104x-288=0$, $f(x)=x^3+18x^2+104x-288$로 놓으면 $f(2)=0$이므로 $x-2$는 $f(x)$의 인수이다. 조립제법을 이용하여 인수분해하면 $x^3+18x^2+104x-288=(x-2)(x^2+20x+144)$

즉, 삼차방정식$x^3+18x^2+104x-288=0$은 $(x-2)(x^2+20x+144)=0$이므로 $x-2=0$ 또는 $x=-10\pm2\sqrt{11}i$ 이때 x는 양의 실수이므로 $x=2$ 이다.

문제 5.2

병하는 2점, 3점,4점짜리 문제로 이루어진 수학 시험에서 85점을 받았다. 맞힌 문제는 모두 26문제였고, 3점짜리 문제를 4점짜리 문제보다 3개 더 맞혔다. 병하가 맞힌 2점, 3점, 4점짜리 문제의 개수를 각각 구하여라.

문제 5.3

가로의 길이가 20cm, 세로의 길이가 12cm인 직사각형 모양의 종이가 있다. 이 종이의 네 귀퉁이에서 일정한 정사각형 모양을 잘라 내어 부피가 $256cm^3$인 뚜껑이 없는 직육면체 모양의 상자를 만들려고 한다. 잘라 낼 정사각형의 한 변의 길이를 구하여라.

예제 5.3

아래 그림과 같이 어느 놀이 공원의 리프트는 로프에 의자를 매달아 계속 순환하여 운행하는 시설이다. 직선 궤도의 시작 지점인 A지점에서 승차하여 1200m인 직선 궤도를 일정한 속력으로 지난 다음, 직선 궤도에서의 속력보다 2m/초 느린 속력으로 길이가 10cm인 곡선 궤도를 지나 B지점에 내릴 때까지 6분 50초가 걸렸다. 이 때, 직선 궤도에서의 속력을 구하시오.(단, 속력의 단위는 m/초이다.)

풀이

직선 궤도의 속력을 v cm/초라고 하면

$$\frac{1200}{v}+\frac{10}{v-2}=410$$

양변에 분모의 최소공배수 $v(v-2)$를 곱하여 정리하면

$$1200(v-2)+10v=410v(v-2),$$

$$41v^2-203v+240=0,\ (41v-80)(v-3)=0$$

$$\therefore v=\frac{80}{41} \text{ 또는 } v=3$$

이 때, $v>2$이므로 $v=3$이다.

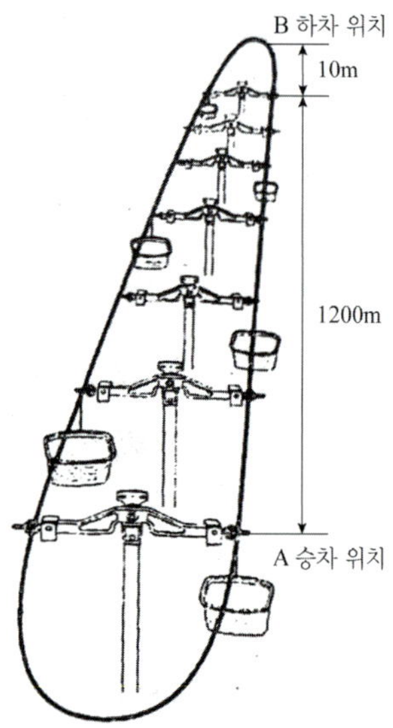

〈그림 5.2〉

문제 5.4

어떤 고속 전철은 역을 출발하여 처음 10km 구간과 다음 역에 도착하기 전 10km 구간의평균 속력은 최고 속력의 $\frac{1}{2}$ 배이고, 나머지 구간은 최고 속력으로 일정하게 달린다고 한다. A,B 두 역 중간에 C역을 새로 만들어 5분간 정차하면 A,B사이를 운행하는 데 11분이 더 걸린다고 할 때, 이 고속 전철의 최고 속력을 구하시오. (단, 모든 역 사이의 거리는 50km 이상이고, 속력의 단위는 km/시 이다.)

문제 5.5

〈그림 5.3〉의 아래의〈그림 1〉과 같이 직렬로 연결되어 있을 때의 합성 전기 저항 R는 $R = R_1 + R_2$ 이고, 〈그림 2〉와 같이 병렬로 연결되어 있을 때 합성 전기 저항 R는 $\frac{1}{R} = \frac{1}{R_1} + \frac{1}{R_2}$ 이다.

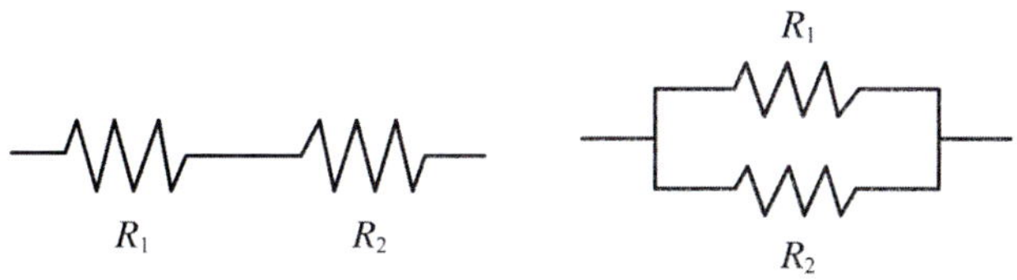

〈그림 1〉 〈그림 2〉

〈그림 5.3〉

또, 전압V, 저항R(Ω), 전류의 세기I(A) 사이에는 V=IR인 관계가 성립한다. 다음 회로도를 보고 저항 x 의 값을 구하면?

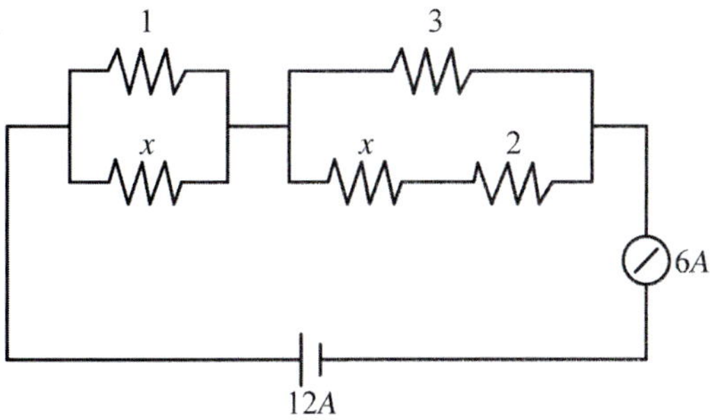

〈그림 5.4〉

5.2 무리방정식

5.2.1 무리방정식

미지수에 관한 무리식을 포함하는 방정식을 무리방정식이라고 한다.

5.2.2 무리방정식의 해법

(1) 무리방정식의 각 항을 적당히 이항하고 양변을 제곱하여 정방정식으로 고친다.

(2) (1)에서 얻은 정방정식을 푼다.

(3) (2)에서 얻은 정방정식의 근 중에서 주어진 무리방정식을 만족하지 않는 근(무연근)을 제외한다.

예제 5.4

아래 그림과 같이 직선 도로에서 각각 10km, 30km 떨어진 철수의 집 A와 학교 B가 있다. 서로 40km 떨어진 두 지점 C,D 사이의 한 지점 P에서 철수의 집과 학교를 연결하는 직선 도로를 만들었더니 새로 만들어진 도로의 길이의 합이 60km이었다. 이 때, 철수의 집 A에서 P지점까지의 거리 $\overline{AP}$는 몇 km인지 구하시오. (단, 도로 폭은 무시하고, 두 지점 C,D는 각각 A와 B에서 도로에 이르는 최단 거리의 지점이다.)

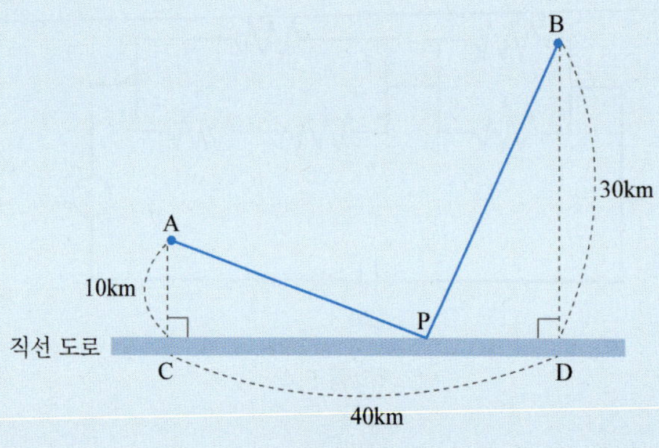

〈그림 5.5〉

풀이

$\overline{AP}=x$라고 하면 $\overline{CP}=\sqrt{x^2-10^2}$, $\overline{BP}=60-x$이므로 $\overline{DP}=\sqrt{(60-x)^2-30^2}$

따라서 $\overline{CP}+\overline{DP}=40$에서

$$\sqrt{x^2-10^2}+\sqrt{(60-x)^2-30^2}=40,\ \sqrt{(60-x)^2-30^2}=40-\sqrt{x^2-10^2}$$

양변을 제곱하여 정리하면 $2\sqrt{x^2-100}=3x-30$

다시 양변을 제곱하여 정리하면

$$x^2-36x+260=0,\ (x-10)(x-26)=0,\ \therefore x=26(km)(\because x>10)$$

문제 5.6

아래 그림과 같이 폭이 40m인 강을 사이에 두고 있는 두 지점 A,B가 있다. B에서 건너편에 내린 수선의 발을 R이라고 할 때, A에서 R까지 거리는 100m이다. 철수는 A에서 출발하여 B를 향해 강변을 따라 가다가 어떤 지점에서 B를 향해 수영해 갔다. 철수가 B에 도착할 때까지 움직인 총 거리가 120m라고 할 때, 철수가 강변을 따라 움직인 거리는 몇 m인지 구하시오.

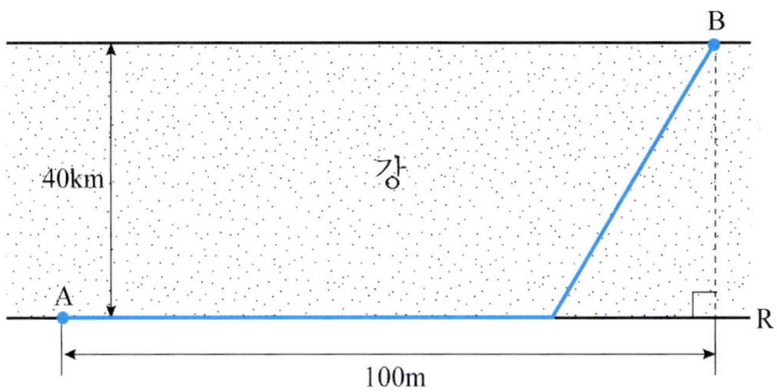

〈그림 5.6〉

예제 5.5

아래 그림과 같은 $\angle ABC = 120^\circ$, $\overline{AB} = 3km$, $\overline{BD} = 6km$ 인 산책로에는 다음과 같은 두 가지 코스가 있다.

[코스 1] $A \to B \to C \to D$

[코스 2] $A \to C \to D$

갑이 시속 3km의 일정한 속력으로 산책할 경우, [코스 1]을 따라갈 때 소요되는 시간이 [코스 2]를 따라가는 것보다 10분 더 걸린다고 한다. $\overline{BC}$의 길이는?

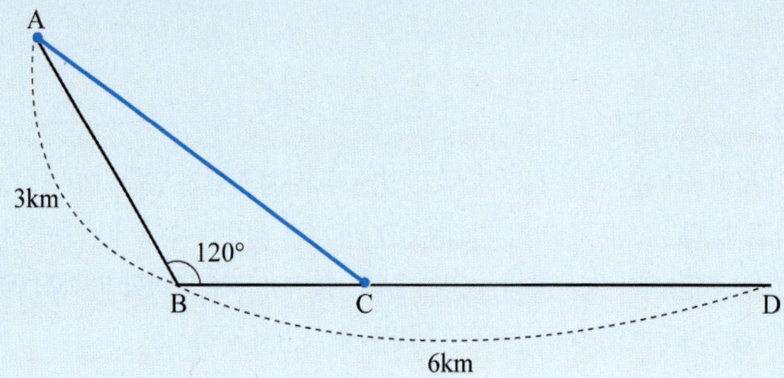

〈그림 5.7〉

풀이

[코스 1]의 거리는 9km이므로 걸리는 시간은 $\frac{9}{3} = 3$, $\overline{BC} = x$로 놓으면 $\overline{CD} = 6 - x$이고 제이 코사인법칙에 의하여

$$\overline{AC}^2 = 3^2 + x^2 - 2 \cdot 3 \cdot x\cos 120^\circ = x^2 + 3x + 9 \quad \therefore \overline{AC} = \sqrt{x^2 + 3x + 9}$$

[코스 2]의 거리는 $\sqrt{x^2 + 3x + 9} + 6 - x$이므로 걸리는 시간은 $\frac{\sqrt{x^2 + 3x + 9}}{3} + \frac{6 - x}{3}$

[코스 2]가 [코스 1]보다 10분 더 빠르므로

$$\frac{\sqrt{x^2 + 3x + 9}}{3} + \frac{6 - x}{3} = 3 - \frac{1}{6}, \ 2\sqrt{x^2 + 3x + 9} - 2x = 17,$$

$2\sqrt{x^2 + 3x + 9} + 12 = 2x + 5$양변을 제곱하여 정리하면

$$4x^2 + 12x + 36 = 4x^2 + 20x + 25, \ 8x = 11 \quad \therefore x = \frac{11}{8}(km)$$

문제 5.7

일직선으로 뻗은 해안가 도로 위의 두 지점 A', B' 에서 각각 8km, 4km 떨어진 바다 위의 두 지점 A,B에 각각 경비정과 어선이 있다. 경비정의 속력은 20km/시, 어선의 속력은 10km/시이고, $\overline{A'B'}$ =9km이다. 경비정과 어선이 동시에 출발하여 A', B' 의 사이에 있는 부두 C에 동시에 도착한다면, 도착시간은 출발 후 몇 분이 되겠는가?

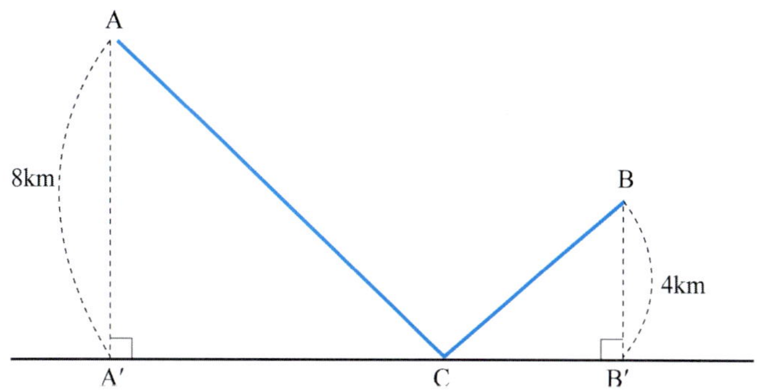

〈그림 5.8〉

문제 5.8

진규는 강가에서 3km 떨어진 집에서 사는데 매일 아침 강에서 물을 길어 강가에서 $\sqrt{3}$ km 떨어진 과수원에서 물을 주고 있다. 어느 날 진규는 집에서 나와 물을 길러 과수원에 주는 거리의 최솟값이 7km라는 것을 알고 그에 따른 강가의 위치를 알아보기 위해 아래과 같은 그림을 그렸다. 이 때, x를 만족하는 값들의 합은?

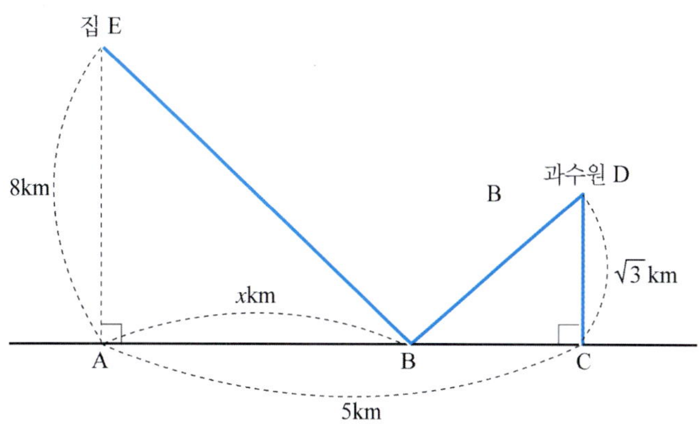

〈그림 5.9〉

예제 5.6

A도시의 쓰레기 처리비는 환경 관련 예산의 제곱근값과 갖고, 규모가 큰 B 도시는 A 도시의 환경 관련 예산보다 7억 원이 많고 역시 쓰레기 처리비는 환경 관련 예산의 제곱근값과 같다고 한다. 이 두 도시의 쓰레기 처리비의 합이 7억 원이라고 할 때, A 도시의 환경 관련 예산은?

풀이

A 도시의 환경 관련 예산을 x라고 하면 쓰레기 처리비는 환경 관련 예산의 제곱근값이므로 $\sqrt{x}$ 또, B도시의 환경 관련 예산은 A 도시보다 7억원이 많으므로 x+7이고 쓰레기 처리비는 $\sqrt{x+7}$ $\therefore \sqrt{x+7}+\sqrt{x}=7$, $\sqrt{x+7}=7-\sqrt{x}$ 의 양변을 제곱하면

$$x+7=49-14\sqrt{x}+x,\ \sqrt{x}=3\quad \therefore x=9$$

문제 5.9

제3세대 전투기인 F – 16(Fighting Falcon)을 수입하여 성능을 시험하기 위하여 아래 그림과 같이 시험 운행을 하였다. A 지점에서 출발하여 북쪽 방향으로 300km/시의 속력으로 비행하다가 P 지점에 이르러 방향을 바꾸어 B 지점을 향하여 600km/시의 속력으로 비행하였을 때 소요된 시간은 9분이었다. 이 전투기가 방향을 바꿀 때까지 걸린 시간은?

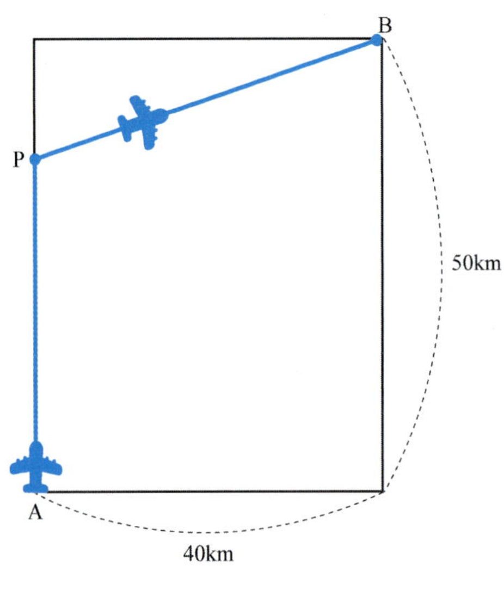

〈그림 5.10〉

문제 5.10

두 과수원 P, Q가 있다. 과수원 P에 양수기로 20톤의 물을 공급하려고 한다. 그런데 시간당 양수기 A는 $\sqrt{x+3}$ 톤, 양수기 B는 x 톤만큼만 물을 공급할 수 있어서, 양수기 A만으로 과수원 P에 물을 공급하는 데 걸리는 시간은 양수기 B만으로 공급하는 데 걸리는 시간보다 10시간이 덜 걸린다고 한다. 이 때, 과수원 Q에 양수기 A, B를 모두 이용하여 243톤의 물을 공급하는데 걸리는 시간은?

5.3 부등식

부등식에서 모든 항을 좌변으로 이항하여 $f(x)>0, f(x)\geq 0, f(x)<0, f(x)\leq 0$ 과 같은 꼴이 되었을 때, $f(x)$가 분수식인 것을 분수부등식, $f(x)$가 유리식인 것을 유리부등식이라고 한다.

(1) $f(x)$: 이차식

$\Rightarrow f(x)>0, f(x)\geq 0, f(x)<0, f(x)\leq 0$: 이차부등식

(2) $\dfrac{f(x)}{g(x)}>0 \Leftrightarrow f(x)g(x)>0$

(3) $\dfrac{f(x)}{g(x)}\geq 0 \Leftrightarrow f(x)g(x) \geq 0, g(x) \neq 0$

(4) $\dfrac{f(x)}{g(x)}<0 \Leftrightarrow f(x)g(x)<0$

(5) $\dfrac{f(x)}{g(x)}\leq 0 \Leftrightarrow f(x)g(x) \leq 0, g(x) \neq 0$

예제 5.7

지은이네 가족은 자동차를 타고 미술관에 갔다. 미술관의 주차장에는 아래 그림과 같은 안내판이 있었다. 지은이네 가족이 주차권을 받을 후 주차를 하는데 10분이 걸렸고, 앞으로 미술관을 둘러보는데 120분이 소모될 예정이다. 그런데 관람객의 수에 따라 소요 시간이 20분까지 더 걸리거나 덜 걸릴 수도 있다고 한다. 다음 물음에 답하여라.(단, 주차장에서 미술관까지의 이동시간은 생각하지 않는다.)

(1) 주차권을 받은 후 나갈 때까지의 시간을 x분이라고 할 때, x의 값의 범위를 절댓값 기호를 사용하여 나타내어라.

(2) 지은이네 가족이 지불할 것으로 예상되는 주차 요금을 y원이라고 할 때, y의 값의 범위를 구하여라.

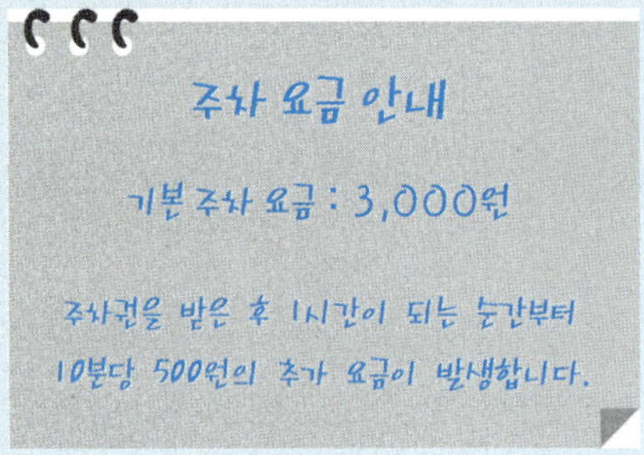

〈그림 5.11〉

풀이

(1) 주차하는데 걸리는 시간과 미술관을 둘러보는 데 걸리는 시간의 합은 130분이다. 그런데 관람객의 수에 따라 소요 시간이 20분까지 더 걸리거나 덜 걸릴 수 있으므로 주차권을 받은 후 나갈 때까지의 시간은 130−20(분) 이상 130+20(분) 이하이다.

즉, $130-20 \le x \le 130+20$ 이므로 $-20 \le x-130 \le 20$, $|x-130| \le 20$

(2) (1)에서 $110 \le x \le 150$

주차권을 받은 후 나갈 때까지의 시간이 110분일 때의 주차 요금은 처음 1시간에 대하여 3000원, 이후 50분에 대하여 5×500(원)의 추가 요금이 발생하고, 주차권을 받은 후 나갈 때까지의 시간이 150분일 때의 주차 요금은 처음 1시간에 대하여 3000원, 이후 90분에 대하여 9×500(원)의 추가 요금이 발생한다.

즉, $3000+5\times500 \le y \le 3000+9\times500$이므로 $5500 \le y \le 7500$

예제 5.8

지면으로부터 a m의 높이에서 스카이다이버가 뛰어내린 후 t초에서의 지면으로부터의 높이 를 h m라고 하면$h = a - \frac{1}{2}gt^2(g = 9.8m/s^2)$으로 나타낼 수 있다. 다음 물음에 답하여라.

(1) 어떤 스카이다이버가 지면으로부터 3936 m 높이에 있는 비행기에서 뛰어내린 후 t초에서의 지면으로부터의 높이를 t에 대한 식으로 나타내어라.

(2) 낙하산을 펴야 하는 최저 고도는 지면으로부터 800m 지점이라고 한다. (1)의 스카이다이버가 이 지점에 도달하기 전에 낙하산을 편다고 할 때, 낙하산을 펴지 않은 상태로 낙하할 수 있는 시각 t의 범위를 구하여라.

풀이

(1) $a=3936$을 주어진 식에 대입하면 $h = 3936 - \frac{1}{2} \times 9.8 \times t^2 = 3936 - 4.9t^2$

따라서 구하는 높이는 $(3936 - 4.9t^2)m$ 이다.

(2) $h=800$이 되기 전까지 낙하산을 피지 않은 상태로 낙하할 수 있으므로 $800 < 3936 - 4.9t^2$

이 부등식을 풀면 $4.9t^2 < 3136$, $t^2 < 640$, $t^2 - 640 < 0$

$(t+8\sqrt{10})(t-8\sqrt{10}) < 0$, $-8\sqrt{10} < t < 8\sqrt{10}$, 그런데 $t>0$ 이므로 $0 < t < 8\sqrt{10}$

문제 5.11

어느 공장에서 공동으로 사용할 직사각형 모양의 작업대를 만들려고 한다. 작업을 원활하게 하기 위해서는 작업대의 둘레의 길이는 32m이어야 하고, 넓이는 $60m^2$ 이상이 되어야 한다고 한다. 작업대의 가로의 길이를 세로의 길이보다 길게 만들 때, 가로의 길이의 범위를 구하여라.

문제 5.12

어느 고속도로에서 허용된 자동차의 최고 속력과 최저 속력은 각각 100km/h, 60km/h라고 한다. 이 고속도로 위를 달리는 자동차의 속력을 x km/h라고 할 때, 자동차의 허용된 속력의 범위는 부등식 $|x - 80| \leq a$로 나타낼 수 있다. 이 때, 상수a의 값을 구하여라. (단, a>0)

문제 5.13

어느 회사에서 일정한 기간 동안 얻은 자료를 이용하여 근로자의 수 x에 대한 수익을 p만 원이라고 할 때, $p=-0.1x^2+300x$와 같은 관계식을 얻었다. 이 회사에서 20억 원 이상의 수익을 올리려고 할 때, 필요한 근로자의 수의 범위를 구하여라.

예제 5.9

아래 그림과 같이 가로의 길이와 세로의 길이가 각각 40km, 30km인 직사각형 모양의 땅에 ㄱ자 형태의 쉼터를 만들려고 하다. 남는 땅은 주차장으로 사용하려고 할 때, 물음에 답하여라.

(1) 정면과 왼쪽에서 보는 쉼터의 폭을 x m라고 할 때, 주차장의 넓이를 x에 관한 식으로 나타내어라.

(2) 주차장의 넓이가 $375m^2$이상이라고 할 때, x에 관한 부등식을 만들어보아라.

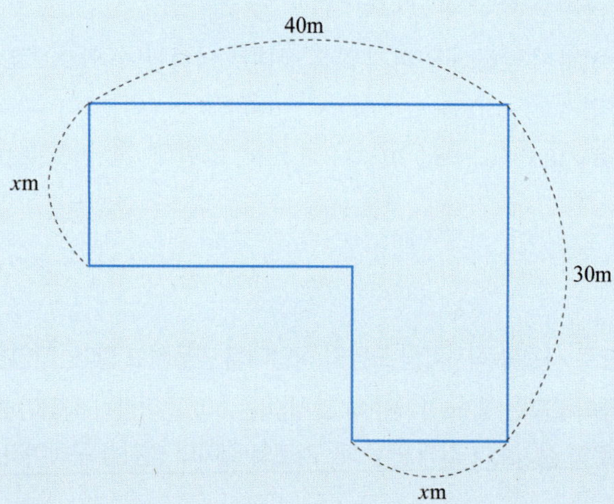

〈그림 5.12〉

풀이

(1) 주차장은 직사각형 모양이고 가로의 길이는 $(40-x)$m, 세로의 길이는 $(30-x)$m이므로 주차장의 넓이는 $(40-x)(30-x)m^2$

(2) $(40-x)(30-x)\geq 375, x^2-70x+1200\geq 375$ 따라서 $x^2-70x+825\geq 0$

문제 5.14

인간이나 동물이 들을 수 있는 소리의 범위를 가청주파수라고 한다. 인간의 가청주파수는 25Hz~22000Hz이고 개의 가청주파수는 60Hz~44000Hz이다. 물음에 답하여라.

(1) 인간과 개의 가청주파수의 범위를 같은 수직선 위에 나타내어라.

(2) 인간과 개가 함께 들을 수 있는 가청주파수의 범위를 구하여라.

예제 5.10

분수부등식 $\frac{3}{x-1}+\frac{4}{x-5}+\frac{12}{x^2-6x+5} \le -1$을 만족하는 정수 x의 개수는?

풀이

주어진 부등식을 통분하여 정리하면 $\frac{x^2+x-2}{x^2-6x+5} \le 0,\ \frac{(x+2)(x-1)}{(x-1)(x-5)} \le 0$

$(x+2)(x-5) \le 0(x \ne 1, x \ne 5),\ -2 \le x \le 5(x \ne 1, x \ne 5)$

따라서 정수 x는 -2, -1, 0, 2, 3, 4로 6개 이다.

예제 5.11

연립부등식 $\begin{cases} \frac{x+2}{x^2-4x+3} \ge 0 \\ \frac{9}{x-8} \le -1 \end{cases}$ 을 만족시키는 정수 x의 개수는?

풀이

$\frac{x+2}{x^2-4x+3} \ge$ 에서 $\frac{x+2}{(x-1)(x-3)} \ge 0$이므로 $(x+2)(x-1)(x-3) \ge 0, (x-1)(x-3) \ne 0$

$\therefore -2 \le x < 1, x > 3$ ㉠

$\frac{9}{x-8} \le -1$에서 $\frac{x+1}{x-8} \le 0$이므로 $(x+1)(x-8) \le 0, x-8 \ne 0$

$\therefore -1 \le x < 8$ ㉡

따라서 ㉠,㉡을 모두 만족시키는 정수 x는 -1, 0, 4, 5, 6, 7로 6개 이다.

문제 5.15

자동차를 타고 60km 떨어진 공항까지 가는 데 1시간 30분이 소요되었다. 공항에서 출발한 지점까지 돌아올 때의 평균 속력이 약 몇 km/시 이상이면 왕복 평균 속력이 50km/시 이상이 될 수 있는지 구하시오.(단, 소수점 아래 첫째 자리에서 반올림하시오.)

문제 5.16

수익률 5%의 정기 예금과 수익률 20%의 주식에 각각 1억 원씩 투자하고 있는 A씨가 새로운 투자액으로 모두 정기 예금에 투자하고 또 그 투자액만큼의 돈을 주식에서 정기 예금으로 바꾸는 계획을 세웠다. 총 수익률이 10%이상이 되고자 한다면, A씨가 새롭게 투자해야 할 최대 금액은?

문제 5.17

어느 골프 선수의 어제까지의 평균 퍼팅 수는 소수점 아래 넷째 자리에서 반올림하여 1.278이었다. 이 선수는 오늘의 18라운드에서 25개의 퍼팅을 하였더니, 오늘까지의 평균 퍼팅 수는 정확히 1.300이 되었다. 이선수의 현재까지의 라운드 수와 퍼팅 수의 합은?

5.4 선형계획법(Linear Programming)

선형계획법 : 1차부등식 또는 1차방정식을 만족하는 몇 개의 변수 $x, y, \cdots$ 대해서 주어진 1차식 $ax + by + \cdots$의 값을 최대(또는 최소)로 하는 문제로서, 수송형문제에서 발단하여 일반적인 모양을 논하게 되었다. 현재는 OR의 중요한 부분이 되어 있다.

통계학, 경영학 부문에서 많이 쓰이는 문제로서 제 2차 세계대전 중 군수품의 관리, 수송을 위하여 미군부가 연구·발전시켰고, 현재는 학문적인 체계를 갖추어 여러 부문에 이용하고 있다.

예제 5.12

어느 공장에서 두 종류의 제품 A,B를 생산하고 있다. 각 제품은 기계 Ⅰ을 거친 후 기계Ⅱ에서 완제품이 되며, 각 제품 한 개를 생산하는 데 각 기계별로 소요되는 시간과 얻게 되는 이익은 아래 표와 같다. 하루에 기계 Ⅰ의 최대 가동시간은 20시간이고, 기계Ⅱ의 최대 가동시간은 21시간이다.

이 공장에서 제품을 생산하여 얻을 수 있는 하루의 최대 이익을 구하여라.

제품	가계 Ⅰ	가계 Ⅱ	이익(만원)
A	0.3	0.4	3
B	0.7	0.6	5

풀이

제품 A,B를 각각 x개, y개씩 생산한다고 하면

$x \geq 0, y \geq 0$ ①

또, 기계 Ⅰ,Ⅱ의 가동 시간의 한도는 각각 20, 21시간이므로

$0.3x + 0.7y \leq 20,\ 0.4x + 0.6y \leq 21$ 곧, $3x + 7y \leq 200$ ②

$4x + 6y \leq 210$ ③

하루의 이익을 S(만 원)이라고 하면 $S = 3x + 5y$

곧, $y = -\dfrac{3}{5}x + \dfrac{S}{5}$ ④

①, ②, ③의 조건에서 S가 최대가 되는 것은 직선 ④가 두 직선 $3x + 7y = 200$, $4x + 6y = 210$의 교점인 점 (27,17)을 지날 때이다. $x = 27$, $y = 17$을 ④에 대입하면

$S = 3 \times 27 + 5 \times 17 = 166$(만 원)

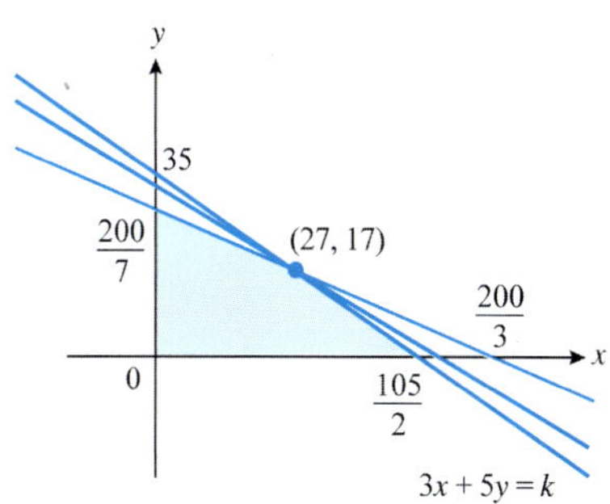

〈그림 5.13〉

예제 5.13

어느 공장에서 제품 A, B를 각각 1개씩 만드는 데 필요한 원료(kg)와 전력량(kWh)은 아래 표와 같다. 사용할 수 있는 원료의 양은 40kg이고, 전력량은 60kWh이다. 또, 제품 A,B를 1개씩 만들어 팔 때 이익은 각각 4만원, 3만원이다.

이 공장에서 제품 A,B를 여러 개 만들어 팔아 얻을 수 있는 최대 이익을 구하여라.

제품	원료(kg)	전력(kW)	이익(만원)
A	1	2	4
B	2	1	3

풀이

제품 A,B를 각각 x개, y개씩 생산한다고 하면

$x \geq 0, y \geq 0$ ①

원료의 한도가 40kg이므로

$x+2y \leq 40$ ②

전력량의 한도가 60kWh이므로

$2x+y \leq 60$ ③

이익을 S(만 원)이라고 하면

$S=4x+3y$ ④

①,②,③의 조건에서 S가 최대가 되는 것은 직선 ④가 두 직선 $x+2y=40$, $2x+y=60$의 교점 $\left(\frac{80}{3}, \frac{20}{3}\right)$을 지날 때이다.

그런데 x, y는 정수이므로 ①,②,③의 조건을 만족하고 $\left(\frac{80}{3}, \frac{20}{3}\right)$에 가장 가까운 점인 점 (26,7)이나 점 (27,6)에서 최대가 된다.

이 때, S의 값을 비교하면

(i) $x=26$, $y=7$일 때 $S=125$

(ii) $x=27$, $y=6$일 때 $S=126$

따라서 최대 이익은 126만원

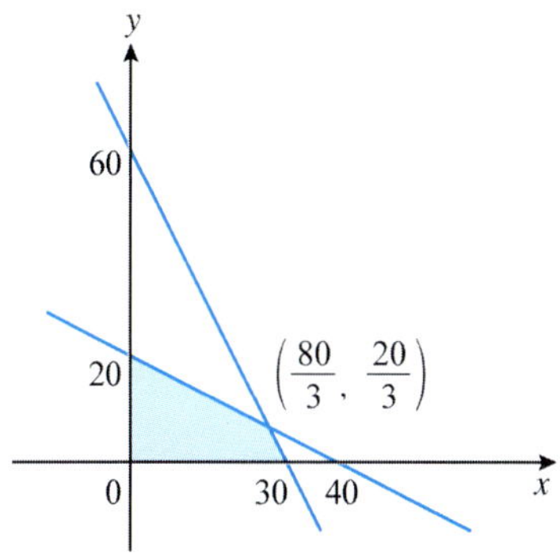

〈그림 5.14〉

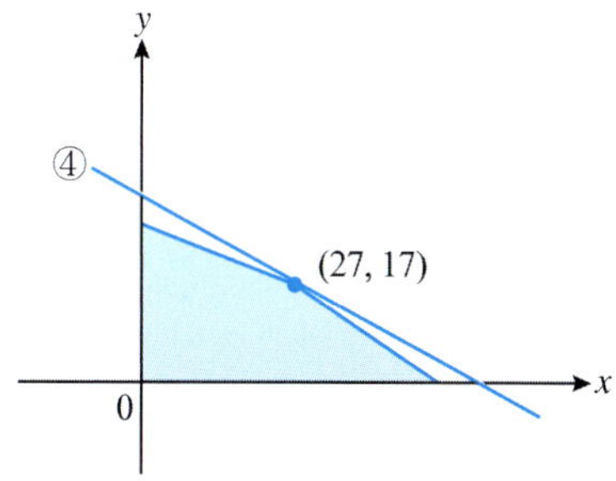

〈그림 5.15〉

문제 5.18

다음 표는 어느 과자 공장에서 두 종류의 과자 A,B를 생산할 때 제품 1상자를 만드는 데 필요한 원료 P,Q의 양과 이익을 나타낸 것이다. 하루 동안 사용할 수 있는 원료 P, Q의 양이 각각 최대 14kg, 13kg이라고 할 때, 하루의 최대 이익을 구하여라.(풀이 과정을 자세히 써라.)

	과자 A	과자 B
원료 P	2kg	2kg
원료 Q	3kg	1kg
이익	4만 원	3만 원

예제 5.14

두 종류의 영양제 A,B가 있다. 다음 표는 각 영양제 1g당 함유된 성분 X,Y의 양과 가격을 나타낸 것이다. 성분 X를 15mg 이상, 성분 Y를 10mg 이상을 복용하려고 할 때, 영양제를 사는데 필요한 최소 비용을 구하여라.

	성분 X	성분 Y	가격
영양제 A	1mg	2mg	200원
영양제 B	3mg	1mg	300원

풀이

영양제 A를 xg, 영양제 B를 yg 구입한다고 하면 성분 X는 $(x+3y)$mg, 성분 Y는 $(2x+y)$mg이므로 다음과 같은 연립부등식을 얻는다.

$$x \geq 0, y \geq 0, \begin{cases} x+3y \geq 15 \cdots (1) \\ 2x+y \geq 10 \cdots (2) \end{cases}$$

이 연립부등식의 영역은 아래 그림의 색칠한 부분이다. 이때 경계선은 영역에 포함된다. 각격은 $(200x+300y)$원이므로 (1),(2)의 공통 영역 안에서 $200x+300y$의 최솟값을 구하면 된다.

$200x+300y=k$ ⋯(3) 으로 놓으면 k가 최소가 되는 경우는 직선 (3)이 두 직선

$\begin{cases} x+3y=15 \cdots (4) \\ 2x+y=10 \cdots (5) \end{cases}$의 교점을 지날 때이다.

(4),(5)에서 교점은 (3,4)이므로 $200x+300y$의 최솟값은 1800

따라서 구하는 최소 비용은 1800원이다.

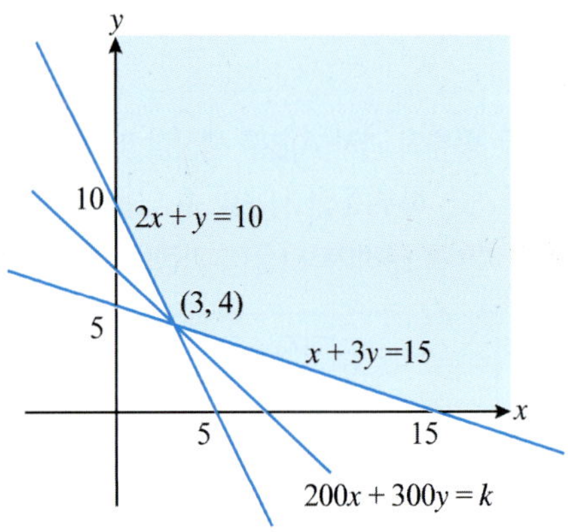

〈그림 5.16〉

문제 5.19

어느 동물 보호 단체에서는 두 종류의 철새 A,B가 짝짓기 철 동안 서식할 수 있도록 넓이가 $90000m^2$인 지역에 10500kg의 먹이를 제공하려고 한다. 짝짓기철 동안 철새 A 한 쌍은 30kg의 먹이와 $120m^2$의 서식지가 필요하고, 철새 B 한 쌍은 15kg의 먹이와 $180m^2$의 서식지를 필요로 한다. 철새 A,B의 수를 각각 x쌍, y쌍이라고 할 때, $x+y$의 최댓값을 구하여라. (단, 서식지는 중복되지 않는다.)

예제 5.15

두 종류의 약품 P,Q에 대하여 각각의 1g당 A성분, B성분의 함유량과 가격은 다음 표와 같다. A성분을 12mg 이상, B성분을 15mg 이상 섭취해야 할 때, 두 약품 P,Q를 구입하기 위한 최소의 비용을 구하여라.

약품	A 성분	B 성분	가격
P	2mg	1mg	120원
Q	1mg	2mg	150원

풀이

약품 P,Q를 각각 xg, yg 구입한다고 하면 $x \geq 0, y \geq 0$ A 성분을 12mg 이상 섭취해야 하므로 $2x+y \geq 12$ 또, B 성분을 15mg 이상 섭취해야 하므로 $x+2y \geq 15$ 구하는 연립부등식의 영역은 다음 그림의 색칠한 부분과 같다.

$120x+150y=k$ (k는 상수)로 놓으면 위의 그림에서 $120x+150y$는 $x=3$, $y=6$일 때,

최솟값 $120 \times 3+150 \times 6=1260$ 을 가지므로 구하는 최소 비용은 1260원이다.

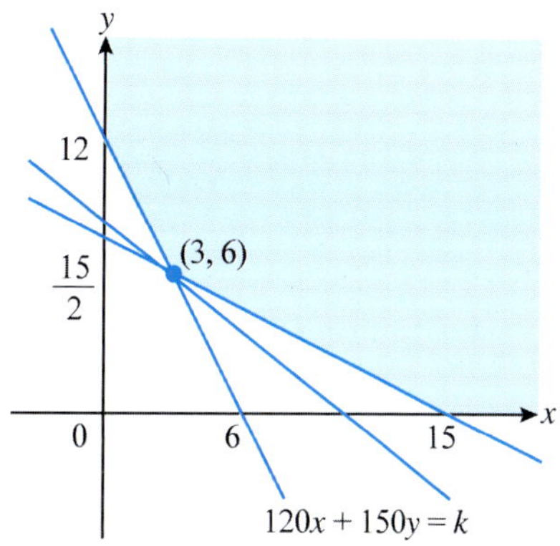

〈그림 5.17〉

문제 5.20

어느 공장에서 제품 A, B를 각각 1kg 생산하는 데 필요한 원료 p,q,r의 양(kg)과 그 비용은 아래 표와 같다. 또, 원료 p는 10kg 이상, q는 7kg 이상, r은 8kg 이상 사용해야 한다고 한다. A와 B를 생산하는 데 드는 비용을 최소로 하려면 A,B를 각각 몇 kg 씩 만들어야 하는가?

	p	q	r	비용
A	5	2	1	3천만 원
B	1	1	2	2천만 원

문제 5.21

너비가 다른 두 종류의 리본 A,B를 이용하여 전시회장을 꾸미려고 하는데, 사용한 리본의 총 길이는 9m 이상, 총 무게는 400g 이하가 되도록 하려고 한다. 리본 1m당 가격과 무게가 다음 표와 같을 때, 조건을 만족하는 최소 비용을 구하여라. (단, 리본을 묶는 매듭의 길이와 무게는 고려하지 않는다.)

	가격	무게
리본 A	200원	50g
리본 B	300원	40g

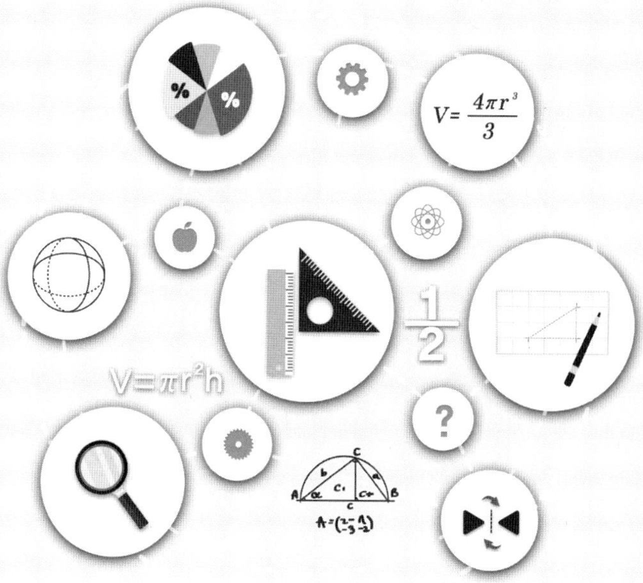

CHAPTER 06

직선 · 함수를 이용한 생활수학

6.1 직선

6.1.1 기울기

수직이 아닌 직선에서 기울기는 x의 변화량에 대하여 y의 변화량을 특정한 값을 말한다.

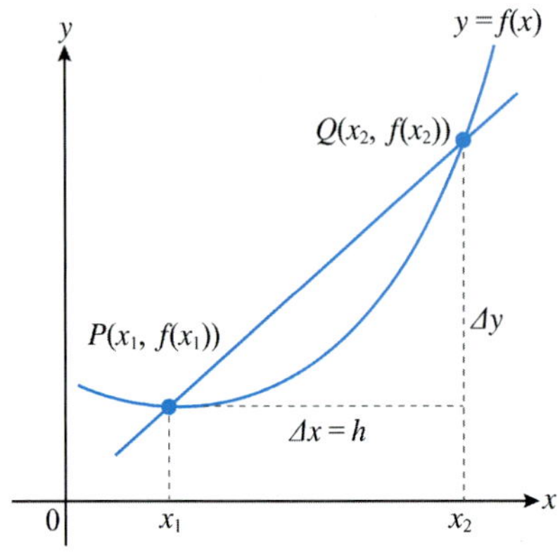

〈그림 6.1〉

그림에서와 같이 직선 위의 두 점$(x_1,y_1),(x_2,y_2)$이 있다고 하자.

직선에서

x의 변화량

$$\Delta x = x_2 - x_1$$

y의 변화량

$$\Delta y = y_2 - y_1$$

임을 알 수 있다(Δ은 그리스문자 델타(delta)의 대문자이고 Δx, Δy는 "델타 x", "델타 y"로 읽는다.) 구간 $[x_1,x_2]$에서 x에 관한 $y=f(x)$의 평균 변화율은 다음과 같다.

$$\frac{\Delta y}{\Delta x} = \frac{f(x_2)-f(x_1)}{x_2-x_1} = \frac{f(x_1+h)-f(x_1)}{h}, h \neq 0$$

6.1.2 한 점과 기울기가 주어진 직선의 방정식

점 $A(x_1, y_1)$을 지나고 기울기가 m인 직선의 방정식은 $y - y_1 = m(x - x_1)$

예제 6.1

다음 직선의 방정식을 구하여라.

(1) 원점을 지나고 기울기가 −2인 직선

(2) 점 (3,5)를 지나고 기울기가 3인 직선

(3) x 절편이 −4이고 기울기가 2인 직선

풀이

(1) $y = -2x$

(2) $y - 5 = 3(x - 3)$, 즉 $y = 3x - 4$

(3) $y - 0 = 2(x + 4)$, 즉 $y = 2x + 8$

예제 6.2

한옥을 지을 때 빗물이 잘 흐를 수 있도록 지붕을 경사지게 만드는데, 이 때 이 경사진 정도를 나타내는 것을 물매라고 한다. 즉, 물매는 수평면에 대한 지붕면의 경사도를 나타낸다.

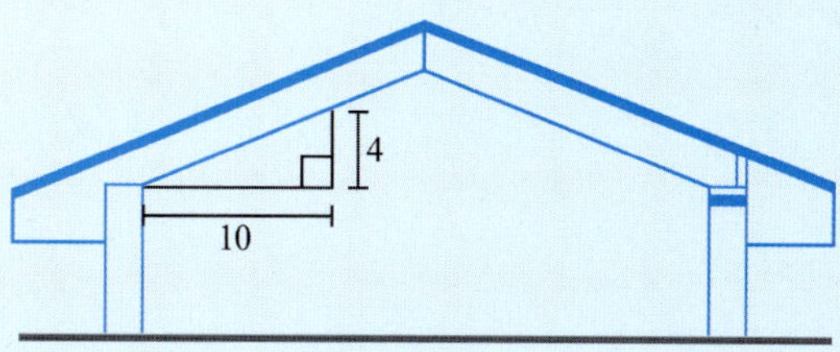

〈그림 6.2〉

예를 들어 물매가 $\frac{4}{10}$ 라는 것은 수평 길이 10cm에 대하여 수직으로 4cm 올라간 경사를 말한다. 특히, 경사도가 $45°$ 인 물매를 되물매, 경사도가 그 이상인 물매를 된물매라고 한다. 아래 그림에서 점 (−2, 1)을 지나고 물매가 $\frac{3}{10}$ 인 왼쪽 지붕면을 나타내는 직선 l의 방정식을 구하여라.

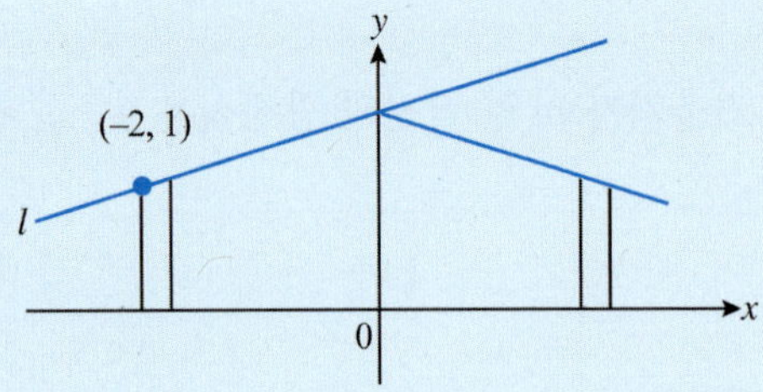

〈그림 6.3〉

풀이

직선 $y=mx+n$에서 기울기가 $\frac{3}{10}$이므로 $m=\frac{3}{10}$

$y=\frac{3}{10}x+n$이 점 (-2,1)을 지나므로 $x=-2, y=1$을 대입하면

$1=\frac{3}{10}\times(-2)+n, n=\frac{8}{5}$ 따라서 구하는 직선 l의 방정식은 $y=\frac{3}{10}x+\frac{8}{5}$

6.1.3 두 점을 지나는 직선의 방정식

두 점 $A(x_1,y_1), B(x_2,y_2)$를 지나는 직선의 방정식은

(1) $x_1 \neq x_2$일 때, $y-y_1=\frac{y_2-y_1}{x_2-x_1}(x-x_1)$

(2) $x_1=x_2$일 때, $x=x_1$

예제 6.3

다음 두 점을 지나는 직선의 방정식을 구하여라.

(1) (− 1,6), (3,2)

(2) (0, − 3), (2,0)

(3) (4, − 1), (3, − 1)

(4) (− 2,5), (− 2,4)

풀이

(1) $y-2=\frac{2-6}{3-(-1)}(x-3)$에서 $y-2=-(x-3)$, 즉 $y=-x+5$

(2) $y-0=\frac{0-(-3)}{2-0}(x-2)$에서 $y=\frac{3}{2}(x-2)$, 즉 $y=\frac{3}{2}x-3$

(3) 두 점의 y좌표가 같으므로 $y=-1$

(4) 두 점의 x좌표가 같으므로 $x=-2$

6.1.4 일차방정식 $ax+by+c=0$과 직선

(1) 좌표평면 위의 직선은 x와 y에 관한 일차방정식 $ax+by+c=0$의 꼴로 나타낼 수 있다.

(2) x와 y에 관한 일차방정식 $ax+by+c=0(a\neq 0$또는 $b\neq 0)$은 b의 값에 따라 다음과 같이 두 가지 형태로 변형된다.

(i) $b\neq 0$일 때, $y=-\frac{a}{b}x-\frac{c}{d}$

(ii) $b=0, a\neq 0$일 때, $x=-\frac{c}{a}$ 따라서 일차방정식 $ax+by+c=0$

$(a\neq 0$또는 $b\neq 0)$은 좌표 평면 위의 직선을 나타낸다.

예제 6.4

다음 일차방정식이 나타내는 직선을 그려라.

(1) $x-3y-9=0$

(2) $5y+2=0$

(3) $x-4=0$

풀이

(1) 주어진 식을 y에 관하여 풀면 $y=\frac{1}{3}x-3$

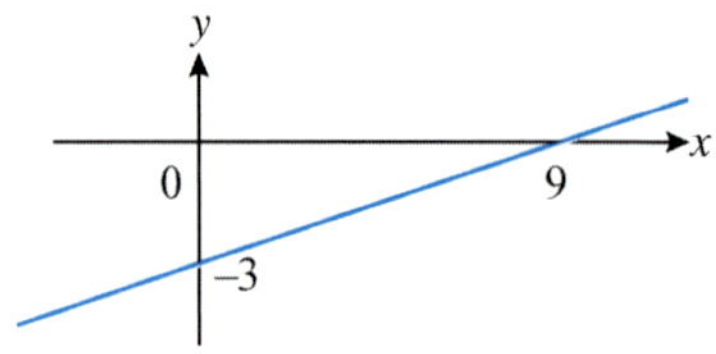

〈그림 6.4〉

(2) 주어진 식을 y에 관하여 풀면 $y=-\frac{2}{5}$

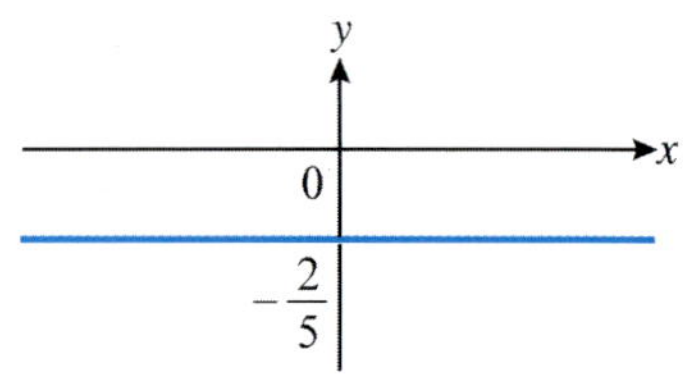

〈그림 6.5〉

(3) 주어진 식을 x에 관하여 풀면 $x=4$

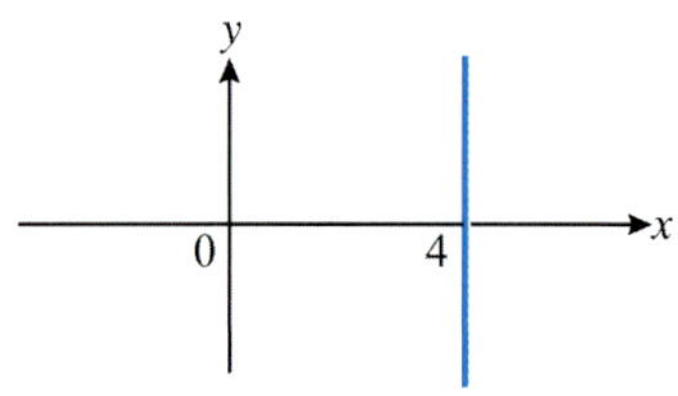

〈그림 6.6〉

문제 6.1

온도를 나타내는 단위 중에는 섭씨온도와 절대온도가 있다. 섭씨온도(°C)는 물의 어는점을 0°C로 하고 끓는점을 100°C로 한 후, 그 사이를 100등분하여 만든 것이고, 절대 온도(K)는 이론적으로 모든 분자의 운동이 거의 멈추는 최저 온도를 0K로 약속한 것이다. 섭씨온도가 x°C일 때의 절대온도를 yK라고 할 때, x와 y 사이의 관계를 나타내는 그래프가 오른쪽 그림과 같다. 이때 직선 l을 나타내는 일차방정식을 구하여라. 또, 섭씨온도는 18°C는 절대 온도로 몇 K인지 구하여라.

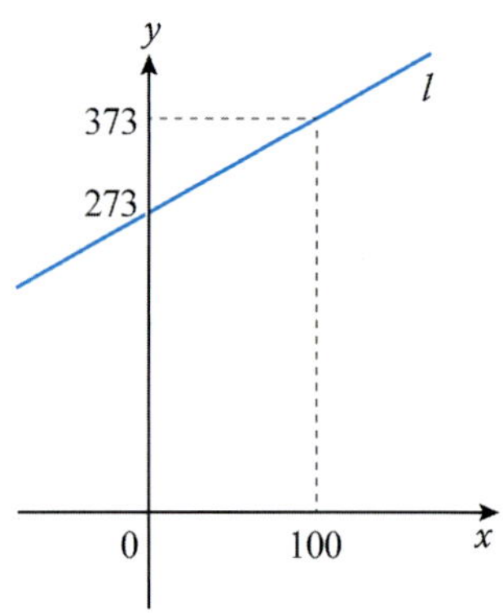

문제 6.2

아래 그림은 우리나라 기와집의 측면을 좌표평면 위에 나타낸 것이다. 다음을 구하여라.

(1) 점 A의 좌표

(2) 직선 l의 기울기

(3) 직선 l의 방정식

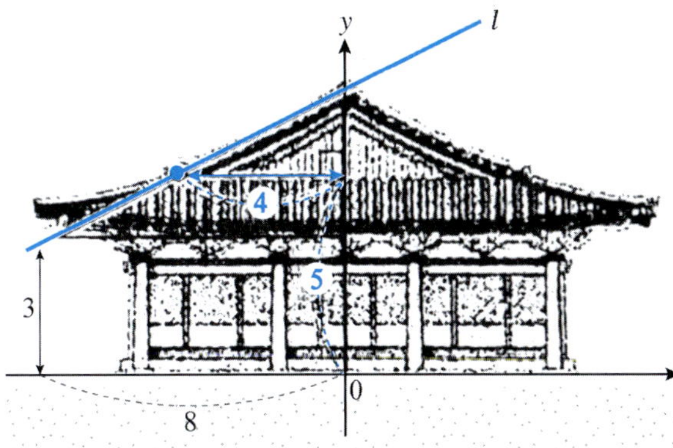

〈그림 6.7〉

문제 6.3

곤충학자들은 귀뚜라미의 울음소리의 횟수와 온도 사이에 다음과 같은 규칙이 있음을 알아냈다.

> 온도 x℃에서 귀뚜라미가 1분 동안 낸 울음소리가 y회라고 할 때, x, y 사이의 관계를 그래프로 나타내면 직선이 된다.

온도 20°C에서 1분 동안 낸 울음소리가 124회이고, 온도25°C에서 1분 동안 낸 울음소리가 160회인 귀뚜라미에 대하여 다음 물음에 답하여 보자.

(1) x, y 사이의 관계식을 구하여라.

(2) 귀뚜라미가 1분 동안 낸 울음소리가 106회 일 때의 온도를 구하여라.

문제 6.4

아래 그림은 도시의 한 전망대를 좌표평면 위에 나타내고, 전망대의 한 지점 A에서 바라본 건물 옥상의 B 지점을 직선으로 연결한 것이다. 다음을 구하여라.

(1) 두 지점 A, B의 좌표

(2) 두 지점 A, B를 연결하는 직선의 방정식

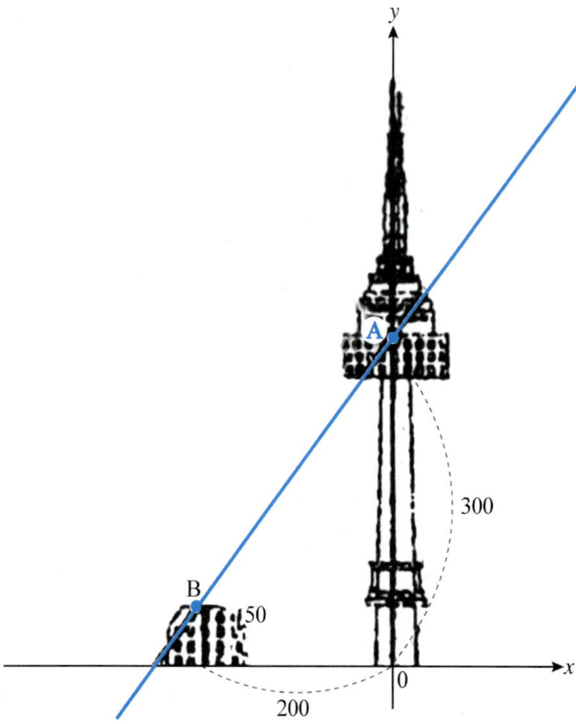

〈그림 6.8〉

6.2 함수와 그래프

6.2.1 함수의 뜻

(1) 집합 X의 각 원소에 집합 Y의 원소가 오직 하나씩만 대응할때, 이 대응 f를 집합 X에서 집합 Y로의 함수라 하고, 기호로 $f : X \to Y$와 같이 나타낸다.

(2) 함수 $f : X \to Y$에서 집합 X를 함수 f의 정의역이라 하고, 집합 Y를 함수 f의 공역, 함숫값 전체의 집합 $[f(x)|x \in X]$를 함수 f 의 치역이라고 한다.

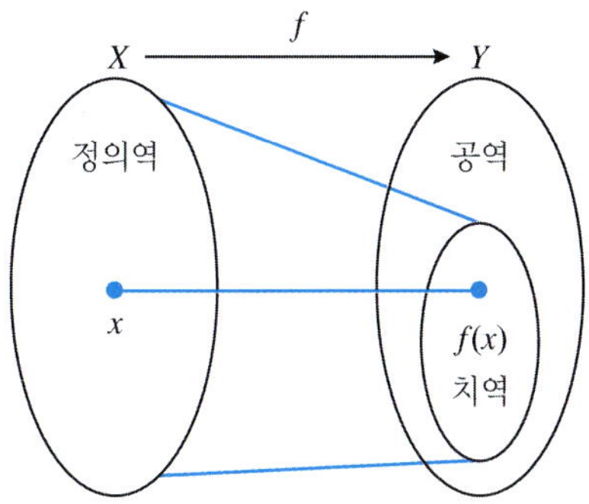

〈그림 6.9〉

예제 6.5

문화재는 선조들의 삶과 지혜를 보여 주는 귀중한 유산이다. 우리나라에서는 문화재 보호법에 따라 중요 문화재를 국보, 보물, 중요 무형 문화재, 사적, 명승, 천연기념물, 중요 민속 문화재로 지정하여 보호하고 있다. 예를 들어 국보 제1호는 조선 시대에 처음 건립된 숭례문이고, 국보 제21호는 통일 신라 시대에 제작된 불국사 3층석탑이다. 아래 그림에서 국보와 국보의 제작 시대를 화살표로 짝지어보아라.

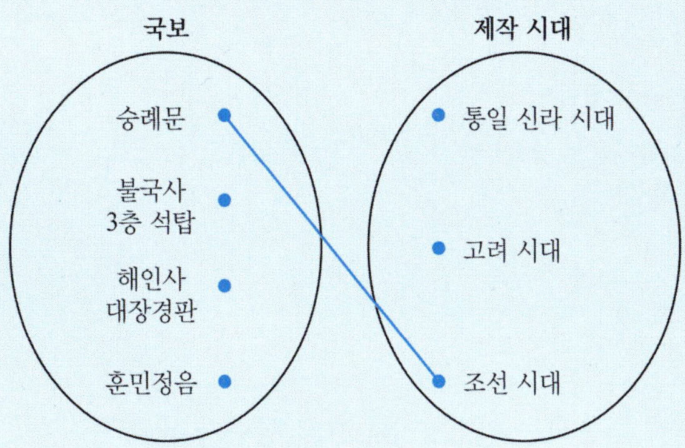

〈그림 6.10〉

풀이

국보 제 32호인 해인사 대장경판과 국보 제70호인 훈민정음은 각각 고려 시대, 조선 시대에 제작된 것이므로 화살표로 짝지어 보면 아래 그림과 같다.

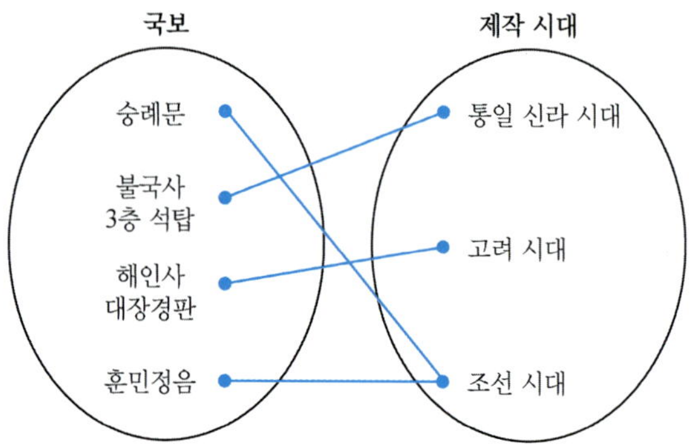

〈그림 6.11〉

예제 6.6

다음의 집합 X에서 집합 Y로의 대응 중 함수인 것을 찾아 그 함수의 정의역과 공역, 치역을 각각 구하여라.

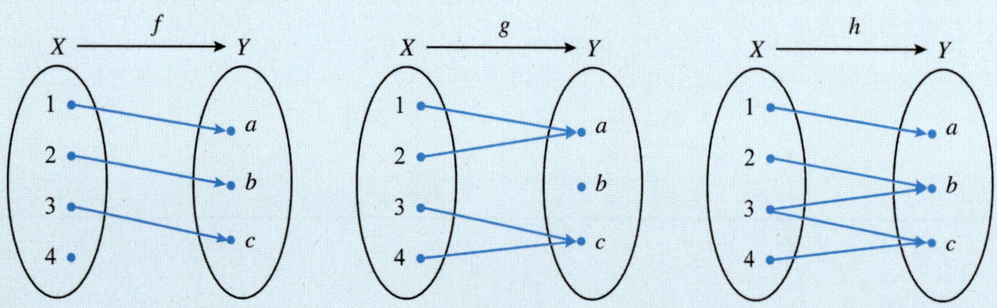

〈그림 6.12〉

풀이

(1) 정의역과 원소 4에 대응하는 원소가 없으므로 함수가 아니다.

(2) 함수이다. 정의역 : {1,2,3,4}, 공역 : {a,b,c}, 치역 : {a,c}

(3) 정의역의 원소 3에 공역의 원소가 두 개 대응하므로 함수가 아니다.

문제 6.5

두 집합 $X = -2, 0, 2$, $Y = 0, 2, 4$에 대하여 다음 중 집합 X에서 집합 Y로의 함수인 것을 모두 찾고, 그 함수의 치역을 구하여라.

(1) $f(x) = -x + 2$

(2) $g(x) = 2|x|$

(3) $h(x) = x^2 - 2$

문제 6.6

다음 대응 중 집합 X에서 집합 Y로의 함수인 것을 모두 찾고, 함수인 것은 정의역, 공역, 치역을 각각 말하여라.

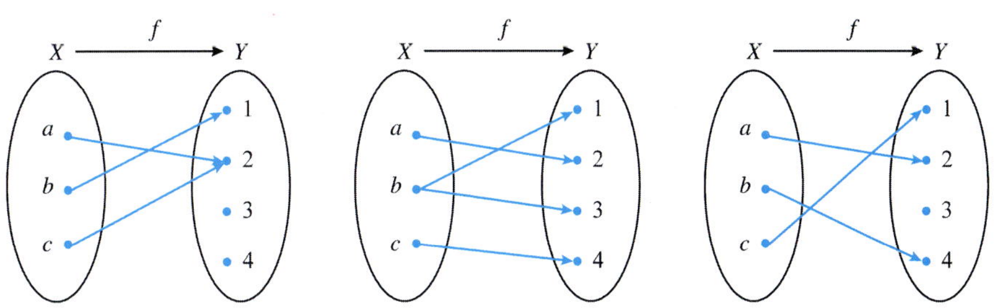

〈그림 6.13〉

6.2.2 유리함수

(1) 함수 $y = f(x)$에서 $f(x)$가 x에 관한 유리식이면 이 함수는 유리함수이다.

(2) 함수 $y = f(x)$에서 $f(x)$가 x에 관한 다항식이면 이 함수는 다항함수이다.

(3) 다항식은 유리식의 특수한 경우이므로 다항함수도 유리함수이다.

(4) 일반적으로 다항함수가 아닌 유리함수에서 정의역이 따로 명시되어 있지 않을 때에는 분모를 0으로 하는 x의 값을 제외한 실수 전체의 집합을 정의역으로 본다.

예제 6.7

수상 택시는 강, 운하 등에서 이용되는 수상 교통수단이다. 우리나라의 서울, 송도뿐만 아니라 베네치아, 두바이, 시드니 등 세계 여러 도시에서 수상 택시를 운영하고 있다. 수상 택시는 그 자체의 속력이 일정하여도 실제 속력은 강물과 같은 방향으로 갈 때는 강물의 속력만큼 빨라지고, 강물의 흐름과 반대 방향으로 갈 때는 강물의 속력만큼 느려진다. 시속 2km의 일정한 속력으로 흐르는 강에서 10km 떨어진 두 지점 사이를 운행하는 수상 택시가 있다. 이 수상 택시의 자체 속력이 시속 $v\,km$일 때, 이 수상 택시가 강물의 흐름과 같은 방향으로 갈 때 걸리는 시간과 반대 방향으로 갈 때 걸리는 시간을 각각 식으로 나타내어라.

풀이

강물의 흐름과 같은 방향으로 갈 때 수상 택시의 속력은 시속 $(v+2)$km이므로 10km 떨어진 두 지점 사이를 강물의 흐름과 같은 방향으로 갈 때 걸리는 시간은 $\frac{10}{v+2}$시간이다. 또, 강물의 흐름과 반대 방향으로 갈 때 수상 택시의 속력은 시속 $(v-2)$km이므로 10km 떨어진 두 지점 사이를 강물의 흐름과 반대 방향으로 갈 때 걸리는 시간은 $\frac{10}{v-2}$시간이다.

문제 6.7

어느 만두 가게에 만두를 빚는 두 명의 요리사 갑과 을이 있다. 1분 동안 갑은 n개의 만두를 빚고, 을은 갑보다 3개의 만두를 더 빚는다고 한다. 갑과 을이 각각 300개의 만두를 빚는 데 걸리는 시간의 차를 구하여라.

예제 6.8

오른쪽 그림과 지렛대에서 왼쪽 끝에는 무게가 10kg인 수박이 놓여 있고, 왼쪽 끝에서 지렛목까지의 거리는 0.5m이다. 또, 지렛대의 오른쪽 끝에는 무게가 $y$kg인 물체가 놓여 있고, 오른쪽 끝에서 지렛목까지의 거리는 xm이다. 이 때 지렛대의 양 끝에 놓인 물체의 무게와 양 끝에서 지렛목까지의 거리의 곱이 같으면 지렛대는 균형을 이룬다. 즉, 이 지렛대가 균형을 이룰 때 $10\times0.5=y\times x$가 성립한다. y를 x에 관한 식으로 나타내고, 이 함수의 그래프를 그려라. (단, $x>0$)

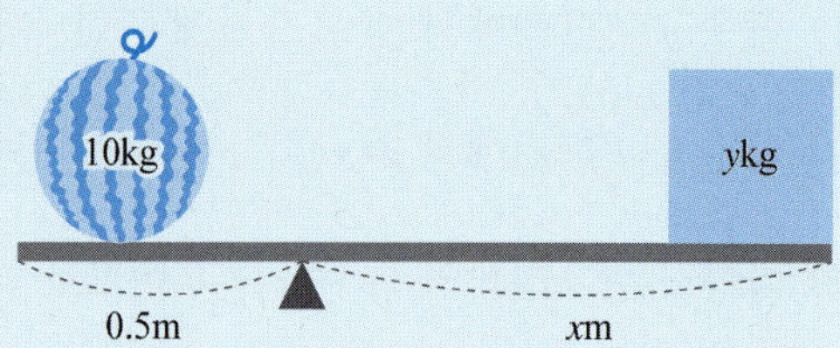

〈그림 6.14〉

풀이

$10 \times 0.5 = y \times x$이므로 y를 x에 관한 식으로 나타내면 $5 = y \times x$ 즉, $y = \dfrac{5}{x}(x > 0)$이다.

이때 함수 $y = \dfrac{5}{x}(x > 0)$의 그래프는 아래 그림과 같다.

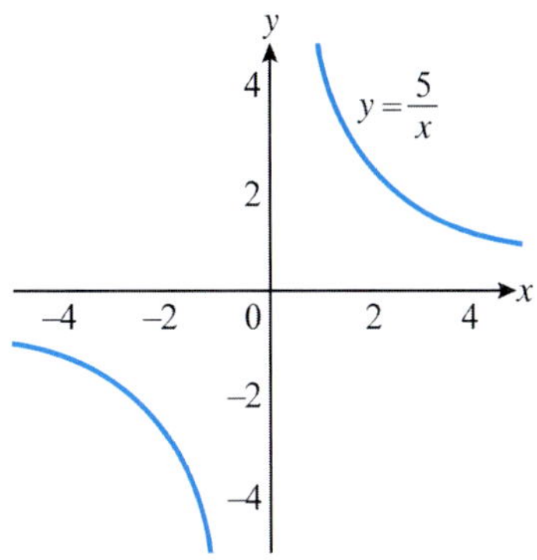

〈그림 6.15〉

문제 6.8

저항이 각각 R_1, R_2인 두 저항을 병렬로 연결했을 때의 전체 저항을 R라고 하면 $\dfrac{1}{R} = \dfrac{1}{R_1} + \dfrac{1}{R_2}$ 이다. 저항이 각각 $3\Omega, x\Omega$인 두 저항을 병렬로 연결했을 때의 전체 저항을 $f(x)$라고 할 때, $f(x)$를 구하여라. 또, 함수 $y = f(x)$의 그래프를 그려라.(단, x〉0)

6.2.3 무리함수

(1) 함수 $y = f(x)$에서 $f(x)$가 x에 관한 무리식일 때, 이 함수를 무리함수라고 한다.

(2) 일반적으로 무리함수에서 정의역이 따로 명시되어 있지 않을 때에는 근호 안이 0또는 양수가 되게 하는 실수 전체의 집합을 정의역으로 본다.

예제 6.9

어느 자동차가 건조한 도로를 $v\,km/h$의 속력으로 주행하다가 브레이크를 밟은 후에 멈출 때까지의 제동 거리를 lm 라고 하면 다음 식이 성립한다고 한다.

$$v = k\sqrt{l}\,(\text{단, k는 상수})$$

이 자동차의 속력이 1.5배가 되면 제동거리는 몇 배 더 길어지는지 구하여라.

풀이

$v = k\sqrt{l}$ 에서 $l = \dfrac{v^2}{k^2}$ 이므로 속력이 $\dfrac{3}{2}$배가 되면 제동 거리는 $\left(\dfrac{3}{2}\right)^2$, 즉 $\dfrac{9}{4}$배 더 길어진다.

문제 6.9

날씨가 춥고 건조해지면 화재 발생 위험이 높아지므로 충분한 사전 예방을 하고 화재 발생 시 초기에 진압할 수 있도록 만반의 준비를 갖춰야 한다. 어느 소방차의 소방 호스 노즐 끝에서의 물의 압력이 $x\,Pa$일 때, 소방 호스에서 뿜어져 나오는 물의 속력 $y$km/s는 다음 식을 만족한다고 한다.

$$y = c\sqrt{x}\,(\text{단}, c\text{는 상수})$$

물의 압력이 2배로 높아지면 이 소방 호스에서 뿜어져 나오는 물의 속력은 몇 배 더 빨라지는지 말하여라.

예제 6.10

지진 해일은 해저에서 화산 폭발, 지진, 지반의 함몰 등의 지각 변동에 의해 발생한다. 기상청은 한반도 인근 해역에서 일정 규모 이상의 지진이 발생하거나 지진 해일의 가능성이 있을 때 지진 해일 특보를 발표한다. 또, 동해의 지진 해일 감시를 위하여 울릉도에 해일 파고계를 설치하여 운영하고 있다. 지진 해일의 전파 속력 vm/s와 수심 hm 사이에는 $h = \dfrac{v^2}{9.8}$이 성립한다고 한다. 수심이 xm 일 때, 지진 해일의 전파 속력을 x에 관한 식으로 나타내어라.

풀이

$x = \dfrac{v^2}{9.8}$ 에서 $v^2 = 9.8x$ 이다. 그런데 $v \geq 0$이므로 $v = \sqrt{9.8x}$

문제 6.10

보퍼트 풍력 계급은 바람의 세기를 나타내는 방법 가운데 하나이다. 지상 10m의 높이에서 부는 바람의 속력을 xkm/h라고 할 때, 보퍼트 풍력 계급 B는

$$B = 1.5\sqrt{x+12.8} - 5.4$$

이다. $B \geq 11.7$이면 태풍이라고 할 때, 태풍이 되기 위한 바람의 최저 속력을 구하여라.

6.3 이차함수의 최대, 최소

6.3.1 이차함수의 최댓값과 최솟값은 어떻게 구할까?

예제를 통해 최댓값과 최솟값을 구하는 방법을 제시한다.

예제 6.11

주어진 범위에서 다음 이차함수의 최댓값과 최솟값을 각각 구하여라.

(1) $y = x^2 + 2x - 3 \quad (-3 \leq x \leq 2)$

(2) $y = -2x^2 - 4x + 3 \quad (0 \leq x \leq 2)$

풀이

(1) $y = x^2 + 2x - 3 = (x+1)^2 - 4$

$-3 \leq x \leq 2$에서 이차함수 $y = x^2 + 2x - 3$의 그래프를 그리면 오른쪽 그림과 같다.

따라서 $x = 2$일 때 최댓값 5, $x = -1$일 때 최솟값 −4를 갖는다.

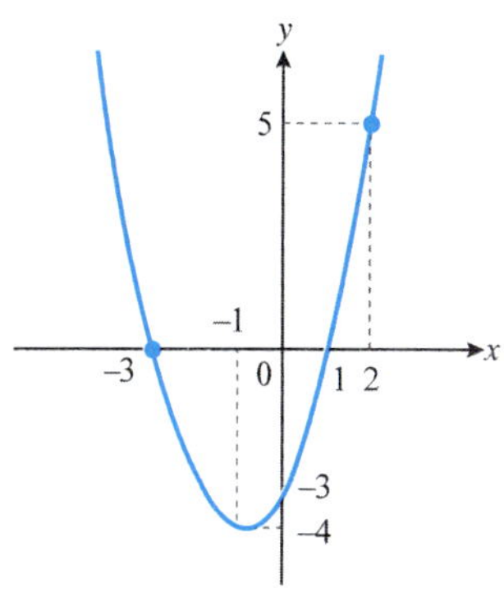

〈그림 6.16〉

(2) $y=-2x^2-4x+3=-2(x+1)^2+5$

$0 \le x \le 2$에서 이차함수 $y=-2x^2-4x+3$의 그래프를 그리면 아래 그림과 같다. 따라서 $x=0$일 때 최댓값 3, $x=2$일 때 최솟값 -13을 갖는다.

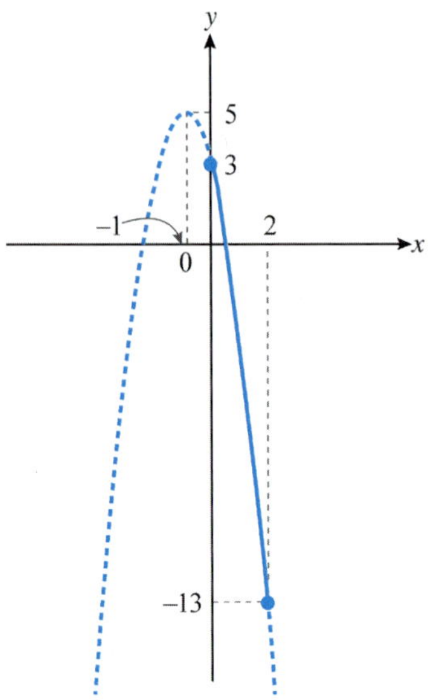

〈그림 6.17〉

문제 6.11

다음 이차함수의 최댓값과 최솟값을 각각 구하여라.

(1) $y=-x^2+x+2 \quad (-2 \le x \le 2)$

(2) $y=x^2-2x+3 \quad (2 \le x \le 3)$

6.3.2 이차함수의 최대, 최소를 활용하여 실생활 문제를 어떻게 해결할까?

예제 6.12

아래 그림과 같이 담장에 길이가 12m인 철망을 'ㄷ'자 모양으로 둘러쳐서 직사각형 모양의 텃밭을 만들려고 한다. 울타리의 담장과 붙은 한 변의 길이를 x m, 텃밭의 넓이를 $y\,m^2$라고 할 때, y의 최댓값을 구하여라.

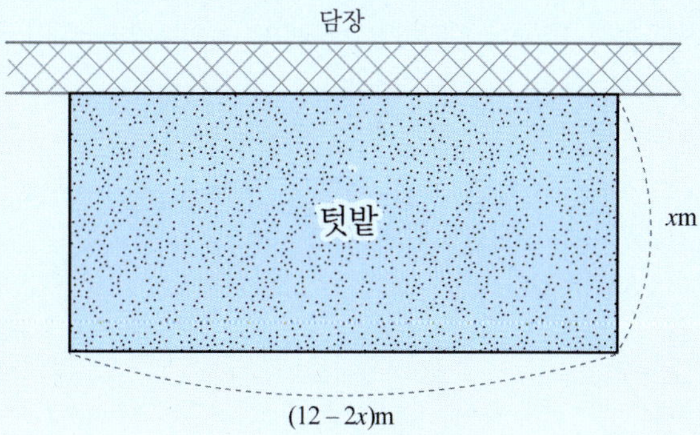

〈그림 6.18〉

풀이

철망의 길이가 12m이고 울타리의 담장과 붙은 한 변의 길이가 xm이므로 나머지 한 변의 길이는 $(12-2x)$m이다.

이때 $x>0$, $12-2x>0$이므로 $0<x<6$

텃밭의 넓이가 ym^2이므로

$$y=x(12-2x)=-2x^2+12x=-2(x-3)^2+18$$

$0<x<6$에서 이차함수 $y=-2(x-3)^2+18$의 그래프는 오른쪽 그림과 같으므로 y는 $x=3$일 때, 최댓값 18을 갖는다.

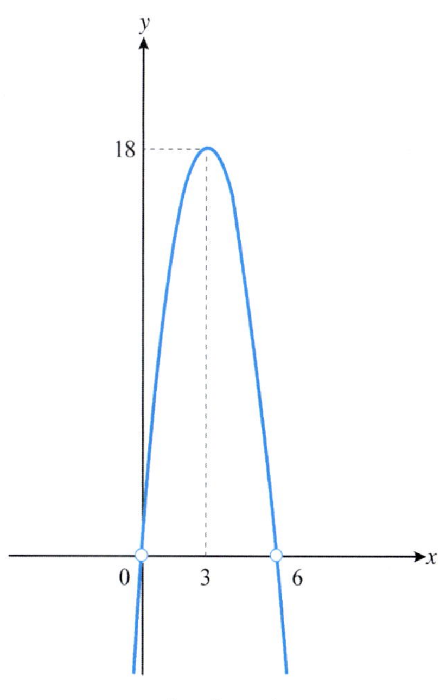

〈그림 6.19〉

문제 6.12

길이가 360m인 철망으로 직사각형 모양의 울타리를 만들 때 울타리 안의 넓이의 최댓값을 구하고, 그때 울타리의 가로의 길이와 세로의 길이를 각각 구하여라.

예제 6.13

아래 그림과 같이 어느 축구 선수가 골라인에 수직인 방향으로 골문을 향하여 찬 공이 이차함수의 그래프 모양을 그리면서 날아가다가 골대의 상단에 맞고 튕겨 나왔다. 공은 찬 곳으로부터 30m 떨어진 지점에서 최고 높이 4.5m에 도달하였고, 골대의 높이는 2.5m이다. 축구 선수가 공을 찬 지점으로부터 골라인까지의 최단 거리를 구하여라.

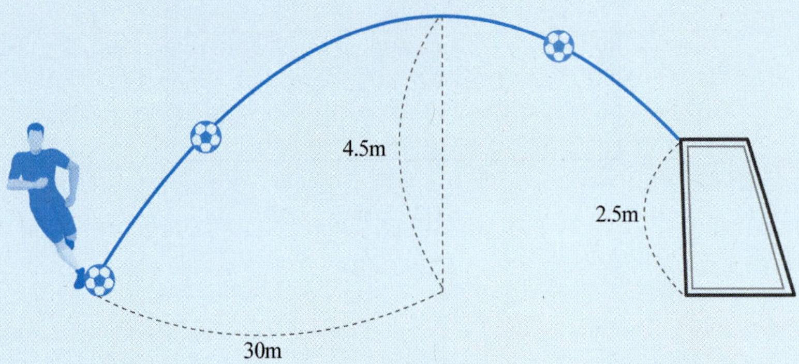

〈그림 6.20〉

풀이

공의 최고 높이에서 지면에 내린 수선의 발을 원점, 지면을 x축으로 하여 좌표축을 잡으면 공이 날아가며 그리는 그래프의 식을 $y=a(x-30)(x+30)(a<0)$으로 놓을 수 있다.

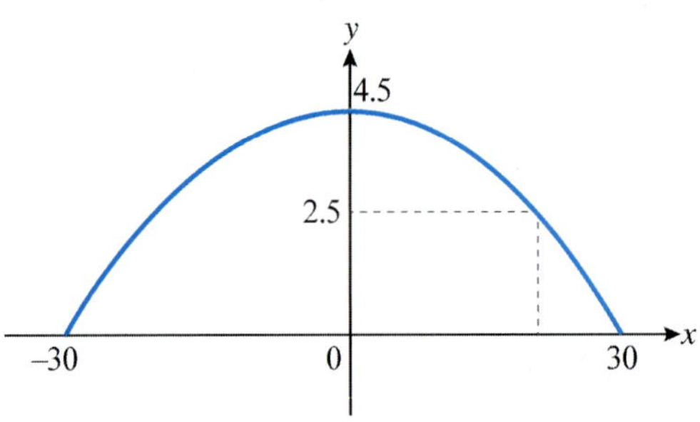

〈그림 6.21〉

공의 최고 높이가 4.5m이므로 이 그래프는 점 (0,4.5)를 지난다. 즉,

$a(0-30)(0+30)=4.5$, $a=-\frac{1}{200}$ 따라서 공이 그리는 그래프의 식은

$y=-\frac{1}{200}(x-30)(x+30)$ 이므로 $y=2.5$일 때의 x의 값을 구하면

$$-\frac{1}{200}(x-30)(x+30)=2.5,\ x^2-900=-500,\ x^2=400,\ x=\pm 20$$

따라서 공을 찬 지점으로부터 골라인까지의 최단 거리는 30+20=50(m)

문제 6.13

공중으로 뿜어져 매끄러운 곡선을 이루면서 지면에 떨어지는 분수의 물줄기는 이차함수의 그래프와 같은 모양이다. 아래 그림과 같이 분수의 물줄기의 양 끝이 지나는 지면 위에 직선을 x축, 물줄기의 왼쪽 아래 끝점을 지나면서 지면에 수직인 직선을 y축으로 하는 좌표평면을 잡아 두 축의 교점을 원점 O라고 하자.

분수의 물줄기가 세 점 $(0,0)$, $\left(1, \frac{3}{2}\right)$, $(4,0)$을 지난다고 할 때, 분수의 물줄기의 최고 높이를 구하여라.

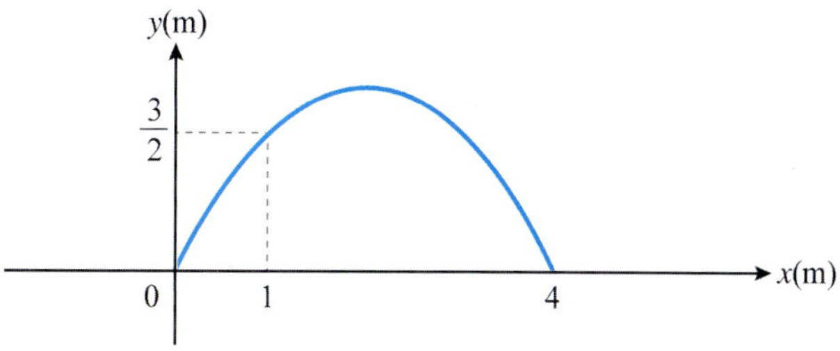

〈그림 6.22〉

예제 6.14

다음 그림과 같이 $\overline{AB}=\overline{AC}=10$m, $\overline{BC}=16$m인 이등변삼각형 모양의 땅 내부에 직사각형 모양의 화단을 만들려고 한다. 화단의 넓이의 최댓값을 구하여라.

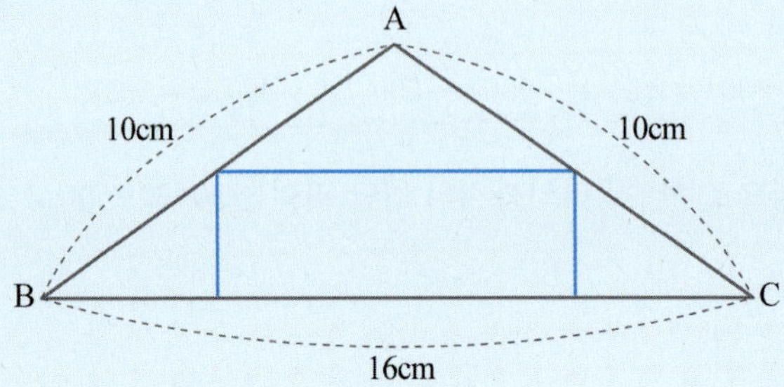

〈그림 6.23〉

풀이

다음 그림과 같이 점 D,E를 납고, 점 A에서 $\overline{BC}$에 내린 수선의 발을 F라고 하자. 또, 화단의 가로의 길이를 xm, 세로의 길이를 ym라고 하면

$$\overline{AF}=\sqrt{\overline{AB}^2-\overline{BF}^2}=\sqrt{10^2-8^2}=6(m)$$

삼각형 ABC와 삼각형 ADE는 서로 닮음이므로 $16:x=6:(6-y)$

$6x=16(6-y), y=6-\dfrac{3}{8}x$ 화단의 넓이는

$$xy=x\left(6-\frac{3}{8}x\right)=-\frac{3}{8}x^2+6x=-\frac{3}{8}(x-8)^2+24$$

$0<x<16$이므로 최댓값은 x=8일 때 24

따라서 화단의 넓이의 최댓값은 24m^{2}이다.

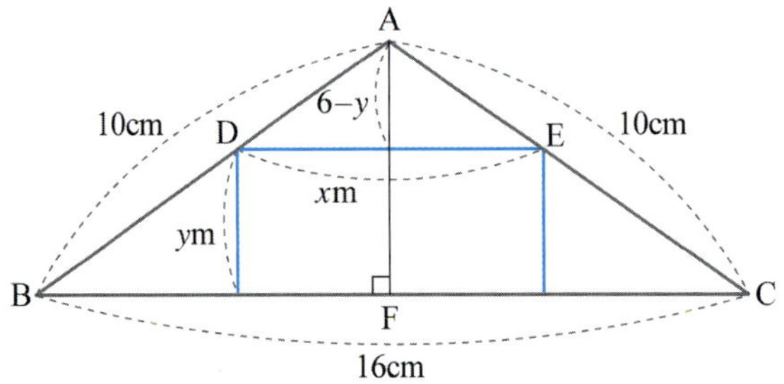

〈그림 6.24〉

문제 6.14

아래 그림과 같이 앞면이 이등변삼각형 모양인 텐트에 직사각형 모양의 출입구를 만들려고 한다. 출입구의 넓이를 최대로 할 때, 높이를 구하여라.

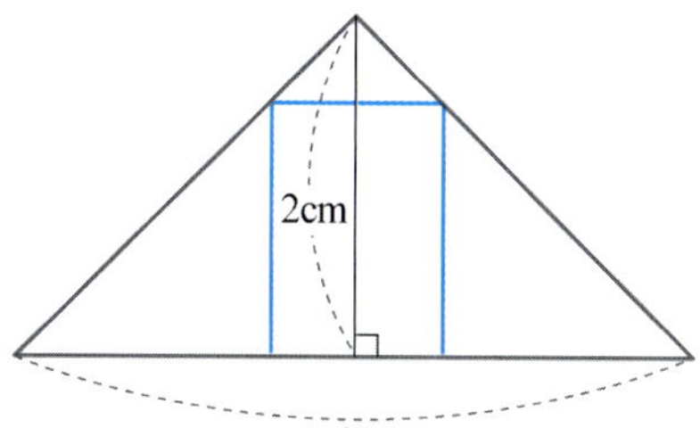

〈그림 6.25〉

예제 6.15

오른쪽 그림과 같이 도로로 둘러싸인 직각삼각형 모양의 땅에 밑면이 직사각형 모양인 건물을 지으려고 한다. 이 땅의 직각을 낀 두 변의 길이가 각각 30m, 60m일 때, 건물의 밑면의 넓이의 최댓값을 구하여라.

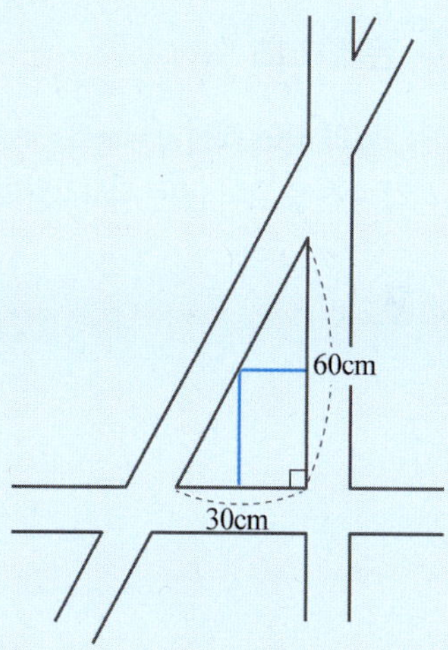

〈그림 6.26〉

풀이

아래 그림과 같이 직사각형 ABCD의 가로의 길이와 세로의 길이를 각각 x, y, 넓이를 S라고 하면 $\overline{DE}=60-y$이므로 $\overline{AD}:\overline{DE}=\overline{FC}:\overline{CE}$에서

$x:(60-y)=30:60$, $30(60-y)=60x$ 즉, $y=60-2x$이므로

$$S=xy=x(60-2x)=-2x^2+60x=-2(x-15)^2+450$$

따라서 $0 < x < 30$이므로 가로의 길이가 $x = 15$일 때, 넓이 S는 최댓값 450을 갖는다.

즉, 건물의 밑면의 넓이의 최댓값은 450m^2이다

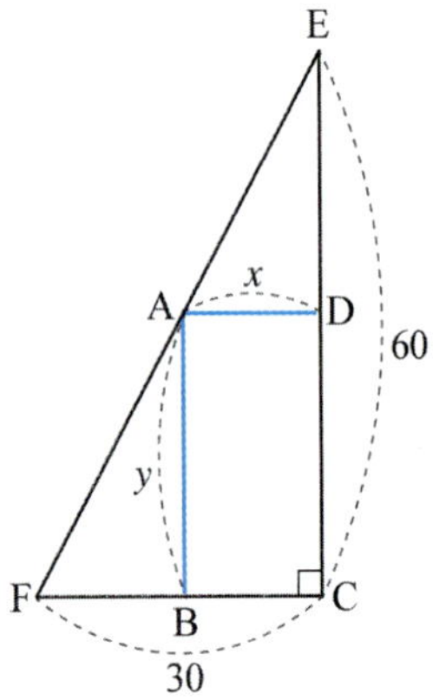

〈그림 6.27〉

문제 6.15

아래 그림과 같이 직선 $y = -3x + 12$인 일부인 선분 AB 위의 임의의 점 $P(x, y)$에서 x축, y축에 각각 수선을 그어 만든 직사각형의 넓이 S의 최댓값을 구해보자.

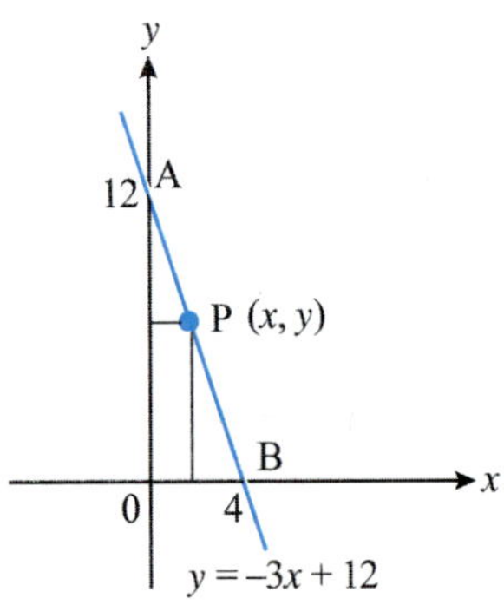

〈그림 6.28〉

예제 6.16

재훈이는 불우 이웃 돕기 성금을 마련하기 위하여 친구들과 함께 카드를 만들어 팔기로 하였다. 한 개당 1000원의 이익을 남기고 팔면 하루에 64개를 팔 수 있는데, 한 개당 이익금을 100원 줄일 때마다 하루에 8개씩 더 팔린다고 한다. 재훈이가 하루의 이익을 최대로 하기 위해서는 한 개당 얼마의 이익을 남기고 팔아야 하는지 구하여라.

풀이

한 개당 이익금을 $100x$원씩 줄인다고 하면 한 개당 이익은 $(1000-100x)$원이고, 하루에 팔리는 카드의 수는 $64+8x$이므로 하루 동안의 이익을 y원이라고 하면

$$y=(1000-100x)(64+8x)=-800x^2+1600x+64000$$

$$=-800(x-1)^2+64800$$

따라서 y는 $x=1$일 때 최댓값을 가지므로 한 개당 $1000-100\times 1=900$(원)의 이익을 남기고 팔아야 한다.

문제 6.16

에어리얼 스키(aerial skiing)는 슬로프를 내려오다 도약대에서 하늘 높이 치솟아 공중 곡예를 한 뒤 착지하는 프리스타일 스키(freestyle skiing)의 한 종목이다. 선수가 도약대를 지나고 t초 후 지면으로부터의 높이 hm는 $h(t)=-4.9t^2+9.8t+4$라고 한다. 도약대를 지나고 0.5초부터 2초까지 선수의 높이를 측정한다고 할 때, 이 선수가 최고점과 최저점에 도달할 때의 높이를 각각 구하여라.

6.4 상관계수와 회귀직선

두 변수들 사이의 관계를 분석하는 경우가 많다. 이를테면 사용한 비료의 양과 수확량 사이 관계를 그리고 유전학자가 어머니와 딸의 키 사이에 관계가 있는지를 분석하고자 하는 경우 등 두 변수 사이의 관계를 분석하거나 또는 한 변수값이 주어졌을 때 다른 변수값을 예측하고자 하는 경우가 있다. 이와 같이 두 연속형 변수들 사이의 관계를 분석하는 통계적 분석방법으로 상관분석과 회귀분석이 있다. 상관분석이란 상관계수를 이용하여 두 변수들 사이에 어느 정도 밀접한가를 분석하는 방법이고,

선형 회귀 분석이란 한 변수를 원인으로 하고 다른 변수를 결과로 하여 두 변수 사이의 선형식을 구하고 그 식을 이용하여 원인으로 측정된 변수의 값이 주어졌을 때 결과를 관측하는 변수의 값을 예측하는 통계적 분석 방법이다.

6.4.1 상관계수

두 연속형 변수의 값이 쌍으로 관찰되었을 대 두 변수값을 이용한 산점도(scatter plot)를 그리고 상관계수(correlation coefficient)를 구하여 두 변수사이의 관계가 얼마나 밀접한가를 관찰하는 것이다. 즉 두 변수 x, y가 다음과 같이 n개의 쌍으로 관측되었다고 할 때,

〈표 6.1〉

x	x_1	x_2	x_3	$\cdots$	x_n
y	y_1	y_2	y_3	$\cdots$	y_n

상관계수 r은 다음과 같이 구한다.

$$r = \frac{s_{xy}}{\sqrt{s_{xx}} \cdot \sqrt{s_{yy}}}$$

여기에서

$$s_{xy} = \sum(x_i - \overline{x})(y_i - \overline{y}) = \sum x_i y_i - \frac{\sum x_i \sum y_i}{n}$$

$$s_{xx} = \sum(x_i - \overline{x})^2 = \sum x_i^2 - \frac{(\sum x_i)^2}{n}$$

$$s_{yy} = \sum(y_i - \overline{y})^2 = \sum y_i^2 - \frac{(\sum y_i)^2}{n}$$

이다. r의 값은 항상 -1과 +1 사이에 속하고, -1은 완벽한 음수의 상관관계를 말하고, +1은 완전한 양의 상관계수를 말한다. 상관계수가 0이라고 해서 변수들 간의 관

계가 없다는 것이 아니라는 것을 주의해야 한다. 아마 1차적 관계가 아닌 강한 관계가 있을 것이다.

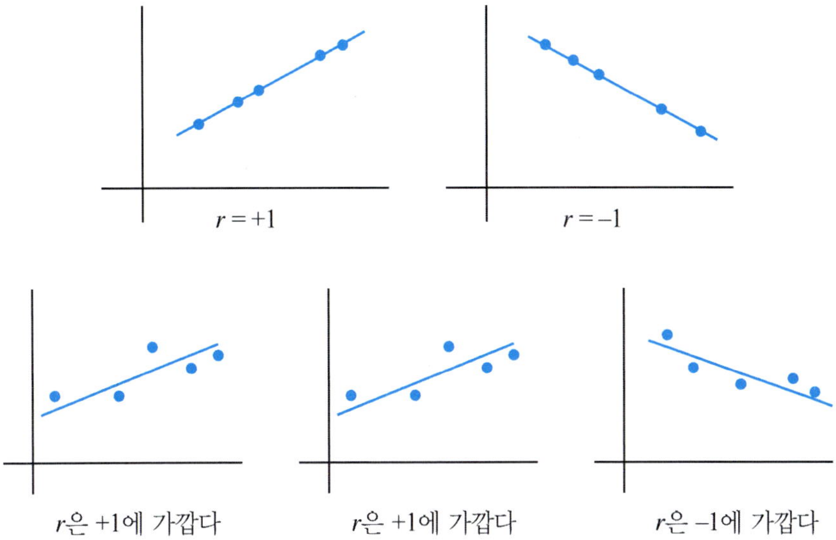

〈그림 6.29〉 산점도와 상관관계의 강도

예제 6.17

소득이 중간 정도인 주민들 중에서 7가구를 추출하여 지난 달 소득과 식품비에 대한 정보를 수집한다고 하자. 수집된 정보가 〈표 6.2〉에 백만 단위로 주어져 있다. 상관계수를 구하여라.

〈표 6.2〉 7가구에 대한 소득과 식품비

소득	식품비
35	9
49	15
21	7
39	11
15	5
28	8
25	9

풀이

$n=7$, $\sum x_i = 212$, $\sum y_i = 64$

$\sum x_i^2 = 7222$, $\sum x_i y_i = 2150$

$\sum y_i^2 = 646$

$$s_{xy} = \sum x_i y_i - \frac{\sum x_i \sum y_i}{n} = 211.7$$

$$s_{xx} = \sum x_i^2 - \frac{(\sum x_i)^2}{n} = 801.4$$

$$s_{yy} = \sum y_i^2 - \frac{(\sum y_i)^2}{n} = 60.86$$

이 값들을 r에 대한 공식에 대입하면 다음과 같이 구해진다.

$$r = \frac{s_{xy}}{\sqrt{s_{xx}}\sqrt{s_{yy}}} = .96$$

예제 6.18

어떤 지역에서 두 개의 오염물질의 농도 사이에 강한 상관관계가 있다고 알려져 있다고 하자. 즉, 오존의 농도 x (ppm)와 제 2탄소의 농도 $y\,(\mu g/m^2)$사이에 관계는 다음의 자료와 같다. 표본상관계수 구하여라.

〈표 6.3〉 오존농도와 탄소농도자료

x	0.066	0.088	0.120	0.050	0.162	0.186	0.057	0.100
y	4.6	11.6	9.5	6.3	13.8	15.4	2.5	11.8

x	0.112	0.055	0.154	0.074	0.111	0.140	0.071	0.110
y	8.0	7.0	20.6	16.6	9.2	17.9	2.8	13.00

풀이

요약한 값들과 표본상관계수 r은 다음과 같다.

$$n=16,\ \sum x_i=1.656,\ \sum y_i=170.6,\ \sum x_i^2=0.196912,\ \sum x_iy_i=20.0397,\ \sum y_i^2=2253.56$$

$$r=\frac{20.0397-(1.656)(170.6)/16}{\sqrt{0.196912-(1.656)^2/16}\ \sqrt{2253.56-(170.6)^2/16}}$$

$$=\frac{2.3826}{(0.1597)(20.8456)}=0.716$$

따라서 오존농도와 제 2의 탄소 사이에 모상관계수의 추정값은 $r=0.716$이다.

예제 6.19

토양생산성의 정확한 평가는 토지사용계획에 비판적이다. 유감스럽게도 대개의 경우 만족스런 토양생산성 지수는 구하기 힘들다고 알려져 있다. 생산성 지표 중에 하나는 농작물을 심는 것에 의해 부분적으로 결정된다. 그리고 같은 토양에서 두 개의 다른 농작물을 심을 때의 상관관계는 매우 강하지 않을지도 모른다. 실례로 어느 한 연구결과에 의하면 다음과 같이 8개의 다른 종류의 토양에 대한 땅콩의 산출량 y와 옥수수의 산출량 x에 관한 자료를 제시하고 있다.

〈표 6.4〉 옥수수의 산출량과 땅콩의 산출량자료

x	2.4	3.4	4.6	3.7	2.2	3.3	4.0	2.1
y	1.33	2.12	1.80	1.65	2.00	1.76	2.11	1.63

여기서 두 변수간 표본상관계수 r을 구하여라.

풀이

$$\sum x_i=25.7,\ \sum y_i=14.40,\ \sum x_i^2=88.31,\ \sum x_iy_i=46.856,\ \sum y_i^2=26.4324$$

$$s_{xx}=88.31-\frac{(25.7)^2}{8}=88.31-82.56=5.75$$

$$s_{yy}=26.4324-\frac{(14.40)^2}{8}=0.5124$$

$$s_{xy}=46.856-\frac{(25.7)(14.40)}{8}=0.5960$$으로부터

$$r=\frac{0.5960}{\sqrt{5.75}\ \sqrt{0.5124}}=0.347$$이다.

문제 6.17

다음 한 특정 차종의 자동차 8대에 대하여 년수로 나타낸 차령과 백불 단위로

〈표 6.5〉

차령	8	3	6	9	2	5	6	3
가격	18	94	50	21	145	42	36	99

나타낸 가격에 대한 자료를 다시 나타낸 것이다.

$x =$ 차령(차의 나이), $y =$ 차의 가격(단위 100$)

(1) 차령과 가격의 관계를 양의관계로 예상하는가 또는 음의 관계로 예상하는가? 설명하시오.

(2) 선형 상관계수를 계산하시오.

문제 6.18

다음 표는 통계학을 수강한 학생 7명의 중간고사 점수와 기말고사 점수를 나타낸 것이다.

〈표 6.6〉

중간고사 점수	79	95	81	66	87	94	59
기말고사 점수	85	97	78	76	94	84	67

$x =$ 중간고사점수, $y =$ 기말고사점수

(1) 중간고사와 기말고사 점수 간의 관계를 양의 관계로 예상하는가 아니면 음의관계로 예상하는가?

(2) 산점도를 그리시오. 산점도를 보고 이 두변수의 상관계수가 0, 1, -1에 가까운지 예상할 수 있는가?

(3) 상관계수를 구하시오.

문제 6.19

다음 표는 8명에 대하여 각각 그램 단위로 측정한 하루 동안의 평균적인 포화지방섭취량과 백밀리리터당 밀리그램 단위로 측정한 콜레스테롤 수치를 기록한 것이다.

〈표 6.7〉

포화지방섭취량	55	68	50	34	43	58	77	36
콜레스테롤 수치	180	215	195	165	170	204	235	150

상관계수를 구하시오.

6.4.2 최소 제곱 회귀선

그려진 점들이 가장 잘 적합된 직선은 무엇인가?

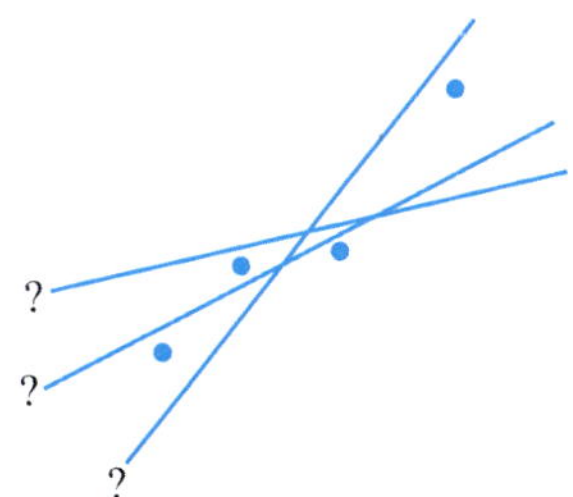

〈그림 6.30〉 회귀직선들

가장 적합된 직선은 관측된 값과 예측한 값들의 차이의 제곱수 합계를 최소화 하는 직선이다.

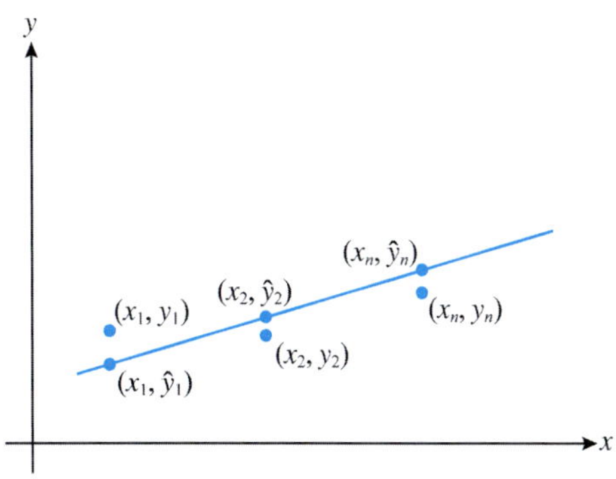

〈그림 6.31〉 실제값과 예측값의 표시

위의 그림에서, 다음을 최소화하는 직선을 찾기길 원한다.

$$(y_1 - \widehat{y_1})^2 + (y_2 - \widehat{y_2})^2 + \cdots + (y_n - \widehat{y_n})^2$$

가장 잘 적합된 회귀선이 x와 y의 평균$(\overline{x},\ \overline{y})$을 지난다. 주어진 점을 지나는 주어진 기울기를 가진 선의 최소제곱선은 다음과 같다(증명생략).

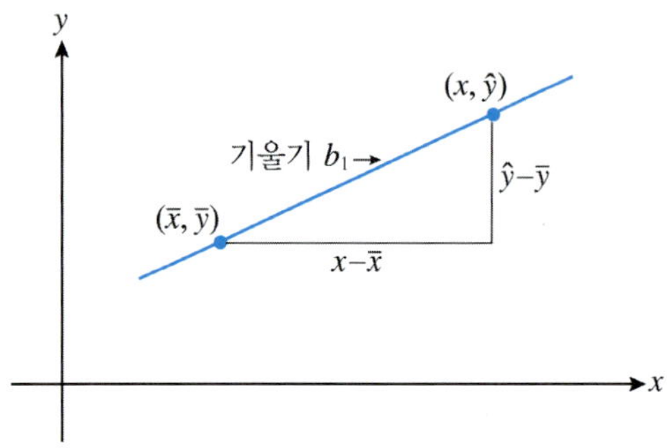

〈그림 6.32〉 적합된회귀선

$$\hat{y} - \overline{y} = b_1(x - \overline{x}) \quad \text{또는} \ \hat{y} = \overline{y} + b_1(x - \overline{x})$$

기울기 b_1과 절편 b_0 은 다음 공식을 통해서 구한다.

$$b_1 = r\frac{s_y}{s_x} = \frac{\sum(x_i - \overline{x})(y_i - \overline{y})}{\sum(x_i - \overline{x})^2} = \frac{s_{xy}}{s_{xx}}, \qquad b_0 = \overline{y} - b_1\overline{x}$$

가장 잘 맞는 이 선은 선을 통해 측정된 값과 예측된 값의 차이의 제곱의 합계를 최소화 하는 선이고 최소 제곱 회귀선 또는 간단하게 회귀선이라 불린다. 이는 계산기에서 두 집합의 자료를 입력하고 통계학 프로그램을 사용하여 바로 구할 수 있다.

예제 6.20

강우량의 정도에 따른 대기오염의 제거의 정도를 알아보기 위하여 다음과 같은 표를 얻었다. 다음 물음에 답하여라.

〈표 6.8〉 강우량과 대기오염자료

강우량(x)	4.3	4.5	5.9	5.6	6.1	5.2	3.8	2.1	7.5
대기오염 제거정도(y)	126	121	116	118	114	118	132	141	108

(1) 상관계수 r을 계산하여라.

(2) 강우량으로부터 대기오염의 제거정도를 예측하기 위한 회귀직선의 방정식을 구하여라.

(3) 강우량이 $x=5.8$일 때, 대기오염 제거정도를 추정하여라.

풀이

(1) $n=9,\ \sum x_i=45,\ \ \sum y_i=1094,\ \sum x_i y_i=5348.2,$

$\sum x_i^2=244.26,\ \sum y_i^2=133786,\ \bar{x}=5,\ \bar{y}=1094/9$

$$r=\frac{\frac{1}{n-1}\sum(x_i-\bar{x})(y_i-\bar{y})}{s_x s_y}=\frac{\sum x_i y_i-n\bar{x}\bar{y}}{\sqrt{\left(\sum x_i^2-n\bar{x}^2\right)\left(\sum y_i^2-n\bar{y}^2\right)}}\fallingdotseq-0.9787.$$

(2) $b_1=\dfrac{s_{xy}}{s_{xx}}=\dfrac{\sum x_i y_i-n\bar{x}\bar{y}}{\sum x_i^2-n\bar{x}^2}\fallingdotseq-6.3240,\quad b_0=\bar{y}-b_1\bar{x}\fallingdotseq 153.1755,$

$\hat{y}=153.1755-6.3240x$

(3) $x=5.8$일 때, $\hat{y}=153.1755-6.3240\cdot 5.8=116.496$

예제 6.21

〈표 6.9〉는 시비량에 상응하는 곡물 수확량의 관찰치를 제시하고 있으며, 분명히 선형 관계를 보여주고 있으므로, 이러한 선형 관계를 나타내는 직선에 적합하기를 원한다.

〈표 6.9〉 곡물 수확량과 시비량

시비.량 x	수확량 y
30	43
40	45
50	54
60	53
70	56
80	63

시비량에 의한 곡물 수확량 〈표 6.9〉의 회귀선을 구하여라.

풀이

〈표 6.10〉 계산

	시비량 x	수확량 y	x^2	xy	y^2
	30	43	900	1290	1849
	40	45	1600	1800	2025
	50	54	2500	2700	2916
	60	53	3600	3180	2809
	70	56	4900	3920	3136
	80	63	6400	5040	3969
합계	330	314	19,900	17,930	16,704

$n=6,\ \sum_{i=1}^{6} x_i = 330,\ \sum_{i=1}^{6} y_i = 314,\ \sum_{i=1}^{6} x_i^2 = 19{,}900,$ 그리고 $\sum_{i=1}^{6} x_i y_i = 17{,}930$이므로, b_1값은 다음과 같다.

$b_1 = \dfrac{\sum x_i y_i - \sum x_i \sum y_i / n}{\sum x_i^2 - (\sum x_i)^2/n}$에서 $b_1 = \dfrac{17{,}930 - \dfrac{(330)(314)}{6}}{19{,}900 - (330)^2/6} = 0.377,\quad \bar{x} = \dfrac{330}{6} = 55,$ 그리고

$\bar{y} = \dfrac{314}{6} = 52.33$ 이므로

$b_0 = \bar{y} - b_1\bar{x} = 52.33 - (0.377)(55) = 31.593$ 끝으로 회귀선, 또는 예측 방정식은 다음과 같다.

$\hat{y} = 31.593 + 0.377x$

문제 6.20

다음은 여섯 개의 세정제 제품의 광고비와 전체 판매량을 나타낸 것이다.

〈표 6.11〉 광고비와 판매량자료

광고비 ($ 1000) (x):	2.3	5.7	4.8	7.3	5.9	6.2
전체 판매량 ($ 1000) (y):	77	105	96	118	102	95

만약 $5000이 광고비로 쓰였을 때, 전체 판매량은 얼마인지 예상해보고, 회귀선의 기울기를 구하여라. 만약 $100,000이 광고비로 쓰였을 때는 얼마인가?

문제 6.21

한 자동차 제조회사는 그 회사의 한 차종에 대해 차령의 따라 가격이 얼마나 저하되는지 조사하려 한다. 이 회사의 조사부는 이 모형의 자동차 8대를 표본추출하여 다음과 같이 해수로 나타낸 차령과 백만불 단위로 나타낸 가격에 대한 정보를 수집하였다.

〈표 6.12〉

차령	8	3	6	9	2	5	6	3
가격	18	94	50	21	145	42	36	99

$x=$ 차의 나이(차령) $y=$ 차의 가격

(1) 이 자료에 대한 산점도를 그리시오. 이 산점도에서 자동차의 차령과 가격 사이에 선형관계가 나타나는가?

(2) 차령을 독립변수로 하고 가격을 종속변수로 하여 회귀직선을 구하시오.

(3) 위 x 에서 계산된 b_0와 b_1의 값을 간략하게 설명하시오.

(4) 위 산점도에 회귀직선을 나타내고 산포된 점들과 회귀직선 사이에 수직선을 그려 잔차를 나타내시오.

(5) 이 모형의 7년 된 차의 가격을 예측하시오.

문제 6.22

한 보험회사는 개인의 소득과 생명보험금액의 관계가 어떠한지 알기를 원한다. 이 회사의 조사부에서 6명에 대한 정보를 수집하였다. 다음 표는 이 6명에 대한 천불 단위로 나타낸 연간소득과 생명보험금액을 나타낸 것이다.

〈표 6.13〉

연간소득	62	78	41	53	85	34
생명보험금	250	300	100	150	500	75

$x=$ 연간소득(천달라) $y=$ 생명보험금(천달라)

(1) 이 자료의 산점도를 그리시오. 이 산점도에서 연간소득과 생명보험금액사이에 선형관계가 나타나는가?

(2) 연간소득을 독립변수로 하고 생명보험금액을 종속변수로 하여 회귀직선 $\hat{y}=b_0+b_1x$을 구하시오.

(3) 위에서 계산된 b_0와 b_1의 값을 간략하게 설명하시오.

(4) 위의 산점도에 회귀직선을 나타내고 산포된 점들과 회귀직선 사이에 수직선을 그려 잔차를 나타내시오.

(5) 연간소득이 $55000인 사람의 생명보험금액을 추정하면 얼마인가?

(6) 이 표본 중의 한 사람은 연간소득이 $78,000이고, 생명보험금액이 $300,000이다. 이 사람의 생명보험금액의 예측값은 얼마인가? 이 경우 오차를 구하시오.

CHAPTER 07

지수와 로그를 이용한 생활수학

7.1 지수법칙

$a>0, b>0$ 이고 m,n이 임의의 실수일 때

(1) $a^m a^n = a^{m+n}$ (2) $(a^m)^n = a^{nm}$ (3) $(ab)^n = a^n b^n$

(4) $a^m \div a^n = a^{m-n}$ (5) $a^0 = 1$ (6) $a^{-n} = \dfrac{1}{a^n}$

(7) $a^{\frac{n}{m}} = \sqrt[m]{a^n}$

예제 7.1

다음 식을 간단히 하면?

$$10^{\frac{2}{3}} \times 2^{-\frac{2}{3}} \times 5^{-\frac{1}{6}}$$

풀이

$$\begin{aligned} 10^{\frac{2}{3}} \times 2^{-\frac{2}{3}} \times 5^{-\frac{1}{6}} &= 2^{\frac{2}{3}} \times 5^{\frac{2}{3}} \times 2^{-\frac{2}{3}} \times 5^{-\frac{1}{6}} \\ &= 2^{\frac{2}{3}-\frac{2}{3}} \times 5^{\frac{2}{3}-\frac{1}{6}} \\ &= 2^0 \times 5^{\frac{1}{2}} = \sqrt{5} \end{aligned}$$

문제 7.1

다음 식을 간단히 하여라.

(1) $2^{3\sqrt{2}} \times 2^{\sqrt{50}}$ (2) $3^{\sqrt{2}+1} \div 3^{\sqrt{2}-1}$

(3) $(4^{\sqrt{27}})^{-\frac{1}{\sqrt{3}}}$ (4) $27^{\sqrt{5}} \times \left(\dfrac{1}{9}\right)^{\sqrt{5}}$

예제 7.2

어떤 전자레인지로 피자 n조각을 굽는 데 걸리는 시간 t(분)는

$$t = 1.2 \times n^{0.5}$$

으로 주어진다고 한다. 이 전자레인지로 피자 8조각을 굽는 데 걸리는 시간은 피자 2조각을 굽는 데 걸리는 시간의 몇 배인가?

풀이

피자 8조각을 굽는 데 걸리는 시간 $t_1 = 1.2 \times 8^{\frac{1}{2}}$

피자 2조각을 굽는 데 걸리는 시간 $t_2 = 1.2 \times 2^{\frac{1}{2}}$

$$\therefore \frac{t_1}{t_2} = \frac{1.2 \times 8^{\frac{1}{2}}}{1.2 \times 2^{\frac{1}{2}}} = \frac{2^{\frac{3}{2}}}{2^{\frac{1}{2}}} = 2^{\frac{3}{2}-\frac{1}{2}} = 2^1 = 2$$

따라서 피자 8조각을 굽는 데 걸리는 시간은 피자 2조각을 굽는 데 걸리는 시간의 2배이다.

예제 7.3

뉴턴의 냉각법칙에 의하면 어떤 적정 조건 아래에서 물체의 온도는 그 물체 자체의 온도와 주위의 온도차에 비례한다고 한다. 어떤 물체의 처음 온도를 T_0, t분 지난 후의 온도를 T, 주위의 온도를 T_S라고 할 때 시간 t와 온도 T사이에는 다음의 관계가 있다고 한다.

$$T - T_S = (T_0 - T_S)2^{kt} \text{ (}k\text{는 상수)}$$

지금 100°C에서 끓인 달걀을 20°C의 물에 넣고 식히려고 한다. $k = -\frac{2}{5}$일 때, 5분 후 달걀의 온도는?

풀이

달걀의 처음 온도는 100°C, 주위의 온도는 20°C, 5분 후의 달걀의 온도를 T라고 하면

$$T - 20 = (100-20)2^{-\frac{2}{5}\cdot 5} \quad \therefore T = 20 + 80 \cdot 2^{-2} = 20 + 80 \cdot \frac{1}{4} = 40(^\circ\text{C})$$

문제 7.2

어떤 약품을 투약한 후 경과한 시간에 따른 혈액 속의 약품의 잔류량을 조사하였더니, 투약 후 t분이 경과하였을 때, 혈액 속에 남아 있는 약품의 양 a는 다음과 같다고 한다.

$$a = 10^{1-0.02t}$$

투약 후 5분이 경과한 후 혈액 속에 남아 있는 약품의 양은 투약 후 30분이 경과한 후 혈액 속에 남아 있는 약품의 양은 몇 배인가?

문제 7.3

행성 주위에 행성의 중력이 태양의 인력보다 더 큰 공간을 이 행성의 '중력장'이라고 한다. 행성의 질량을 $M_p kg$, 태양의 질량을 $M_s kg$, 행성에서 태양까지의 거리를 Dkm라고 할 때, 중력장의 반지름의 길이 $r$km는

$$r = D \times \left(\frac{M_p}{M_s}\right)^{\frac{2}{5}}$$

이라고 한다. $M_s = 2^{1000} M_p$이고, $D = 2^{410}$인 소행성이 있다고 할 때, r의 값을 구하여라.

예제 7.4

바닷속에 분포하는 플랑크톤의 한 종류인 돌말은 1시간이 지날 때마다 그 개체수가 2배가 된다. 돌말의 개체수가 처음의 64배가 되는 것은 몇 시간 후인지 구하여라.

풀이

현재 돌말의 개체수를 A마리라고 하면 n시간 후의 돌말의 개체서는 $A \times 2^n$마리이므로

$A \times 2^n = 64A$ 즉, $2^n = 64$이고 $64 = 2^6$이므로

$2^n = 2^6$ 밑이 같으므로 $n=6$

따라서 돌말의 개체수가 처음의 64배가 되는 것은 6시간 후이다.

예제 7.5

과거 n년 동안 매출액이 a원에서 b원으로 변했을 때, 연평균 성장률 P는

$$P=\left(\frac{b}{a}\right)^{\frac{1}{n}}-1$$

로 나타내어진다고 한다. 두 회사 A, B의 2007년 말 매출액은 각각 200억 원, 150억 원이었고, 2017년 말 매출액은 각각 400억 원, 600억 원이었다. 2007년 말부터 2017년 말까지 10년 동안 B회사의 연평균 성장률은 A 회사의 연평균 성장률의 몇 배이인가? (단, $2^{\frac{11}{10}}$ 은 2.14로 계산한다.)

풀이

A, B회사의 연평균 성장률을 각각 $P(A), P(B)$라고 하자. 주어진 식에

$a=200, b=400, n=10$을 대입하면 $P(A)=\left(\frac{400}{200}\right)^{\frac{1}{10}}-1=2^{\frac{1}{10}}-1$

주어진 식에 $a=150, b=600, n=10$을 대입하면 $P(B)=\left(\frac{600}{150}\right)^{\frac{1}{10}}-1=4^{\frac{1}{10}}-1=2^{\frac{1}{5}}-1$

$2^{\frac{11}{10}}=2014$에서 $2\cdot 2^{\frac{1}{10}}=2.14$ 이므로 $2^{\frac{1}{10}}=1.07$

$P(A)=1.07-1=0.07$

$P(B)=(1.07)^2-1=(1.07-1)(1.07+1)=0.07\times 2.07=P(A)\times 2.07$

따라서 B회사의 연평균 성장률은 A회사의 연평균 성장률의 2.07배이다.

예제 7.6

실험실에서 배양하는 어떤 미생물의 양이 t시간 후에 $A\cdot 2^{kt}$으로 늘어난다고 한다. 16시간 후에 이 미생물의 양이 처음 양의 2배가 된다고 할 때, 4일 후에 이 미생물의 양은 처음 양의 몇 배가 되는가? (단, A는 처음의 미생물의 양, k는 상수)

풀이

16시간 후에 미생물의 양이 처음 양의 2배가 되므로

$2A = A \cdot 2^{16k}$, $2 = 2^{16k}$, 즉 $k = \dfrac{1}{16}$

이때, 4일 후의 미생물의 양은 $A \cdot 2^{\frac{1}{16} \times 4 \times 24} = A \cdot 2^6$ 이므로 처음 양의 2^6배, 즉 64배가 된다.

문제 7.4

인체에 흡수된 다이옥신은 10년이 지나면 처음 흡수된 양의 $a\%$ 가 인체에 남는다고 한다. 1pg(1피코그램, $1 \times 10^{-12} g$)의 다이옥신이 처음 흡수된 후 30년이 지난 후에 인체에 남아 있는 다이옥신의 양이 0.216pg이라고 할 때, a의 값을 구하여라.

문제 7.5

어느 지역의 조류 개체 수는 2년마다 10%씩 증가한다고 한다. 현재 개체 수가 10000일 때, 10년 후의 개체 수를 구하여라. (단, 1.1^5은 1.61로 계산한다.)

문제 7.6

어떤 호수에서 수면에서의 빛의 세기가 $1060\, W/m^2$일 때, 수심이 hm인 곳에서의 빛의 세기 $A(h)$는 $A(h) = 1060\left(\dfrac{1}{2}\right)^{\frac{h}{4}} (W/m^2)$으로 나타내어진다고 한다. 이 호수에서 수심이 5m인 곳에서의 빛의 세기는 수심이 25m인 곳에서의 빛의 세기의 몇 배인가?

7.2 로그

$a>0, b>0, c>0, a\neq 1, c\neq 1, x>0, y>0$일 때

(1) $\log_a 1=0, \log_a a=1$

(2) $\log_a xy=\log_a x+\log_a y$

(3) $\log_a \frac{x}{y}=\log_a x-\log_a y$

(4) $\log_a x^n = n\log_a x$ (n은 실수)

(5) $\log_a b=\frac{\log_c b}{\log_c a}$

(6) $\log_{a^m} b^n=\frac{n}{m}\log_a b$ (m,n은 실수)

예제 7.7

$\log_3 12+\log_3 9-\log_3 4$의 값은?

풀이

$$\log_3 12+\log_3 9-\log_3 4=\log_3\frac{12\times 9}{4}=\log_3 27=3$$

문제 7.7

다음 식을 간단히 하여라.

(1) $4\log_3 54-3\log_3 \sqrt[3]{16}$

(2) $6\log_2 \sqrt{3}+\frac{1}{3}\log_2 125-\log_2 135$

예제 7.8

어느 작업장에 먼지의 양이 $1m^3$당 $200\mu g$이 되면 자동으로 가동되기 시작하는 먼지 제거 장치가 있다. 이 장치가 가동되기 시작하고 t초 후 $1m^3$당 먼지의 양 $x(t)$는

$$x(t) = 20 + 180 \times 3^{-\frac{t}{256}} (\mu g/m^3)$$

이라고 한다. 먼지 제거 장치가 가동되기 시작하고 n초 후 처음으로 작업장의 $1m^3$당 먼지의 양이 120μg 이하가 되었다고 할 때, 자연수 n의 값을 구하여라.

(단, $\log 2 = 0.3010, \log 3 = 0.4771$로 계산한다.)

풀이

먼지 제거 장치가 가동되기 시작하고 n초 후에 $1m^3$당 먼지의 양이 $120\mu g$ 이하가 되었다고 하면 $20 + 180 \times 3^{-\frac{n}{256}} \le 120, 3^{-\frac{n}{256}} \le \frac{5}{9}$ 양변에 상용로그를 취하면

$$\log 3^{-\frac{n}{256}} \le \log\frac{5}{9}, -\frac{n}{256}\log 3 \le \log\frac{5}{9}$$

$$n \ge \frac{-256(\log 5 - 2\log 3)}{\log 3} = \frac{-256(1 - \log 2 - 2\log 3)}{\log 3} = \frac{256 \times 0.2552}{0.4771} = 136.93\cdots$$

따라서 먼지 제거 장치가 가동되기 시작하고 137초 후에 처음으로 $1m^3$당 먼지의 양이 $120\mu g$ 이하가 된다.

문제 7.8

X선을 이용하면 물질의 두께를 측정할 수 있다. 흡수 계수가 k인 어떤 물질에 쏜 X선의 세기를 I_0, 그 물질을 통과한 후의 X선의 세기를 I라고 하면 그 물질의 두께 $d$cm에 대하여 다음 식이 성립한다고 한다.

$$\log I = \log I_0 - \frac{k}{2.3}d$$

흡수 계수가 0.46인 어떤 물질에 X선을 쏘았더니 이 물질을 통과한 후의 X선의 세기는 처음 세기의 $\frac{1}{10}$이 되었다. 이 물질의 두께는?

예제 7.9

해수면에서의 기압을 $P_0 hPa$, 해수면으로부터 높이가 hm인 곳의 기압을 $P_h hPa$라고 할 때, 해수면의 높이와 기압 사이에 다음과 같은 관계식이 성립한다고 한다.

$$h = 18400 \log \frac{P_0}{P_h}$$

해수면으로부터의 높이가 80m인 곳의 기압은 해수면으로부터의 높이가 1000m인 곳의 기압의 몇 배인지 구하여라.

풀이

$$80 = 18400 \log \frac{P_0}{P_{80}} \qquad ㉠$$

$$1000 = 18400 \log \frac{P_0}{P_{1000}} \qquad ㉡$$

㉡- ㉠을 하면 $920 = 18400\left(\log \frac{P_0}{P_{1000}} - \log \frac{P_0}{P_{80}}\right) = 18400 \log \frac{P_{80}}{P_{1000}}$ 이므로

$$\log \frac{P_{80}}{P_{1000}} = \frac{920}{18400} = \frac{1}{20}$$

따라서 $\frac{P_{80}}{P_{1000}} = 10^{\frac{1}{20}} = \sqrt[20]{10}$ 이므로 해수면으로부터의 높이가 80m인 곳의 기압은 해수면으로부터의 높이가 1000m인 곳의 기압의 $\sqrt[20]{10}$ 배이다.

문제 7.9

밀폐된 용기 속의 액체에서 증발과 응축이 계속하여 같은 속력으로 일어나는 상태일 때의 증기압을 포화 증기압이라고 한다. 밀폐된 용기 속에 있는 어떤 액체의 경우 포화 증기압 $P mm$Hg와 용기 속의 온도 t°C 사이에 다음과 같은 관계식이 성립한다고 한다.

$$\log P = 8.11 - \frac{1750}{t + 235} (\text{단}, 0 < t < 60)$$

용기 속의 온도가 15°C일 때의 포화 증기압을 P_1, 45°C일 때의 포화 증기압을 P_2라고 할 때, $\frac{P_2}{P_1}$의 값을 구하여라.(단, mmHg는 압력을 나타내는 단위이다.)

예제 7.10

한 생물학자가 초기 단계에 있는 조그만 종양을 발견하였다. 그 종양에 있는 세포의 개수 N은 발견 직후부터 커져서 t주 후에는 다음과 같이 커진다는 사실을 알아냈다.

$$N = 3000 \times 10^{0.37t}$$

이때, 세포의 개수가 500000개가 되는 것은 몇 주 후인지 구하여라.

(단, $\log 2 = 0.3, \log 3 = 0.48$로 계산한다.)

풀이

$N = 500000$을 대입하면 $500000 = 3000 \times 10^{0.37t}$, $\log \frac{10^3}{2 \times 3} = 0.37t$

$3\log 10 - \log 2 - \log 3 = 0.37t$

$3 - 0.3 - 0.48 = 0.37t,\ t = 6$

따라서 세포의 개수가 500000개가 되는 것은 6주 후이다.

문제 7.10

어떤 박테리아는 1일 1회 분열하여 그 수가 4배가 된다고 한다. 처음 1개의 박테리아가 분열하기 시작하였을 때, 며칠 후에 256000개가 되는지 구하여라.

(단, $\log 2 = 0.3$으로 계산한다.)

예제 7.11

어떤 음원에서 나오는 음향 출력이 x W일 때, 음향 파워 레벨 y dB은 다음과 같이 계산한다.

$$y = 10\log\frac{x}{k}\text{(단, }k\text{는 기준 음향 출력을 나타내는 상수)}$$

일반적으로 음향 출력이 $\frac{1}{10^4}$ W일 때, 음향 파워 레벨은 80dB이라고 한다. 어떤 스피커에서 나오는 음향 출력이 200W일 때, 이 스피커의 음향 파워 레벨을 구하여라.

(단, $\log 2 = 0.3$으로 계산한다.)

풀이

$x=\frac{1}{10^4}, y=80$을 대입하면 $80=10\log\left(\frac{1}{k}\times\frac{1}{10^4}\right)$

$10^8=\frac{1}{k}\times\frac{1}{10^4}, \frac{1}{k}=10^{12}$

따라서 음향 출력이 200W일 때, 이 스피커의 음향 파워 레벨은

$$\begin{aligned}10\log(200\times10^{12})&=10\log(2\times10^{14})\\&=10(\log2+14\log10)\\&=10(0.3+14)=143(dB)\end{aligned}$$

문제 7.11

소리의 크기는 소리의 강도에 따라 데시벨(dB)로 환산하여 나타내고, 소리의 크기 x dB과 소리의 강도 I 사이에는

$$x=10\log\frac{I}{I_0}(\text{단}, I_0=10^{-8})$$

인 관계식이 성립한다. 소리의 크기가 100dB때, 소리의 강도를 구하여라.

7.3 지수함수와 로그함수의 활용

7.3.1 지수함수의 성질을 이용한 방정식의 풀이

$a>0, a\neq1$ 일 때, $a^{x_1}=a^{x_2}\Leftrightarrow x_1=x_2$

예제 7.12

다음 방정식을 풀어라.

(1) $25^{2x+1} = 625$

(2) $0.5^{3x-1} = \dfrac{1}{\sqrt[3]{16}}$

풀이

(1) $625 = 5^4$이므로 주어진 방정식은 $(5^2)^{2x+1} = 5^4, 5^{4x+2} = 5^4$

밑이 같으므로 $4x+2=4$ 즉, $x = \dfrac{1}{2}$

(2) $\dfrac{1}{\sqrt[3]{16}} = \left(\dfrac{1}{2}\right)^{\frac{4}{3}}$이므로 주어진 방정식은 $\left(\dfrac{1}{2}\right)^{3x-1} = \left(\dfrac{1}{2}\right)^{\frac{4}{3}}$

밑이 같으므로 $3x-1 = \dfrac{4}{3}$ 즉, $x = \dfrac{7}{9}$

예제 7.13

방사성 물질의 질량이 절반으로 줄어드는 시간을 그 물질의 반감기라고 한다. 반감기가 8일인 방사성 아이오딘$\left({}^{131}_{53}I\right)$ 1000g이 125g으로 줄어드는 데 걸리는 기간을 구하여라.

풀이

반감기가 n번 지난 후 남아 있는 방사성 아이오딘의 양은 $1000 \times \left(\dfrac{1}{2}\right)^n$이므로

$1000 \times \left(\dfrac{1}{2}\right)^n = 125, \left(\dfrac{1}{2}\right)^n = \dfrac{125}{1000}$ 이때 $\dfrac{125}{1000} = \dfrac{1}{8} = \left(\dfrac{1}{2}\right)^3$이므로

$\left(\dfrac{1}{2}\right)^n = \left(\dfrac{1}{2}\right)^3$ 밑이 같으므로 $n=3$

따라서 구하는 기간은 반감기가 3번 지나는 기간인 24일이다.

문제 7.12

다음 방정식을 풀어라.

(1) $\left(\dfrac{4}{5}\right)^{3x+1} = \left(\dfrac{5}{4}\right)^{2x+5}$

(2) $2^{2x} - 6 \times 2^x - 16 = 0$

문제 7.13

기압은 고도가 1000m씩 높아질 때마다 10%씩 줄어든다. 기압이 1000hPa인 지상에서 등반을 시작하여 어떤 지점에서 기압을 측정해 보니 729hPa이었다고 할 때, 이 지점의 높이를 구하여라.

7.3.2 지수함수의 성질을 이용한 부등식의 풀이

$a > 0$ 일 때, $a^{x_1} < a^{x_2} \Leftrightarrow x_1 < x_2$

$0 < a < 1$ 일 때, $a^{x_1} < a^{x_2} \Leftrightarrow x_1 > x_2$

예제 7.14

다음 부등식을 풀어라.

(1) $16^{4x+1} < 128$ (2) $\left(\frac{1}{49}\right)^x < \left(\frac{1}{7}\right)^{x+1}$

풀이

(1) $16^{4x+1} = (2^4)^{4x+1} = 2^{16x+4}$ 이므로 주어진 부등식은

$2^{16x+4} < 2^7$ 밑 2는 1보다 크므로 $16x+4 < 7$ 따라서 $x < \frac{3}{16}$

(2) $\left(\frac{1}{49}\right)^x = \left(\frac{1}{7}\right)^{2x}$ 이므로 주어진 부등식은 $\left(\frac{1}{7}\right)^{2x} < \left(\frac{1}{7}\right)^{x+1}$

밑 $\frac{1}{7}$ 은 1보다 작은 양수이므로 $2x > x+1$ 따라서 $x > 1$

예제 7.15

BOD는 수질 오염의 정도를 나타내는 지표로, 물 속의 유기물이 분해되는 데 필요한 산소량을 의미한다. 현재 우리 동네 하천의 BOD는 10.368ppm이고, 수질 개선 사업으로 매년 BOD가 전년도의 $\frac{5}{6}$ 수준으로 낮아지고 있다. 이 하천의 BOD가 처음으로 6ppm 이하가 되는 것은 지금부터 몇 년 후인지 구하여라.

풀이

n년 후 BOD는 $10.368\times\left(\frac{5}{6}\right)^n$ ppm이므로 $10.368\times\left(\frac{5}{6}\right)^n \le 6$, $\left(\frac{5}{6}\right)^n \le 6\times\frac{1000}{10368}$

$6\times\frac{1000}{10368}=\frac{125}{216}=\left(\frac{5}{6}\right)^3$이므로 $\left(\frac{5}{6}\right)^n \le \left(\frac{5}{6}\right)^3$, 밑 $\frac{5}{6}$는 1보다 작은 양수이므로 $n\ge 3$

따라서 하천의 BOD가 처음으로 6ppm 이하가 되는 것은 3년 후이다.

문제 7.14

다음 부등식을 풀어라.

(1) $\left(\frac{1}{5}\right)^{2x-1} > \sqrt[3]{25}$

(2) $9^x - 7\times 3^x - 18 > 0$

문제 7.15

바닷속에 분포하는 플랑크톤의 한 종류인 돌말은 1시간이 지날 때마다 그 개체수가 2배가 된다. 돌말의 개체수가 처음의 64배가 되는 것은 몇 시간 후인지 구하여라.

7.3.3 로그함수의 성질을 이용한 방정식의 풀이

(진수)>0, (밑)>0, (밑) $\neq 1$

$\log_a x = b \Leftrightarrow x = a^b$

$\log_a x_1 = \log_a x_2 \Leftrightarrow x_1 = x_2$

예제 7.16

다음 방정식을 풀어라.

(1) $\log_2(4x-1)=2$

(2) $\log_{\frac{1}{3}}(3x-1)=-2$

풀이

(1) $4x-1=2^2$, 즉 $x=\frac{5}{4}$ …… ①

(진수)>0 이므로 $4x-1>0$ 즉, $x>\frac{1}{4}$ …… ②

①은 ②를 만족하므로 구하는 해는 $x=\frac{5}{4}$

(2) $3x-1=\left(\frac{1}{3}\right)^{-2}$, 즉 $x=\frac{10}{3}$ …… ①

(진수)>0 이므로 $3x-1>0$ 즉, $x>\frac{1}{3}$ …… ②

①은 ②를 만족하므로 구하는 해는 $x=\frac{10}{3}$

예제 7.17

별의 밝기는 겉보기 등급과 절대 등급으로 나타낸다. 겉보기 등급은 맨눈으로 보는 별의 밝기를, 절대 등급은 모든 별들이 같은 거리에 위치한다고 가정했을 때의 별의 밝기를 등급으로 나타낸 것이다. 지구로부터의 거리가 $r$pc이고 겉보기 등급이 m인 별의 절대 등급이 M일 때,

$$m-M=5\log r-5$$

가 성립한다고 한다. 어떤 별의 겉보기 등급이 3이고 절대 등급이 -2일 때, 이 별의 지구로부터의 거리가 몇 pc인가?

풀이

겉보기 등급 $m=3$, 절대등급 $M=-2$이므로

$3-(-2)=5\log r-5$, $\log r=2$에서 $r=100$

따라서 이 별의 지구로부터의 거리는 100pc이다.

문제 7.16

다음 방정식을 풀어라.

(1) $\log_x 125=6$

(2) $\log_3(x^2-2)+1=\log_3(5x-4)$

(3) $(\log_2 x)^2+3\log_2 x-4=0$

문제 7.17

어떤 지역의 관광 상품이 큰 인기를 끌면서 이 지역을 방문하는 외국인 관광객의 수가 18%씩 증가하고 있다. 이러한 추세가 계속된다고 할 때, 이 지역을 방문하는 외국인 관광객의 수가 현재의 5배가 되는 것은 몇 년 후인지 구하여라.

(단, $\log 2 = 0.3, \log 1.18 = 0.07$로 계산한다.)

7.3.4 로그함수의 성질을 이용한 부등식의 풀이

(진수)>0, (밑)>0, (밑) $\neq 1$

$a > 1$일 때, $\log_a x_1 < \log_a x_2 \Leftrightarrow x_1 < x_2$

$0 < a < 1$일 때, $\log_a x_1 < \log_a x_2 \Leftrightarrow x_1 > x_2$

예제 7.18

다음 부등식을 풀어라.

(1) $\log_2(3x-1) < \log_2(x+5)$ (2) $\log_{\frac{1}{3}}(6x-1) < \log_{\frac{1}{3}}(x+4)$

풀이

(1) 밑 2는 1보다 크므로 $3x-1 < x+5$, 즉 $x < 3$ …… ①

(진수)〉0 이므로 $3x-1 > 0, x+5 > 0$에서 $x > \frac{1}{3}$ …… ②

따라서 ①,②를 모두 만족하는 x의 값의 범위는 $\frac{1}{3} < x < 3$

(2) 밑 $\frac{1}{3}$은 1보다 작은 양수이므로 $6x-1 > x+4$, 즉 $x > 1$ …… ①

(진수)〉0 이므로 $6x-1 > 0, x+4 > 0$에서 $x > \frac{1}{6}$

따라서, ①,②를 모두 만족하는 x의 값의 범위는 $x > 1$

예제 7.19

커피 수입 동향 조사에 따르면 2022년 우리나라의 하루 원두 소비량은 300톤이라고 한다. 하루 원두 소비량이 매년 10%씩 증가할 때, 하루 원두 소비량이 처음으로 500톤 이상이 될 것으로 예상되는 해를 구하여라. (단, $\log 1.1 = 0.04, \log 2 = 0.3 \log 3 = 0.48$로 계산한다.)

풀이

n년 후의 하루 원두 소비량은 300×1.1^n톤이므로 $300 \times 1.1^n \geq 500, 1.1^n \geq \frac{5}{3}$

부등식의 양변에 상용로그를 취하면

$n \log 1.1 \geq \log 5 - \log 3, 0.04n \geq (1-0.3) - 0.48, n \geq 5.5$

따라서 하루 원두 소비량이 처음으로 500톤 이상이 될 것으로 예상되는 해는 6년 후인 2028년이다.

문제 7.18

다음 부등식을 풀어라.

(1) $\log_{0.1}(x^2-9) < \log_{0.1}8x$ (2) $\log_2 x + \log_2(x-6) < 4$

문제 7.19

2017년 우리나라에서 사용한 총 연구 개발비는 50조 원이라고 한다. 매년 연구 개발비를 12%씩 증가시킨다고 할 때, 총 연구 개발비가 처음으로 80조 원 이상이 될 것으로 예상되는 해를 구하여라. (단, $\log 1.12 = 0.049, \log 2 = 0.301$로 계산한다.)

예제 7.20

어느 핵발전소에서 사고로 방사능 물질 1000kg이 유출되어 대기를 오염시켰다. 사고가 일어나고 t년 후의 대기중의 이 물질의 양 A는

$$A = 1000\left(\frac{1}{2}\right)^{\frac{t}{30}}$$

이라고 한다. 대기중에 남아 있는 이 물질의 양이 처음으로 100kg 이하가 되는 것은 사고 후 몇 년째 부터인가? (단, $\log 2 = 0.30$으로 계산한다.)

풀이

$1000\left(\frac{1}{2}\right)^{\frac{t}{30}} \leq 100$ 에서 $\left(\frac{1}{2}\right)^{\frac{t}{30}} \leq \frac{1}{10}$

$\therefore 2^{\frac{t}{30}} \geq 10$

양변에 상용로그를 취하면 $\frac{t}{30}\log 2 \geq 1$

$t \geq 30 \cdot \frac{1}{\log 2} = \frac{30}{0.30} = 100$

따라서 100년 후부터 100kg 이하가 된다.

문제 7.20

학생들이 학년 초에 영어시험을 치른 후 매달 같은 유형의 시험을 치루었더니 t개월 후에 평균 점수 $S(t)$가

$$S(t) = 60 + 20\log(t+1)\ (0 \leq t \leq 12)$$

의 관계가 있음을 알았다. 이 때, 몇 개월 후에 평균점수가 80점 이상이 되는가?

예제 7.21

어느 자동차 보험회사에서는 1년간 무사고 운전자에게 다음 해의 보험료를 금년보다 10% 할인해 준다고 한다. 이 회사의 자동차 보험에 가입한 운전자가 처음 보험료의 $\frac{1}{2}$ 이하의 보험료를 내려면 적어도 몇 년간 무사고 운전을 해야 하는가? (단, $\log 2 = 0.3010, \log 3 = 0.4771$)

풀이

$A(1-0.1)^n \le 0.5A$에서 $0.9^n \le \frac{1}{2}$

양변에 상용로그를 취하면 $n\log 0.9 \le \log\frac{1}{2}$ ········· ㉠

이 때, $n\log 0.9 = \log\frac{3^2}{10} = 2\log 3 - 1 = 2\times 0.4771 - 1 = -0.0458$

$\log\frac{1}{2} = -\log 2 = -0.3010$ 이므로 ㉠에서 $n\times(-0.058) \le -0.3010$

$\therefore n \ge \frac{-0.3010}{-0.0458} \fallingdotseq 6.572$

따라서, 7년 동안 무사고일 때 보험료가 처음 보험료의 $\frac{1}{2}$ 이하가 된다.

문제 7.21

2017년 1월 1일 현재 달러의 화폐 가치가 A라고 할 때, 앞으로는 1년이 지나면 달러의 화폐가치가 10%씩 절하된다고 한다. 몇 년도부터 달러의 화폐 가치가 현재의 A보다 90% 이상 절하되는가? (단, $\log 3 = 0.477$로 계산한다.)

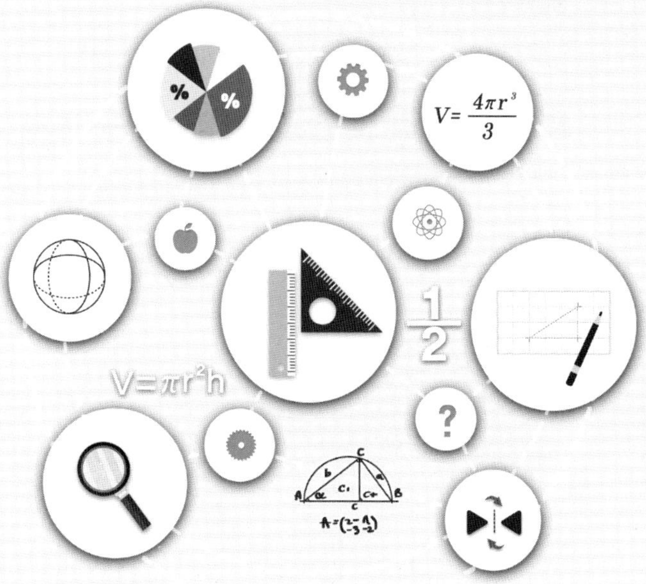

CHAPTER 08

행렬을 이용한 생활수학

8.1 행렬의 덧셈과 뺄셈, 실수배와 곱셈

$A=\begin{pmatrix} a & b \\ c & d \end{pmatrix}$, $B=\begin{pmatrix} e & f \\ g & h \end{pmatrix}$일 때,

(1) $A \pm B=\begin{pmatrix} a \pm e & b \pm f \\ c \pm g & d \pm h \end{pmatrix}$

(2) $kA=\begin{pmatrix} ka & kb \\ kc & kd \end{pmatrix}$ (단, k는 실수)

(3) $A=\begin{pmatrix} a & b \\ c & d \end{pmatrix}$, $B=\begin{pmatrix} e & f \\ g & h \end{pmatrix}$일 때, $AB=\begin{pmatrix} a & b \\ c & d \end{pmatrix}\begin{pmatrix} e & f \\ g & h \end{pmatrix}=\begin{pmatrix} ae+bg & af+bh \\ ce+dg & cf+dh \end{pmatrix}$

이때, 행렬의 곱셈에서는 교환법칙이 성립하지 않는다.

예제 8.1

$A=\begin{pmatrix} 0 & 1 \\ 1 & 0 \end{pmatrix}$, $B=\begin{pmatrix} 1 & 1 \\ 0 & 1 \end{pmatrix}$일 때, 행렬 A^2B-A는?

풀이

$A^2=\begin{pmatrix} 0 & 1 \\ 1 & 0 \end{pmatrix}\begin{pmatrix} 0 & 1 \\ 1 & 0 \end{pmatrix}=\begin{pmatrix} 1 & 0 \\ 0 & 1 \end{pmatrix}=E$이므로

$$A^2B-A=EB-A=B-A$$
$$=\begin{pmatrix} 1 & 1 \\ 0 & 1 \end{pmatrix}-\begin{pmatrix} 0 & 1 \\ 1 & 0 \end{pmatrix}=\begin{pmatrix} 1 & 0 \\ -1 & 1 \end{pmatrix}$$

문제 8.1

다음을 계산하라.

(1) $\begin{pmatrix} 1 & 2 \\ -3 & 4 \end{pmatrix}\left\{2\begin{pmatrix} -2 \\ 3 \end{pmatrix}+3\begin{pmatrix} 1 \\ 4 \end{pmatrix}\right\}$

(2) $\begin{pmatrix} 4 & 1 \\ 2 & 3 \end{pmatrix}\left\{\begin{pmatrix} 5 & 2 \\ 3 & 1 \end{pmatrix}+\begin{pmatrix} -3 & 1 \\ -2 & -1 \end{pmatrix}\right\}$

(3) $\begin{pmatrix} 4 & 1 & -1 \\ 3 & 2 & 0 \end{pmatrix}\begin{pmatrix} 2 & 6 \\ 1 & -4 \\ 5 & -2 \end{pmatrix}$

(4) $\begin{pmatrix} 1 & 3 \\ 4 & 1 \\ 2 & 5 \end{pmatrix}\begin{pmatrix} 3 & 2 & 1 \\ 4 & 2 & 3 \end{pmatrix}\begin{pmatrix} 1 & 2 \\ 3 & 1 \\ 0 & 3 \end{pmatrix}$

예제 8.2

수량을 조절하기 위하여 아래 그림과 같이 강에 댐 2개를 설치하고, 물고기를 위한 통로(어도)를 상류 댐에 2개, 하류 댐에 3개를 설치하였다. 행렬의 A 의 (i,j)성분 a_{ij}를 보기와 같이 정의할 때, 행렬A 을 구하여라.

〈보기〉

(가) $i=j$일 때, $a_{ij}=1$
(나) $i \neq j$일 때, a_{ij}는 물고기가 수역 P_i에서 수역 P_j로 갈 수 있는 경로의 수

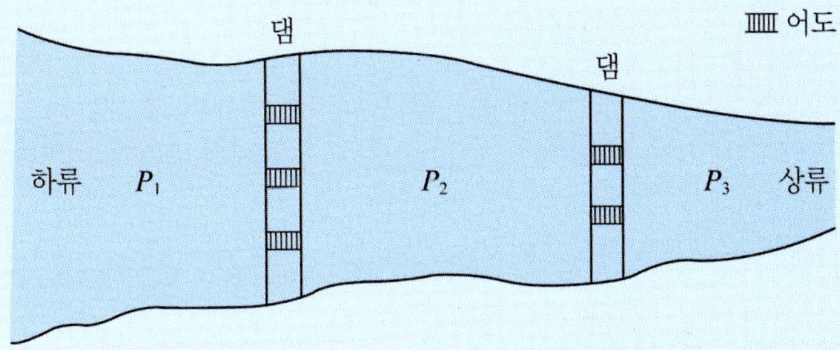

〈그림 8.1〉

풀이

(가)에서 대각선의 성분은 1이므로

$$a_{11}=a_{22}=a_{33}=1$$

P_1과 P_2사이에 어도가 3개이고, P_2와 P_3사이에 어도가 2개이므로

$$a_{12}=a_{21}=3, a_{23}=a_{32}=2$$

P_1에서 P_3으로 가려면 반드시 P_2를 거쳐야 하므로

$$a_{13}=a_{31}=2\times 3=6$$

$$\therefore A=\begin{pmatrix}1&3&6\\3&1&2\\6&2&1\end{pmatrix}$$

예제 8.3

아래 그림은 i 지점에서 j 지점으로 가는 길의 방향을 화살표로 나타내고 있다. 행렬 A의 성분 a_{ij}를

$$a_{ij} = \begin{cases} 1 : i\text{에서 } j\text{로 가는 길이 있을 때} \\ 0 : i\text{에서 } j\text{로 가는 길이 없을 때} \end{cases}$$

(단, $i = 1,2,3\,;\, j = 1,2,3$)로 정의 할 때, 다음 중 행렬 $A = (a_{ij})$를 바르게 나타낸 것은?

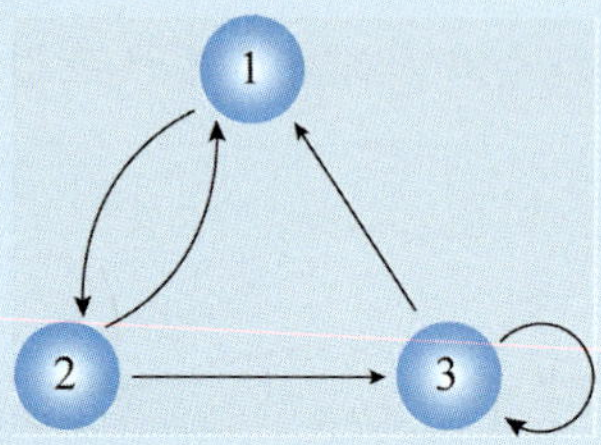

〈그림 8.2〉

풀이

$a_{ij} \to i$행 j열

$i = 1,2,3\,;\, j = 1,2,3$이므로 3행 3열의 행렬

위와 같은 유형의 문제는 정의된 조건으로 행렬의 각 성분을 하나씩 구해야 한다.

예를 들면,

$a_{11} \to$ 1에서 1로 가는 길이 없으므로 0

$a_{12} \to$ 1에서 2로 가는 길이 있으므로 1

$a_{13} \to$ 1에서 3으로 가는 길이 없으므로 0

$\vdots$

$a_{33} \to$ 3에서 3으로 가는 길이 있으므로 1

$$\begin{pmatrix} 0 & 1 & 0 \\ 1 & 0 & 1 \\ 1 & 0 & 1 \end{pmatrix}$$

문제 8.2

아래 그림은 세 나라 P_1, P_2, P_3사이의 국제통신망을 화살표로 나타낸 것이다. 행렬 A의 (i,j)성분은 P_i에서 P_j로 보내는 통신망의 수를 나타낸다고 할 때, 행렬 A를 구하면? (단, $i=j$일 때, (i,j)성분은 0이고, 화살표 방향으로만 통신을 할 수 있다.)

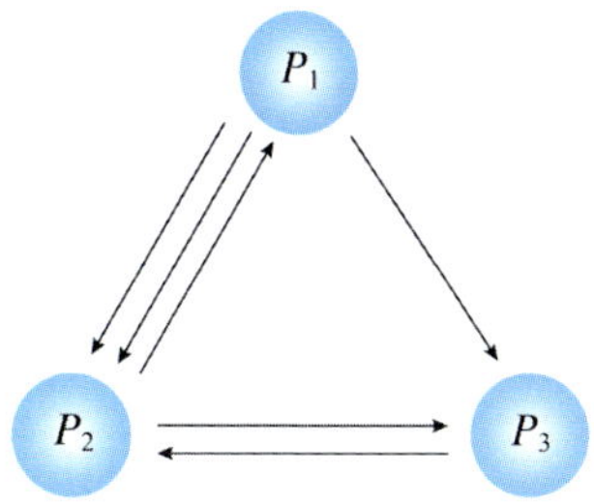

〈그림 8.3〉

문제 8.3

그림과 같은 전기 회로도에서 삼차정사각행렬 A의 성분 a_{ij}를 다음과 같이 정의하자.

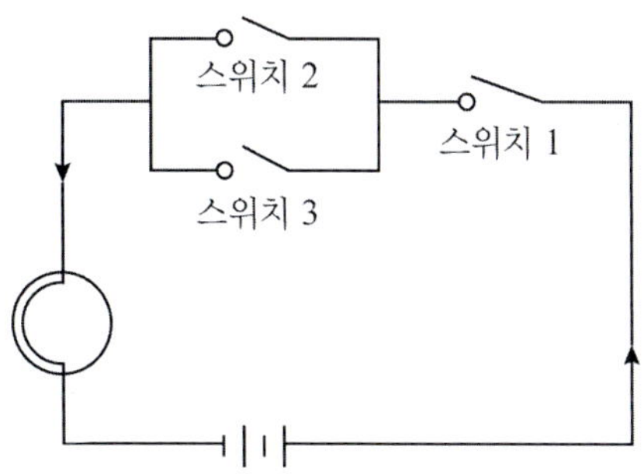

〈그림 8.4〉

$$a_{ij} = \begin{cases} 1 \ (i\text{와 } j\text{번째 스위치가 닫히면 전구의 불이 켜지는 경우}) \\ 0 \ (i\text{와 } j\text{번째 스위치가 닫혔지만 전구의 불이 켜지지 않는 경우}) \end{cases}$$

이때, 행렬 A를 구하면? (단, a_{ij}는 i행 j열의 성분이다.)

예제 8.4

어느 공장에서 제품 A를 1개 만드는데 강철 3톤과 알루미늄 2톤이 사용되고, 제품 B를 1개 만드는데 강철 4톤과 알루미늄 3톤이 사용된다. 강철과 알루미늄 톤당 구입 가격이 각각 x원, y원일 때, 제품 A를 25개, 제품 B를 15개 만드는데 사용된 강철과 알루미늄의 총 구입 가격을 행렬의 곱으로 나타낸 것은?

풀이

제품 A를 25개, 제품 B를 15개 만드는데 비용의 합은

$$25(3x+2y)+15(4x+3y)=(25\ \ 15)\begin{pmatrix}3x+2y\\4x+3y\end{pmatrix}=(25\ \ 15)\begin{pmatrix}3&2\\4&3\end{pmatrix}\begin{pmatrix}x\\y\end{pmatrix}$$

문제 8.4

상품 가격은 수요와 공급이 일치하는 점에서 결정된다고 한다. 두 가지 상품의 수요를 각각 D_1, D_2 공급을 S_1, S_2, 상품 가격을 P_1, P_2라고 할 때, 이들 사이의 관계는

$$\begin{pmatrix}D_1\\S_1\\D_2\\S_2\end{pmatrix}=\begin{pmatrix}-2&-1&10&10\\4&-1&1&1\\5&-2&0&8\\0&3&-2&0\end{pmatrix}\begin{pmatrix}P_1\\P_2\\1\\1\end{pmatrix}$$

을 만족한다고 한다. 두 상품의 가격 P_1, P_2는?

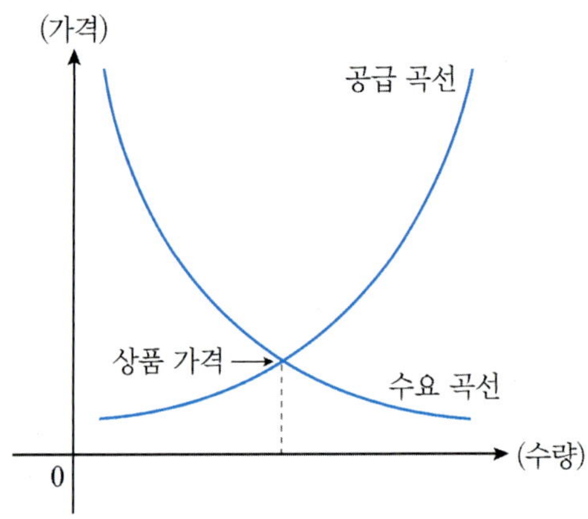

〈그림 8.5〉

예제 8.5

어느 관광지에는 1, 2 두 지점 사이에 아래 그림과 같이 a, b, c, d, e, f의 관광 코스가 있다. i(i는 1또는 2)지점에서 j(j는 1또는 2)지점까지 갈 수 있는 관광 코스의 수를 (i,j)성분으로 하는 행렬을 A라고 하면,

$$A=\begin{pmatrix}1&3\\2&0\end{pmatrix}$$

이다. i지점을 출발하여 두 코스를 이어서 관광(같은 코스를 두 번 관광하는 경우도 포함)하고 j지점에서 관광을 마치는 방법의 수를 (i,j)성분으로 하는 행렬은?

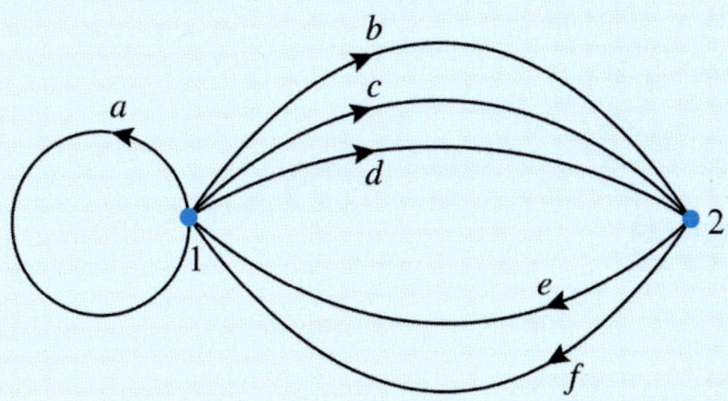

〈그림 8.6〉

풀이

i지점에서 j지점까지 갈 수 있는 관광 코스의 수를 (i,j)성분으로 하는 행렬은

$$A=\begin{pmatrix}1&3\\2&0\end{pmatrix}$$

$$b_{11}=a_{11}a_{11}+a_{12}a_{21}=1+3\times2$$

$$b_{12}=a_{11}a_{12}+a_{12}a_{22}=1\times3$$

$$b_{21}=a_{21}a_{11}+a_{22}a_{21}=2\times1$$

$$b_{22}=a_{21}a_{12}+a_{22}a_{22}=2\times3$$

$$\therefore B=\begin{pmatrix}1&3\\2&0\end{pmatrix}\begin{pmatrix}1&3\\2&0\end{pmatrix}=A\times A=A^2$$

문제 8.5

아래 그림은 컴퓨터 속의 1번, 2번, 3번 칩 사이의 정보 이동경로를 화살표로 나타낸 것이다. 행렬 A의 성분 a_{ij}를 i번 칩에서 j번 칩으로 정보를 한 번에 직접 이동하는 경로의 수라 할 때, 행렬 A^2은?

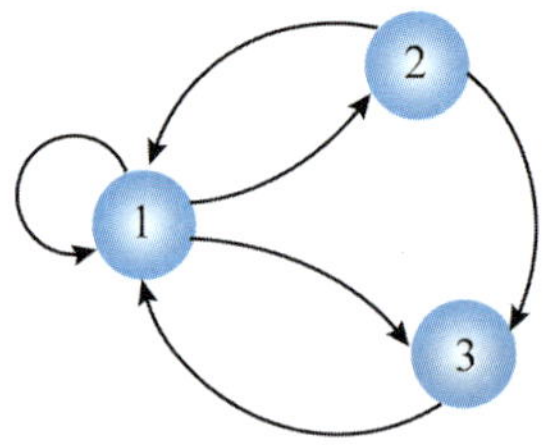

〈그림 8.7〉

8.2 행렬의 역행렬

(1) $AB=E$이면 A는 B의 역행렬, B는 A의 역행렬

(2) $A=\begin{pmatrix} a & b \\ c & d \end{pmatrix}$에서 $\begin{cases} ad-bc \neq 0\text{일 때, } A^{-1}=\dfrac{1}{ad-bc}\begin{pmatrix} d & -b \\ -c & a \end{pmatrix} \\ ad-bc=0\text{일 때, } A^{-1}\text{는 존재하지 않는다.} \end{cases}$

(3) 역행렬의 성질

$A=B^{-1} \Leftrightarrow A^{-1}=B$

$(AB)^{-1}=B^{-1}A^{-1}$

$(A^{-1})^{-1}=A$

$E^{-1}=E$

$(A^n)^{-1}=(A^{-1})^n$

$(P^{-1}AP)^n=P^{-1}A^nP$

$AX=B$에서 $X=A^{-1}B$

$ABX=C$에서 $X=B^{-1}A^{-1}C$

$(kA)^{-1}=\dfrac{1}{k}A^{-1}$ (단, k는 0이 아닌 상수)

예제 8.6

$A=\begin{pmatrix}3&7\\2&5\end{pmatrix}$, $B=\begin{pmatrix}1&3\\2&4\end{pmatrix}$일 때, 다음에 답하여라.

(1) $AX=B$를 만족하는 행렬 X를 구하여라.

(2) $YA=B$를 만족하는 행렬 Y를 구하여라.

풀이

행렬 A에서 $D=3\cdot5-7\cdot2=1$이므로

$$A^{-1}=\frac{1}{1}\begin{pmatrix}5&-7\\-2&3\end{pmatrix}=\begin{pmatrix}5&-7\\-2&3\end{pmatrix}$$

(1) $AX=B$의 양변의 왼쪽에 A^{-1}을 곱하면

$$X=A^{-1}B=\begin{pmatrix}5&-7\\-2&3\end{pmatrix}\begin{pmatrix}1&3\\2&4\end{pmatrix}=\begin{pmatrix}-9&-13\\4&6\end{pmatrix}$$

(2) $YA=B$의 양변의 오른쪽에 A^{-1}을 곱하면

$$Y=BA^{-1}=\begin{pmatrix}1&3\\2&4\end{pmatrix}\begin{pmatrix}5&-7\\-2&3\end{pmatrix}=\begin{pmatrix}-1&2\\2&-2\end{pmatrix}$$

문제 8.6

다음 관계를 만족하는 행렬 X를 구하여라.

(1) $\begin{pmatrix}3&4\\2&3\end{pmatrix}X=\begin{pmatrix}1&2\\3&4\end{pmatrix}$

(2) $X\begin{pmatrix}2&5\\3&7\end{pmatrix}=\begin{pmatrix}2&3\\5&7\end{pmatrix}$

예제 8.7

행렬의 곱셈을 이용하면 주어진 메시지를 암호화할 수 있다. 우선 다음 표와 같이 각각의 알파벳에 수를 대응시킨다. 그리고 이 표를 이용하여 주어진 문자열을 숫자로 고친 후, 행렬을 곱하여 암호화할 수 있다.

0	1	2	3	4	5	6	7	8
빈칸	A	B	C	D	E	F	G	H
9	10	11	12	13	14	15	16	17
I	J	K	L	M	N	O	P	Q
18	19	20	21	22	23	24	25	26
R	S	T	U	V	W	X	Y	Z

예를 들어 문자열 "GOOD LUCK"을 행렬 $A=\begin{pmatrix} 3 & -2 \\ -1 & 1 \end{pmatrix}$를 이용하여 암호화하려면 우선 위의 문장에 대응하는 수를 다음과 같이 나열한다.

$$\begin{matrix} [7 & 15] & [15 & 4] & [0 & 12] & [21 & 3] & [11 & 0] \\ [G & O] & [O & D] & [& L] & [U & C] & [K &] \end{matrix}$$

그리고 주어진 숫자열들의 오른쪽에 행렬$A=\begin{pmatrix} 3 & -2 \\ -1 & 1 \end{pmatrix}$을 곱하여 다음과 같은 암호화된 숫자열 [6 1][41 -26][-12 12][60 -39][33 -22]을 얻는다.

이와 같은 방법으로 암호화된 숫자열 [38 -25][42 -22][24 -15][-4 9]를 해독하여 만들어지는 문자열은?

풀이

행렬 $A=\begin{pmatrix} 3 & -2 \\ -1 & 1 \end{pmatrix}$의 역행렬은 $\begin{pmatrix} 1 & 2 \\ 1 & 3 \end{pmatrix}$이므로

$$(38 \; -25)\begin{pmatrix} 1 & 2 \\ 1 & 3 \end{pmatrix} = (13 \quad 1)$$

$$(42 \; -22)\begin{pmatrix} 1 & 2 \\ 1 & 3 \end{pmatrix} = (20 \quad 18)$$

$$(24 \; -15)\begin{pmatrix} 1 & 2 \\ 1 & 3 \end{pmatrix} = (9 \quad 3)$$

$$(-4 \quad 9)\begin{pmatrix} 1 & 2 \\ 1 & 3 \end{pmatrix} = (5 \quad 19)$$

그러므로 구하는 숫자열은

[13 1][20 18][9 3][5 19]

그러므로 주어진 숫자열에 대응하는 문자열을 주어진 표에서 찾으면 matrices가 된다.

문제 8.7

최근에는 정보의 유출을 우려하여 정보를 암호화하는 방법이 점점 더 발달하고 있는데, 그 중의 한 방법이 행렬을 이용하는 것이다. 다음은 행렬을 이용하여 암호화하는 방법 중 하나이다.

(1) A부터 Z까지의 알파벳에 1부터 26까지의 일련 번호를 부여한다.

$$A\to1\quad B\to2\quad C\to3\quad D\to4\quad E\to5\quad F\to6\quad G\to7$$

$$H\to8\quad I\to9\quad J\to10\quad K\to11\quad L\to12\quad M\to13\quad N\to14$$

$$O\to15\quad P\to16\quad Q\to17\quad R\to18\quad S\to19\quad T\to20\quad U\to21$$

$$V\to22\quad W\to23\quad X\to24\quad Y\to25\quad Z\to26$$

(2) 암호화하고자 하는 단어의 알파벳에 해당하는 숫자를 적는다.
예를 들어 STOP 이라는 단어는 19, 20, 15, 16 이다.

(3) 두 개씩 수를 묶어 1행 2열의 행렬 (19 20),(15 16)으로 표현한 다음, 역행렬이 존재하는 이차정사각행렬 X를 곱하여 암호화한다.

원래 단어를 나타내는 행렬	암호화하기 위한 행렬 X	암호화한 단어를 나타내는 행렬
$(19\quad 20)$	$\begin{pmatrix} 1 & 2 \\ -1 & 1 \end{pmatrix}$	$=(-1\quad 58)$
$(15\quad 16)$	$\begin{pmatrix} 1 & 2 \\ -1 & 1 \end{pmatrix}$	$=(-1\quad 46)$

암호화한 단어를 나타내는 행렬의 성분은 -1, 58, -1, 46이다.

어떤 단어를 위의 방법에 의해 행렬 $X=\begin{pmatrix} 1 & -1 \\ 2 & 0 \end{pmatrix}$으로 암호화하였더니 그 결과가 42, -12, 32, -22였다. 암호화하기 전의 단어는 무엇인가?

8.3 연립일차방정식의 행렬표시

$$\begin{cases} ax+by=p \\ cx+dy=q \end{cases} \Leftrightarrow \begin{pmatrix} a & b \\ c & d \end{pmatrix}\begin{pmatrix} x \\ y \end{pmatrix}=\begin{pmatrix} p \\ q \end{pmatrix}$$

연립방정식 $\begin{pmatrix} a & b \\ c & d \end{pmatrix}\begin{pmatrix} x \\ y \end{pmatrix}=\begin{pmatrix} p \\ q \end{pmatrix}$에 대하여

(1) $ad-bc \neq 0$이면 오직 한 쌍의 해를 갖는다.

$$\begin{pmatrix} x \\ y \end{pmatrix}=\begin{pmatrix} a & b \\ c & d \end{pmatrix}^{-1}\begin{pmatrix} p \\ q \end{pmatrix}$$

(2) $ad-bc=0$이면 해가 무수히 많거나 해가 없다.

예제 8.8

행렬을 이용한 연립방정식 $\begin{cases} 2x+y=1 \\ x+y=3 \end{cases}$ 의 풀이 과정에서 $\begin{pmatrix} x \\ y \end{pmatrix}=A\begin{pmatrix} 1 \\ 3 \end{pmatrix}$을 얻었다.

이때, 행렬 A의 (2,2)의 성분은?

풀이

주어진 연립방정식을 행렬을 이용하여 나타내면

$$\begin{pmatrix} 2 & 1 \\ 1 & 1 \end{pmatrix}\begin{pmatrix} x \\ y \end{pmatrix}=\begin{pmatrix} 1 \\ 3 \end{pmatrix}$$

$ad-bc=2-1 \neq 0$이므로

행렬 $\begin{pmatrix} 2 & 1 \\ 1 & 1 \end{pmatrix}$은 역행렬을 갖는다.

$$\therefore \begin{pmatrix} x \\ y \end{pmatrix}=\begin{pmatrix} 2 & 1 \\ 1 & 1 \end{pmatrix}^{-1}\begin{pmatrix} 1 \\ 3 \end{pmatrix} \quad =\begin{pmatrix} 1 & -1 \\ -1 & 2 \end{pmatrix}\begin{pmatrix} 1 \\ 3 \end{pmatrix}$$

$$\therefore A=\begin{pmatrix} 1 & -1 \\ -1 & 2 \end{pmatrix}$$

따라서 행렬 A의 (2,2)성분은 2

문제 8.8

역행렬을 이용하여 다음 연립방정식을 풀어라.

$$\begin{cases} 3x+y=6 \\ 5x+2y=11 \end{cases}$$

예제 8.9

배점이 각각 4점, 5점으로 된 어느 시험에서 갑이 맞춘 문항 수는 22개이고 점수는 90점이었다. 갑이 맞춘 4점인 문항 수 x, 5점인 문항 수 y를 이차정사각행렬 A를 이용하여 나타내면 $\begin{pmatrix} x \\ y \end{pmatrix} = A\begin{pmatrix} 22 \\ 90 \end{pmatrix}$이 될 때, 행렬 A의 모든 성분의 곱을 구하시오.

풀이

$\begin{cases} x+y=22 \\ 4x+5y=90 \end{cases}$ 을 행렬로 나타내면

$$\begin{pmatrix} 1 & 1 \\ 4 & 5 \end{pmatrix}\begin{pmatrix} x \\ y \end{pmatrix} = \begin{pmatrix} 22 \\ 90 \end{pmatrix}$$

따라서

$$\begin{pmatrix} x \\ y \end{pmatrix} = \begin{pmatrix} 1 & 1 \\ 4 & 5 \end{pmatrix}^{-1}\begin{pmatrix} 22 \\ 90 \end{pmatrix} = \begin{pmatrix} 5 & -1 \\ -4 & 1 \end{pmatrix}\begin{pmatrix} 22 \\ 90 \end{pmatrix}$$

$$\therefore A = \begin{pmatrix} 5 & -1 \\ -4 & 1 \end{pmatrix}$$

따라서 행렬 A의 모든 성분의 곱은 $5 \cdot (-1) \cdot (-4) \cdot 1 = 20$

문제 8.9

6알씩 포장된 사탕 x봉지와 7알씩 포장된 사탕 y봉지를 합치면 32봉지이고 사탕은 모두 211알이었다. x, y의 값을 구하기 위해서 이차정사각행렬 A를 이용하여 $\begin{pmatrix} x \\ y \end{pmatrix} = A\begin{pmatrix} 32 \\ 211 \end{pmatrix}$을 계산해야 할 때, 다음 중 행렬 A로 적당한 것은?

예제 8.10

어느 산을 시속 2km로 올라갔다가 시속 4km 내려오는데 모두 3시간 30분이 걸렸고, 그 거리는 8km였다. 올라간 거리를 $x$km, 내려온 거리를 $y$km라 할때, 다음 중 행렬 $\begin{pmatrix} x \\ y \end{pmatrix}$를 구하는 식.

풀이

문제의 주어진 조건으로 일차연립방정식을 세워보자. 올라간 거리는 $x$km, 내려간 거리는 y km 이고 거리가 8km이므로

$$x+y=8 \qquad ①$$

시간 $=\dfrac{\text{거리}}{\text{속력}}$ 에서

$$\frac{x}{2}+\frac{y}{4}=\frac{7}{2} \qquad ②$$

$$2x+y=14$$

①과 ②의 연립방정식을 행렬로 나타내면

$$\begin{pmatrix} 1 & 1 \\ 2 & 1 \end{pmatrix}\begin{pmatrix} x \\ y \end{pmatrix}=\begin{pmatrix} 8 \\ 14 \end{pmatrix}$$

$$\Rightarrow \begin{pmatrix} x \\ y \end{pmatrix}=\begin{pmatrix} 1 & 1 \\ 2 & 1 \end{pmatrix}^{-1}\begin{pmatrix} 8 \\ 14 \end{pmatrix}=\begin{pmatrix} -1 & 1 \\ 2 & -1 \end{pmatrix}\begin{pmatrix} 8 \\ 14 \end{pmatrix}$$

문제 8.10

어떤 자치 단체의 도시 지역에 300만 명, 농촌 지역에 100만 명이 살고 있다. 매년 도시 인구의 10%가 농촌으로 이주하고, 농촌 인구의 20%가 도시로 이주한다고 한다. 이 자치 단체의 총인구는 변함이 없다고 가정할 때, 2년 후 도시 지역과 농촌 지역의 인구 차이는?

예제 8.11

다음 그림은 화살표 방향으로만 통행할 수 있는 일방 통행로로 이루어진 어느 지역의 1시간 동안의 통행 차량을 숫자로 나타낸 것이다. x_1, x_2, x_3, x_4를 구하기 위한 연립방정식을

$A\begin{pmatrix} x_1 \\ x_2 \\ x_3 \\ x_4 \end{pmatrix} = \begin{pmatrix} 500 \\ 800 \\ 800 \\ 1100 \end{pmatrix}$과 같이 행렬을 이용하여 나타낼 때, 행렬 A는?

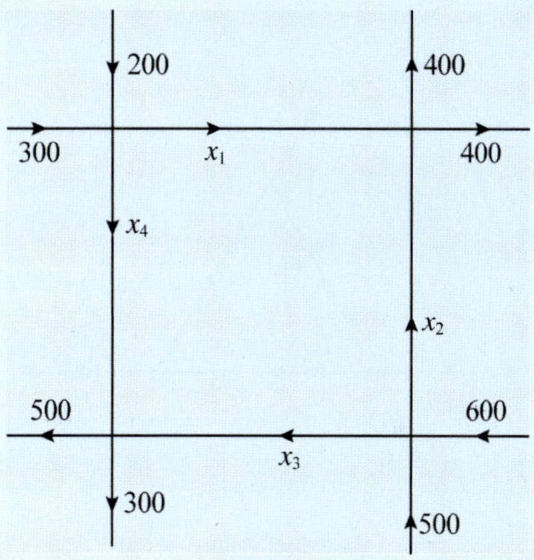

〈그림 8.8〉

풀이

통행로의 1시간 동안의 통행 차량을 식으로 나타내면

$$x_1 + x_4 = 200 + 300$$

$$x_1 + x_2 = 400 + 400$$

$$x_3 + x_4 = 500 + 300$$

$$x_2 + x_3 = 500 + 600$$

이므로 이것을 행렬로 나타내면

$$\begin{pmatrix} 1 & 0 & 0 & 1 \\ 1 & 1 & 0 & 0 \\ 0 & 0 & 1 & 1 \\ 0 & 1 & 1 & 0 \end{pmatrix}\begin{pmatrix} x_1 \\ x_2 \\ x_3 \\ x_4 \end{pmatrix} = \begin{pmatrix} 500 \\ 800 \\ 800 \\ 1100 \end{pmatrix}$$

문제 8.11

다음 그림은 화살표 방향으로 통행할 수 있는 일방통행로에 A 에서 25대, B에서 35대가 진입하여 C, D, E, F로 빠져나가는 차량의 대수가 각각 15, 10, 15 20임을 나타낸 것이다. 일방통행로 G, H, I를 지나는 차량의 대수를 각각 x_1, x_2, x_3라 하면 $P\begin{pmatrix} x_1 \\ x_2 \\ x_3 \end{pmatrix} = \begin{pmatrix} 60 \\ 25 \\ 35 \end{pmatrix}$인 관계가 성립한다.

이 때, 행렬 P는?

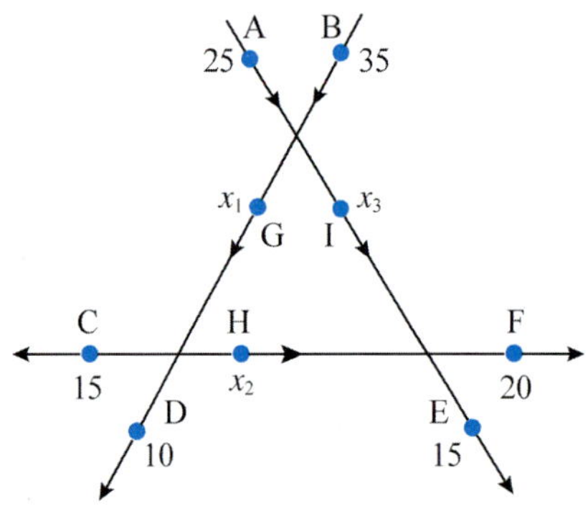

〈그림 8.9〉

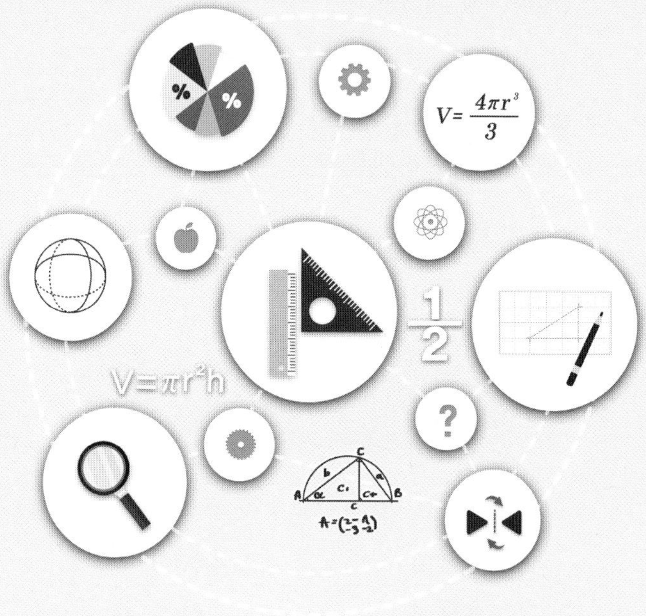

CHAPTER 09

미분을 이용한 생활수학

9.1 함수의 극한

9.1.1 함수의 극한값을 구하는 방법

(1) $\frac{0}{0}$꼴 : 인수분해, 유리화

(2) $\frac{\infty}{\infty}$꼴 : 최고차항 관찰

- (분자의 차수)=(분모의 차수)인 경우 최고차항 계수가 답
- (분자의 차수)>(분모의 차수)인 경우 ∞
- (분자의 차수)<(분모의 차수)인 경우 0

(3) $\infty - \infty$꼴 : (1),(2)의 꼴로 변형시켜 극한값을 구한다.

〈참고〉

- $\frac{(\text{상수})}{\infty} = 0,\ \frac{(\text{상수})}{0} = \infty$
- 분수식에서 극한값이 존재하려면 분모가 0일 때 분자도 0이어야 한다.
  좌극한, 우극한을 반드시 나누어야 되는 경우 : 절대값·가우스 기호가 있는 함수, 분수 함수

예제 9.1

한국영화에도 천만 명 이상의 관객을 동원하는 영화들이 제작되어 상영되고 있는데, 여기에는 광고가 큰 역할을 하고 있다. 일반적으로 광고비를 증가시키면 매출액도 따라서 증가하지만 한없이 증가하는 것은 아니다. 어느 영화의 개봉 후 1년간 소모되는 광고비 x (억 원)와 1년간의 매출액 y (억 원) 사이에는

$$y = \frac{2310x^2 + 581x}{378x + 3x^2}$$

의 함수 관계가 성립한다고 한다. 광고비를 무한히 투자한다고 가정하면 매출액은?

풀이

$x \to \infty$ 일 때, 함수의 극한값을 구하면 되므로

$$\begin{aligned} \therefore \lim_{x\to\infty} y &= \lim_{x\to\infty} \frac{2310x^2 + 581x}{378x + 3x^2} \\ &= \lim_{x\to\infty} \frac{2310 + \frac{581}{x}}{3 + \frac{378}{x}} \\ &= \frac{2310}{3} = 770 \end{aligned}$$

따라서 매출액의 한계액은 770억 원이다.

문제 9.1

어느 공장에서는 친환경적인 공장 환경을 갖추기 위해 오염정화시설을 새로 만들었다. 이 오염정화시설이 오염물질 $x\%$ 가 되도록 하는 데 드는 비용을 $f(x)$라고 할 때,

$$f(x) = \frac{x^3 + 5x^2 + x + 1}{x^3 + x^2 + x} \text{(백만 원)}$$

이라고 한다. 오염물질을 거의 0%에 가깝게 하는 데 드는 비용은?(단, 단위는 백만 원)

예제 9.2

어느 나라에서 자동차 오래타기운동의 일환으로 한 자동차를 오래 탈수록 자동차세를 인하해주는 제도를 적용하고 있다. 자동차의 운행 기간 x년에 따라 부과되는 세금을 $f(x)$라 할 때, $y=f(x)$는 다음과 같은 관계식이 성립한다.

$$f(x)=\frac{20[x]+340}{[x]^2+3[x]}\cdot k$$

(단, $[x]$는 x보다 크지 않은 최대의 정수이고, k는 배기량에 따른 상수이다.)

명수와 종우는 $k=1$로 같은 배기량의 차를 타고 있는데 명수는 현재의 자동차를 5년 조금 넘게 타고 다녔고, 종우는 현재의 자동차를 5년 조금 안되게 타고 다녔다. 명수와 종우가 내는 세금의 차이는 얼마인가? (단위 : 만 원)

풀이

5년 조금 넘게 타고 다녔을 때 부과되는 세금은?

$$\lim_{x\to 5+0} f(x)$$

5년 조금 안되게 타고 다녔을 때 부과되는 세금은?

$$\lim_{x\to 5-0} f(x)$$

명수의 자동차세는

$$\lim_{x\to 5+0} f(x)=\frac{20[x]+340}{[x]^2+3[x]}\cdot k=\frac{20\cdot 5+340}{5^2+3\cdot 5}=11(\text{만 원})$$

종우의 자동차세는

$$\lim_{x\to 5-0} f(x)=\frac{20[x]+340}{[x]^2+3[x]}\cdot k=\frac{20\cdot 4+340}{4^2+3\cdot 4}=15(\text{만 원})$$

따라서 세금의 차이는 4(만 원)

문제 9.2

현수는 매일 오전 7시부터 자정까지 항상 휴대 전화를 충전한다. 휴대 전화에 전기가 흐르지 않는 상태를 0, 전기가 흐르는 상태를 1이라 할 때, 시각 t에서의 전기의 흐름을 나타내는 함수 $f(t)$는 다음과 같다.

$$f(x)=\begin{cases}0 & (0<t<19)\\ 1 & (19\le t\le 24)\end{cases}$$

$\lim_{x\to 19+} f(t)$와 $\lim_{x\to 19-} f(t)$를 각각 구하여라.

문제 9.3

대기 중에 방사성 물질이 유출된 지 t시간 후에 남아 있는 방사성 물질의 양을 $M(t)$라고 하면 $M(t)=\frac{k}{r}(1-e^{-rt})$으로 나타낼 수 있다고 한다. 이때 극한값 $\lim_{t\to\infty} M(t)$를 구하여라.

(단, k, r는 양의 상수)

9.1.2 함수의 연속

함수의 연속 조건

- 극한값이 존재
- 함수값이 존재
- 극한값=함수값

$\therefore$ 함수 $y=f(x)$가 $x=a$에서 연속

$$\lim_{x\to a} f(x)=f(a)$$

택시요금, 전기 요금등 일정한 범위의 값에 대하여 일정한 값이 주어지는 함수는 가우스 기호를 포함하고 있으며 불연속 함수이다.

유리함수로 주어진 양은 분모가 0이 되는 곳에서 일반적으로 불연속이다.

무리식이나 로그로 정의 되는 양은 그 값이 0보다 클 때 의미를 갖는다.

예제 9.3

아래 그림은 어떤 주차장의 요금 안내판이다. 이 주차장에 x시간 동안 주차했을 때의 주차비를 $f(x)$원이라고 하자. $0 < x < 3$일 때, 함수 $f(x)$가 불연속이 되는 x의 값을 모두 구하여라.

주차요금 안내 최초 1시간 까지 - 500원 1시간 초과후 - 30분당 1000원

〈그림 9.1〉

풀이

$0 < x < 3$일 때, 함수 $f(x)$의 값은 다음과 같다.

(i) $0 < x \leq 1$일 때, $f(x) = 500$

(ii) $1 < x \leq \frac{3}{2}$일 때, $f(x) = 1500$

(iii) $\frac{3}{2} < x \leq 2$일 때, $f(x) = 2500$

(iv) $2 < x \leq \frac{5}{2}$일 때, $f(x) = 3500$

(v) $\frac{5}{2} < x < 3$일 때, $f(x) = 4500$

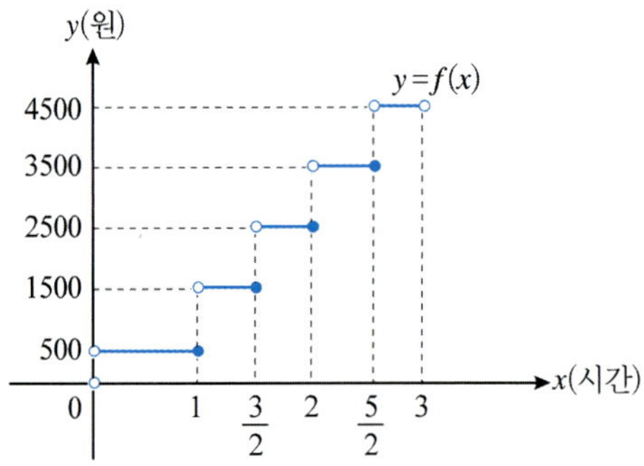

〈그림 9.2〉

따라서 $0 < x < 3$일 때, 함수 $f(x)$는 $x = 1, x = \frac{3}{2}, x = 2, x = \frac{5}{2}$에서 불연속이고 그 밖의 모든 점에서 연속이다.

문제 9.4

다음은 어느 운송 회사의 동일 지역 운송에 대한 소포 요금을 나타낸 표이다.

(단위 : 원)

무게	2kg 이하	2kg 초과 5kg 이하	5kg 초과 10kg 이하	10kg 초과 20kg 이하	20kg 초과 30kg 이하
요금	4000	5000	6000	7000	8000

소포의 무게 x kg에 대한 요금을 $f(x)$원이라 할 때, 다음 물음에 답하여라.

(1) 함수 $y=f(x)$의 그래프를 그려라.

(2) 구간 $(0,30]$에서 이 함수의 연속성을 조사하여라.

9.1.3 중간값 정리

(1) 함수 $f(x)$가 폐구간 $[a,b]$에서 연속이고, $f(a) \neq f(b)$일 때, $f(a)$와 $f(b)$ 사이의 임의의 값을 k라고 하면 $f(c)=k$가 되는 c가 개구간 (a,b)에 적어도 하나 존재한다.

(2) 함수 $f(x)$가 구간 $[a,b]$에서 적어도 하나의 실근을 가지려면 다음 조건을 만족해야한다.

$$f(a)f(b)<0$$

연속적으로 변하는 양(온도, 자동차의 속력, 기압 등)이 서로 다른 두 값을 어떤 범위에서 가지면 그 사이의 값을 적어도 한번은 가져야 한다.

예제 9.4

다음 물음에 답하여라.

(1) 어떤 토끼의 몸무게가 처음 태어날 때 57g, 한 달이 지났을 때 550g, 석 달이 지났을 때 2kg이었다. 이 토끼는 몸무게가 1kg인 때가 반드시 있었을까?

(2) 작년에 어느 지역 농가의 가구당 토끼의 마리 수를 조사하였더니 토끼를 가장 많이 가진 농가는 21마리, 토끼를 가장 적게 가진 농가는 2마리였다. 작년에 이 지역의 농가 중 10마리의 토끼를 가진 농가가 반드시 있었을까?

풀이

(1) 토끼의 몸무게는 연속적으로 변한다. 몸무게가 처음 태어날 때 57kg, 석 달이 지났을 때 2kg이었으므로 이 토끼는 몸무게가 1kg인 때가 반드시 있었다.

(2) 가구당 토끼의 마리 수는 최댓값과 최솟값만 있을 뿐, 독립적이므로 10마리의 토끼를 가진 농가가 반드시 있었다고 볼 수는 없다.

문제 9.5

수빈이네 가족이 자동차를 타고 바닷가까지 가는 동안의 속도가 다음과 같았다고 한다. 10시부터 12시반까지 2시간 반 동안 이 자동차의 속도가 80km/h이었던 순간이 k번이었다고 할 때, k의 최솟값을 구하여라.

(단위: km/h)

시각	10 : 00	10 : 30	11 : 00	11 : 30	12 : 00	12 : 30
속도	70	83	90	78	100	60

예제 9.5

미희의 자명종에 이상이 생겨 올해 1월 1일에는 정확한 시각보다 5분이 늦었다가 1월 10일에는 2분이 빨랐으며, 1월 31일에는 1분이 늦었다. 이 자명종이 한 달 동안 정확한 시각을 나타내는 순간이 적어도 몇 번 있었는가?

풀이

시간은 연속적으로 변하므로 미희의 자명종 시계가 가리키는 시각과 정시와의 차이는 대략 아래 그림과 같이 나타낼 수 있다. 따라서 자명종 시계가 한 달 동안 정시를 나타내는 순간은 적어도 2번 있었다.

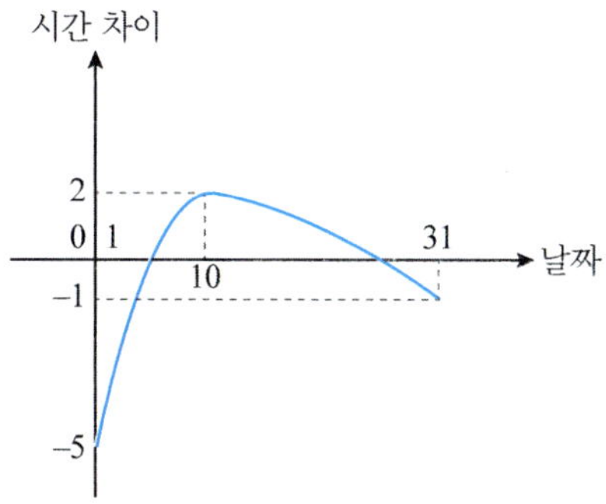

〈그림 9.3〉

문제 9.6

기온은 시간의 흐름에 따라 연속적으로 변한다. 어느 날 지리산 천왕봉의 기온을 측정하였더니 최고 기온은 12.3°C, 최저 기온은 4.0°C이었다. 이날 천왕봉의 기온이 9.0°C인 순간이 있었음을 설명하여라.

9.2 평균·순간변화율, 미분가능성, 접선

9.2.1 평균변화율, 미분계수, 도함수

함수 $y=f(x)$가 구간 $[a, a+h]$에서 정의되어 있을 때,

(1) 평균변화율 : 두 점을 잇는 직선의 기울기

$$\frac{f(a+h)-f(a)}{h}$$

(2) 미분계수(변화율) : a에서의 접선의 기울기

$$\lim_{h \to 0} \frac{f(a+h)-f(a)}{h} = f'(a)$$

(3) 도함수 : 임의의 점에서의 접선의 기울기

$$\lim_{\Delta x \to 0} \frac{f(x+\Delta x)-f(x)}{\Delta x} = f'(x)$$

두 함수 $f(x)$와 $g(x)$의 도함수 $f'(x)$와 $g'(x)$에 대하여

$y = c$ (c는 상수)이면 $y' = 0$

$y = x^n$ (n은 자연수)이면 $y' = nx^{n-1}$

$y = cf(x)$이면 $y' = cf'(x)$

$y = f(x) \pm g(x)$이면 $y' = f'(x) \pm g'(x)$

$y = f(x)g(x)$이면 $y' = f'(x)g(x) \pm f(x)g'(x)$

$y = fgh$이면 $y' = f'gh + fg'h + fgh'$

$y = f(g(x))$이면 $y' = f'(g(x)) \cdot g'(x)$

예제 9.6

어떤 상품을 x개 생산하는 데 드는 비용을 $f(x)$만 원이라 할 때,

$$f(x) = 8000 + 50x - 0.1x^2$$

이라고 한다. 생산량이 100개에서 300개까지 변할 때, 생산 비용의 평균변화율을 구하여라.

풀이

$$\frac{\Delta y}{\Delta x}=\frac{f(300)-f(100)}{300-100}$$
$$=\frac{(8000+50\times 300-0.1\times(300)^2)-(8000+50\times 100-0.1\times(100)^2)}{200}=10(\text{만 원/개})$$

예제 9.7

어느 회사에서 오전 8시를 기준으로 x시간 후의 전력 사용량을 ykWh라고 하면 x와 y사이에는 $y=-(x-3)^2+164$인 관계가 성립한다고 한다. $x=5$일 때, 전력 사용량의 순간변화율을 구하여라. (단, $0\le x\le 15$)

풀이

$f(x)=-(x-3)^2+164$라 하면

$$f'(5)=\lim_{\Delta x\to 0}\frac{f(5+\Delta x)-f(5)}{\Delta x}=\lim_{\Delta x\to 0}\frac{-(5+\Delta x-3)^2+164-(-(5-3)^2+164)}{\Delta x}$$
$$=\lim_{\Delta x\to 0}\frac{-4\Delta x-(\Delta x)^2}{\Delta x}=\lim_{\Delta x\to 0}(-4-\Delta x)=-4(kWh/h)$$

예제 9.8

다음을 가각 구하여라.

(1) 일정한 온도에서 어떤 기체에 가해지는 압력이 xPa일 때, 기체의 부피를 yL라고 하면

$$y=\frac{0.5}{x}$$

로 나타낼 수 있다고 한다. 이 기체에 가해지는 압력이 3Pa일 때, 기체의 부피의 순간변화율을 구하여라.(단, $x>0$)

풀이

$$y'=(0.5x^{-1})'=-0.5x^{-2}=-\frac{0.5}{x^2}$$

따라서 $x=3$일 때의 순간변화율은 $-\frac{1}{18}(L/Pa)$이다.

예제 9.8

(2) 도연이가 놀이공원에서 어떤 놀이 기구를 타고 있다. 놀이 기구에 탑승하고 t초가 지났을때, 도연이의 지면으로부터의 높이를 ym라고 하면

$$y = 10 - 9\cos\frac{7}{20}\pi t$$

로 나타낼 수 있다고 한다. 탑승하고 30초가 지났을 때 도연이의 높이의 순간변화율을 구하여라. (단, $0 \le t \le 80$)

풀이

$u = \frac{7}{20}\pi t$로 놓으면 $y = 10 - 9\cos u$이므로 $\frac{dy}{du} = 9\sin u$, $\frac{du}{dt} = \frac{7}{20}\pi$

따라서 $\frac{dy}{dt} = \frac{dy}{du} \times \frac{du}{dt} = 9\sin u \times \frac{7}{20}\pi = \frac{63}{20}\pi \sin\frac{7}{20}\pi t$이므로

$t = 30$일 때의 순간변화율은 $\frac{63}{20}\pi(m/s)$이다.

문제 9.7

물의 밀도는 온도에 따라 변한다. 물의 온도가 x°C일 때의 물의 밀도 $f(x)$가 다음과 같다고 한다.

$$f(x) = -7.5 \times 10^{-5}(x-4)^2 + 1\,(g/cm^3)$$

$x = 5$일 때, 물의 밀도의 순간변화율을 구하여라.

문제 9.8

다음물음에 답하라.

(1) 하루에 $x$kg의 향초를 생산하는 데 드는 생산 비용을 $f(x)$원이라고 할 때, $f'(x)$를 $x$kg을 생산할 때의 한계 비용이라고 한다. 어느 공장의 생산 비용 $f(x)$가

$$f(x) = 2000 + 100x - 0.1x^2\text{(원)}$$

일 때, 하루에 향초 100kg을 생산할 때의 한계 비용을 구하여라.

(2) 아래 그림과 같이 밑면의 반지름의 길이가 40cm, 높이가 100cm인 원기둥 모양의 물통에 물을 채우고 있다. 물을 채우기 시작한 지 x분 후 $(x^2+2x)cm^3$만큼의 물이 채워졌다고 할 때, 물을 채우기 시작한 지 7분 후 물의 높이의 순간변화율을 구하여라.

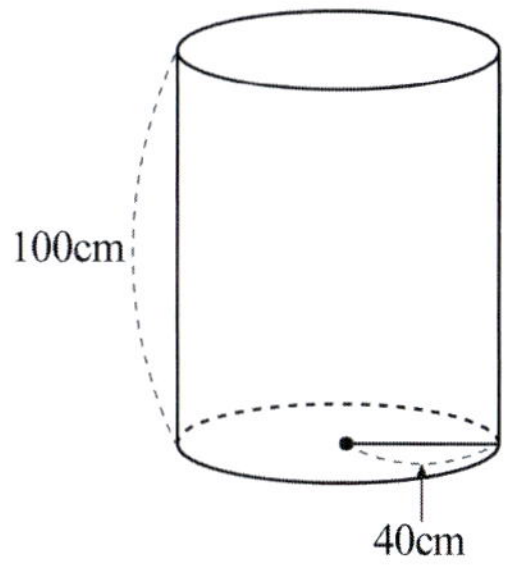

〈그림 9.4〉

(3) 어느 공장의 경우 0시를 기준으로 x시간 후의 전력 사용량을 ykWh라고 하면 x와 y사이에는 $y=-x(x-5)(x-14)+5000\ (0 \le x \le 24)$인 관계가 있다고 한다. 이때, $x=10$일 때의 전력 사용량 y의 순간변화율을 구하여라.

(4) 어느 기업의 제품을 x상자 생산할 때 드는 비용이 $C(x)=5000+10x+x^2$(만 원)일 때, 생산된 상품에 대한 비용의 평균변화율을 평균비용이라 하고 비용의 순간변화율을 한계비용이라고 한다. 제품의 생산량이 100상자에서 101상자로 변할 때, x에 대한 비용 C의 평균 비용을 a만 원, 생산량이 100상자일 때의 한계비용을 b만 원이라고 한다면 $a-b$의 값은?

예제 9.9

다음을 각각 구하여라.

(1) 온도가 100°C인 물을 실내 온도가 20°C인 곳에 두었을 때, t분 후 물의 온도 y°C는

$$y=80e^{-kt}+20$$

으로 나타낼 수 있다. 이때 10분 후 물의 온도의 순간변화율을 구하여라. (단, k는 상수)

풀이

$y=80\times(e^{-k})^t+20$이므로 $y'=80\times(e^{-k})^t\ln e^{-k}=-80ke^{-kt}$

$t=10$을 대입하면 $y'=-80ke^{-10k}$

따라서 10분 후의 물의 온도의 순간변화율은 $-80ke^{-10k}$°C/min이다.

예제 9.9

(2) -20°C로 냉각된 액체가 흐르는 원기둥 모양의 파이프가 20.5°C의 물에 담겨 있을 때, 단면의 원의 중심에서 거리가 x mm만큼 떨어진 지점의 파이프의 온도 y°C는

$$y = 100\ln x - 228 \ (8 \le x \le 12)$$

로 나타낼 수 있다. 단면의 원의 중심에서 거리가 10mm만큼 떨어진 지점의 파이프의 온도의 순간변화율을 구하여라.

풀이

주어진 함수를 미분하면 $y' = \frac{100}{x}$, $x = 10$을 대입하면 $y' = 10$

따라서 중심에서 거리가 10mm만큼 떨어진 지점의 파이프의 온도의 순간변화율은 10°C/mm 이다.

문제 9.9

다음을 각각 구하여라.

(1) 해수면의 높이는 달과 지구 사이의 인력과 원심력의 차이에 의하여 주기적으로 반복되어 삼각함수로 나타낼 수 있다고 한다. 어느 지역의 해수면의 높이 ym와 시각 x시 사이에는

$$y = 3\cos\frac{\pi}{6}(x-3)+4$$

인 관계가 성립한다고 한다. 시각이 11시일 때, 해수면의 높이의 순간변화율을 구하여라.

(2) 어떤 동물이 태어난 지 t일 후에 몸무게 $S(t)$g을 측정한 결과

$$S(t) = \frac{25}{1+10e^{-t}}$$

이었다. 이 동물이 태어난 지 5일째 되는 날 몸무게의 순간변화율을 구하여라.

(3) 어떤 음식물에 효모를 넣었을 때, 발효가 진행되는 과정에서 중간 상태의 물질 A가 만들어진다. 이때, 효모를 넣은 지 x시간 후의 물질 A의 양 yg은

$$y = \frac{2x}{e^x}$$

와 같이 나타내어진다고 한다. 효모를 넣은 지 2시간 후의 물질 A의 양의 순간변화율을 구하라.

(4) 아래 그림은 어떤 놀이공원에 설치되어 있는 롤러코스터의 궤도가 나타내는 곡선의 일부를 함수 $y=6+\ln(-x^2-4x+33)$의 그래프로 나타낸 것이다.
롤러코스터가 이 곡선 위의 점 (4,6)을 지나는 순간 롤러코스터가 향하는 직선의 방정식을 구하여라.

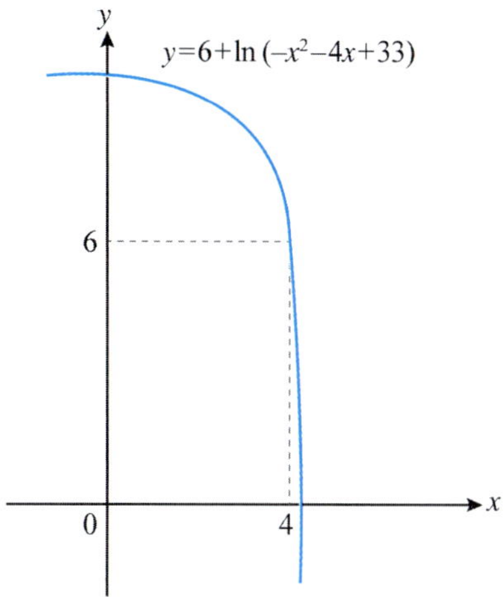

〈그림 9.5〉

9.2.2 미분가능과 접선의 방정식

(1) $x=a$에서 미분가능하려면

$x=a$에서 연속

$x=a$에서 미분계수가 존재

다시 요약하면 연결되어 있다

매끄럽게 연결되어 있다. ⇒ 임의의 점에서 단 하나의 접선을 그을 수 있다.

(2) 접선의 방정식

$y=f(x)$ 위의 점 $(a, f(a))$에서의 접선의 방정식은 $y=f'(a)(x-a)+f(a)$

예제 9.10

한 스키장의 스키코스의 기준위치(원점 O)로부터 100m 지점에서의 곡면의 단면이 이루는 곡선이 다음과 같이 주어진다고 한다. (단위는 m)

$$f(x)=\begin{cases} ax^2 & (x \le 100) \\ -ax^2+bx-40 & (x \ge 100) \end{cases}$$

스키를 부드럽게 타려면 이 곡선이 전 구간에서 미분가능해야 한다고 한다. 이 때 ab의 값은?

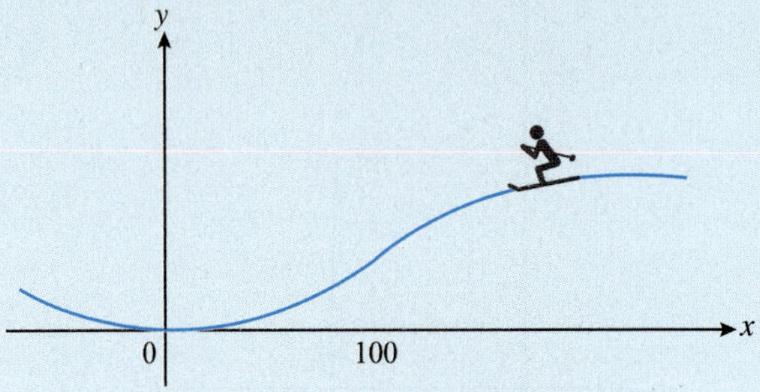

〈그림 9.6〉

풀이

$x=100$일 때 $y=f(x)$가 연속이어야 하므로 $a\times 100^2=-a\times 100^2+b\times 100-40$

$\therefore 20000a=100b-40$ ①

$x=100$일 때 $y=f(x)$가 미분가능해야 하므로

$(ax^2)'_{[x=100]}=(-ax^2+bx-40)'_{[x=100]}$으로부터

$2a\times 100=-2a\times 100+b$

$\therefore 400a=b$ ②

①,②로부터 $a=\dfrac{1}{500}, b=\dfrac{4}{5}$

$\therefore ab=\dfrac{1}{500}\times\dfrac{4}{5}=\dfrac{1}{625}$

문제 9.10

아래 그림과 같이 소형 비행기가 지표면으로부터 1마일 상공에서 지표면과 평행으로 날아오다가 점 O에서 서쪽 방향(음의 방향) 4마일 지점에서 하강하기 시작하여 수평인 활주로 위의 O지점에 착륙하려고 한다. 이 때, 이 비행기가 그리는 자취는

$$\begin{cases} y=1 & (x< -4) \\ y=ax^3+bx^2+cx+d & (-4 \le x \le 0) \\ y=0 & (x>0) \end{cases}$$

이고 비행기의 경로는 미분가능한 곡선이다. 이 때, $\dfrac{b}{a}$ 의 값은? (단, a,b,c,d는 상수)

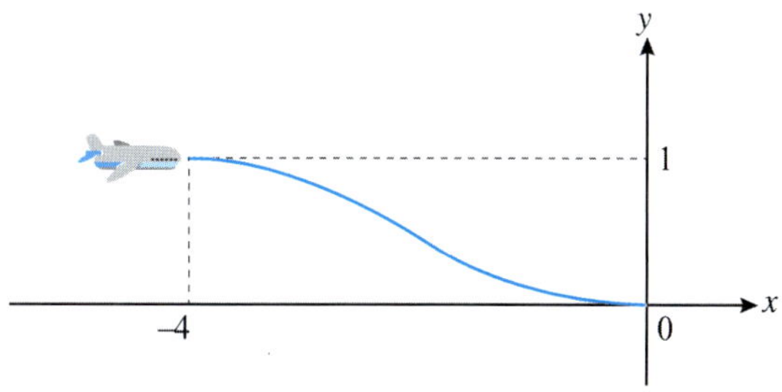

〈그림 9.7〉

예제 9.11

오른쪽 그림과 같이 상호 협력관계에 있는 세 공장 A,B,C가 있다. 현재 A공장에서 B공장으로 갈 수 있는 도로가 A공장을 꼭지점으로 하는 이차함수 모양으로 건설되어져 있고, C공장에서는 이 도로와 만나는 새로운 직선 도로를 건설하려고 한다. C공장에서 B공장까지 최단거리로 갈 수 있는 도로를 건설하려고 할 때, 새로 건설할 도로의 길인, S?

(단, C공장에서 직선 도로를 따라 가다가 이차함수 모양의 도로와 처음 만나는 지점부터는 이차함수 모양의 도로를 따라서 B공장에 도착한다.)

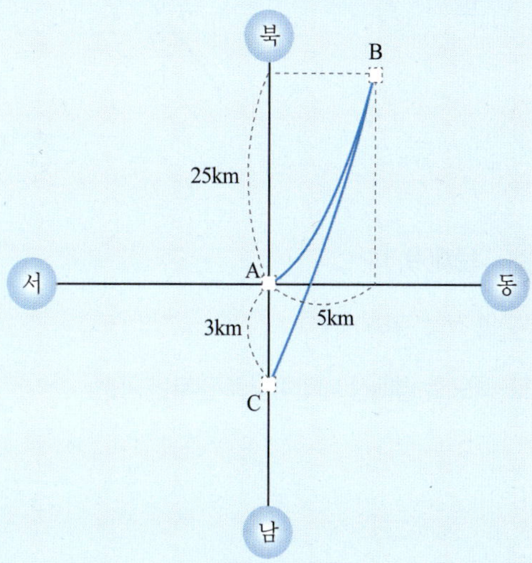

〈그림 9.8〉

풀이

세 공장과 도로를 좌표평면 위에 나타내면 아래 그림과 같고 접점 D의 좌표를 (t, t^2)이라 하면 직선 CD의 기울기는 $y'_{[x=t]}=2t$이고 $C(0, -3)$, D를 잇는 직선의 기울기와 같아야 하므로 $\frac{t^2-(-3)}{t-0}=2t$에서 $t^2=3$

$\therefore t=\sqrt{3}\,(t>0)$

따라서, 구하는 도로의 길이는 $D(\sqrt{3}, 3)$와 $C(0, -3)$사이의 거리이므로

$\sqrt{(\sqrt{3}-0)^2+(3+3)^2}=\sqrt{39}$

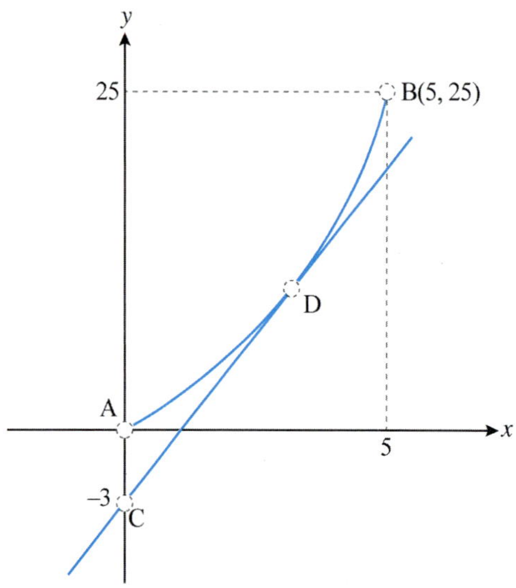

〈그림 9.9〉

문제 9.11

다음을 각각 구하여라.

(1) 어느 눈썰매장 내리막길의 일부는 곡선

$$y=-\frac{1}{8}x^2-\frac{1}{2}x+5\ (0<x<4)$$

로 나타낼 수 있다고 한다. $x=2$인 점에서의 접선의 방정식을 구하여라.

(2) 인공위성 발사체의 궤도는 포물선 모양이며, 로켓과 위성이 분리되는 순간 위성은 발사체의 궤

도의 접선 방향으로 움직인다고 한다. 어떤 인공위성 발사체의 발사 지점으로부터의 수평거리를 x, 그때의 높이를 y라고 하면

$$y = -x^2 + 43x$$

인 관계가 성립한다고 한다. 이 인공위성 발사체의 궤도가 그리는 그래프가 아래 그림과 같다고 할 때, 점 $P(9, 306)$에서의 접선의 방정식을 구하여라.

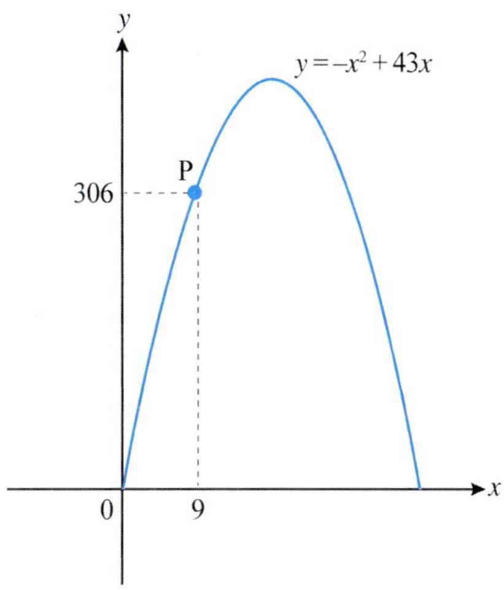

〈그림 9.10〉

9.3 함수의 증가·감소, 극대·극소

9.3.1 함수의 증가·감소와 극대·극소

(1) 함수의 증가·감소

함수 $y = f(x)$가 어떤 구간에서 미분 가능할 때

$f'(x) > 0$이면 $y = f(x)$는 증가한다.

$f'(x) < 0$이면 $y = f(x)$는 감소한다.

(2) 함수의 극대·극소값

연속함수 $y=f(x)$가 $x=a$에서

도함수의 부호가 양에서 음으로 바뀌면 극대값을 갖는다.

도함수의 부호가 음에서 양으로 바뀌면 극소값을 갖는다.

(극대점, 극소점에서의 접선의 기울기)=0

예제 9.12

어느 제약회사에서 생산한 진통제에 대한 임상실험의 결과 진통제를 복용한 후 t시간 후의 약효 y는

$$y=-t^3+3t^2+24t\,(t\geq 0, y\geq 0)$$

임을 알았다. 이 진통제를 복용한 후 a시간 동안 약효가 계속 증가했을 때, a의 최대값은?

풀이

t시간 후의 약효 $y=-t^3+3t^2+24t$에서 약효 y가 계속 증가하였으므로 $y'>0$

$y=-t^3+3t^2+24t$이므로

$y'=-3t^2+6t+24=-3(t^2-2t-8)=-3(t-4)(t+2)$

$y'>0$이므로 $-3(t-4)(t+2)>0$ 양변을 -3으로 나누면

$(t-4)(t+2)\leq 0$

$\therefore -2\leq t\leq 4$ ㉠

㉠과 주어진 조건의 $t\geq 0$으로부터 $0\leq t\leq 4$

따라서 $0\leq t\leq 4$일 때, y는 증가하고 $t\geq 4$이면 y는 감소한다.

$\therefore a$의 최대값은 4이다.

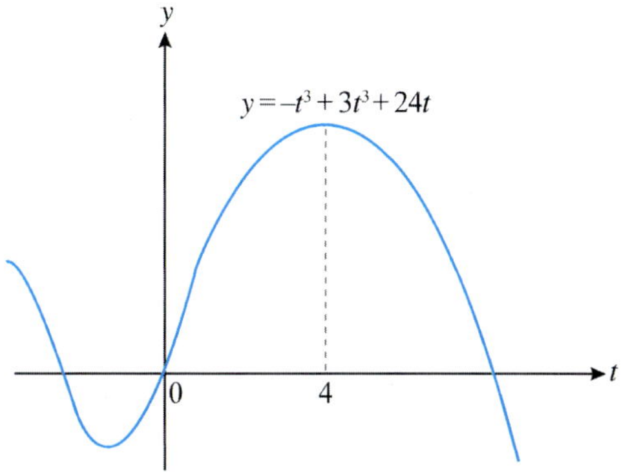

〈그림 9.11〉

문제 9.12

다음을 각각 구하여라.

(1) 알약을 먹으면 약이 위나 장에서 서서히 흡수된다. 어느 제약 회사에서 개발한 약을 먹은 지 t 시간 후의 혈중 농도 $f(t)$는

$$f(t) = -\frac{1}{15}t^3 + \frac{1}{5}t^2 + \frac{3}{5}t$$

라고 한다. 이 약을 먹은 후 혈중 농도가 증가하는 시각 t의 범위를 구하여라.(단, $0 \le t \le 4$)

(2) 어느 회사에서 생산하는 제품 1L의 가격 x원과 판매 총액 y만 원 사이에는

$$y = -5x^3 + 2000x^2 \qquad (x > 0)$$

인 관계가 있다고 한다. 이때, 가격이 증가함에 따라 판매 총액이 증가하는 x의 값의 위를 구하여라.

9.3.2 함수의 최대 · 최소

(1) 함수의 최대 · 최소값 구하기

1st : 우선, 구간의 양 끝값을 구한다.

2nd : 극대값, 극소값을 구한다. → 비교하여 최대 · 최소값을 정한다.

(2) 최대 · 최소의 응용문제

한 문자에 관한 함수로 정리한다.

삼차 이상의 함수는 미분하여 최대 · 최소값을 구한다.

예제 9.13

어떤 회사에서 매년 x 억 원의 광고료를 지출했을 때 생기는 한 해 동안의 순이익 $P(x)$는

$$P(x) = -\frac{x^3}{3} + x^2 + 8x - 1 \text{(억 원)} \text{(단, } 1 \le x \le 6)$$

이라고 한다. 이 회사에서 한 해 동안의 순이익을 최대로 하기 위해서 매년 얼마의 광고료를 지출하는 것이 적당한가?

풀이

$P(x) = -\frac{x^3}{3} + x^2 + 8x - 1$이므로

$P'(x) = -x^2 + 2x + 8 = -(x+2)(x-4)$

$P'(x) = 0$에서 $x = -2, x = 4$

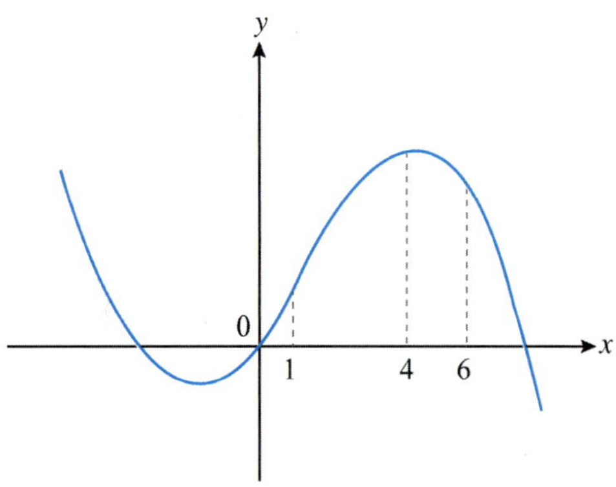

〈그림 9.12〉

따라서 $1 \le x \le 6$에서 $x = 4$(억 원)일 때, $P(x)$는 극대이면서 최대가 된다.

예제 9.14

어떤 학생이 운동을 마치고 t시간이 지난 후의 혈중 젖산 농도 $f(t)$가

$$f(t)=\frac{1}{54}t^3-\frac{1}{3}t^2+\frac{3}{2}t+7\,(mg/dL)$$

이라고 한다. 이 학생의 혈중 젖산 농도의 최대값을 구하여라. (단, $0<t\le 5$)

풀이

$f'(t)=\frac{1}{18}t^2-\frac{2}{3}t+\frac{3}{2}=\frac{1}{18}(t-3)(t-9)$

$f'(t)=0$에서 $t=3$ 또는 $t=9$

$0<t\le 5$에서 $f'(t)$의 부호를 조사하여 $f(t)$의 증가와 감소를 표를 나타내면 다음과 같다.

x	0	$\cdots$	3	$\cdots$	5
F'		+	0	−	−
F		↗	9	↘	↘

따라서 함수 $f(t)$는 $t=3$에서 극대이고, 극댓값은 $f(3)=9(mg/dL)$

문제 9.13

다음을 각각 구하여라.

(1) 오른쪽 그림과 같은 직사각형 모양의 돛을 단 돛단배에 일정한 세기로 바람이 분다고 한다. 돛의 가로의 길이를 xm, 세로의 길이를 ym라고 할 때, 이 돛단배가 받는 힘은 xy^2에 정비례한다고 한다. 대각선의 길이가 $2\sqrt{3}$ m인 돛을 만들 때, 가장 큰 힘을 받기 위한 돛의 가로의 길이와 세로의 길이를 각각 구하여라.

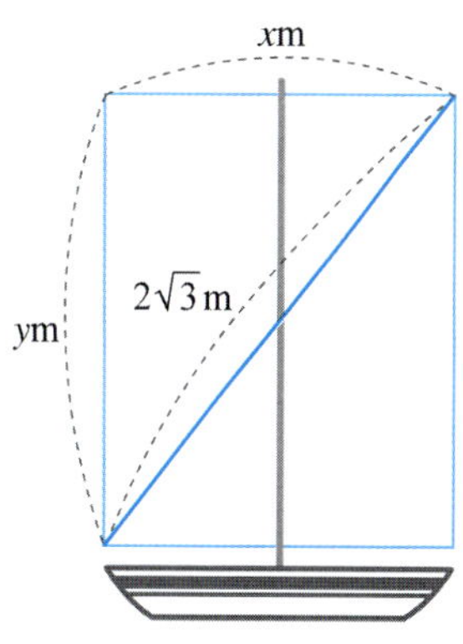

〈그림 9.13〉

(2) 어느 공연의 입장료가 5000원이면 하루 평균 2000명이 입장하고, 입장료를 $1000x$원 인상하면 입장객의 수는 $10x^2$명이 감소한다고 한다. 이 때, 하루 동안 최대의 공연수입을 올리려면 이날의 입장료를 얼마로 해야 하는가? (단, x는 10 이하의 음이 아닌 정수이다.)

(3) 어떤 운동선수가 운동을 시작한 후 마칠 때까지 일정 시간 동안 혈중 젖산 농도의 변화를 측정하였다. 이때, x시간이 지난 후의 혈중 젖산 농도를 y mmol/L라고 하면 x와 y사이에는

$$y = 2\sin\sqrt{x} + 2 \ (0 < x \le \pi^2)$$

인 관계가 성립한다. 이 선수의 혈중 젖산 농도 y가 극대가 될 때, x의 값을 구하여라.

(4) 어떤 약에 대한 인체의 반응을 나타내는 식이 다음과 같다고 한다.

$$R = M^2(\frac{3}{2} - \frac{M}{3})$$

여기서 M은 혈액에 흡수되는 약의 양을 나타내며, R은 혈압, 심박동수 등 다양한 인체의 반응을 나타낸다. 약에 대한 반응을 최대로 할 수 있는 M의 값은?

9.4 속도, 가속도

s는 t의 시간에 선 위의 물체 P의 위치를 나타내는 $s = f(t)$의 법칙에 따라 어떤 물체가 선을 따라 움직인다면 t시간에 P의 속도 v는 $\frac{ds}{dt}$에 의해 주어지고, 이것의 가속도 a는 $\frac{dv}{dt}$ 또는 $\frac{d^2s}{dt^2}$에 의해 주어진다. 이 물체의 속도는 v의 크기인 $|v|$이다.

(1) $v > 0$이면, P는 오른쪽으로 움직이고 이것의 거리 s는 증가한다. $v < 0$이면, P는 왼쪽으로 움직이고 이것의 거리 s는 감소한다.

(2) $a > 0$이면, v는 증가한다. $a < 0$이면, v는 감소한다.

(3) a와 v가 모두 양수 또는 모두 음수일 경우, P속도가 증가하거나 가속도가 붙은 것을 의미한다.

(4) s가 t의 연속적 함수라면, P는 v가 0일 때 방향을 바꾼다. 속도 0은 방향이 바뀌는 것 을 꼭 의미하는 것이 아니라는 것을 알아두자.

예제 9.15

다음을 각각 구하여라.

(1) 수직선 위를 움직이는 점 P의 t초에서의 위치 xm가

$$x = \frac{2}{3}t^3 - 3t^2 + 4t - 4$$

일 때, 다음 물음에 답하여라.

1) 3초에서의 속도 v와 가속도 a를 각각 구하여라.

2) 점 P는 출발한 지 몇 초 후에 처음으로 운동 방향이 바뀌는가?

풀이

1) 점 P의 t초에서의 속도 v와 가속도 a는 각각 $v = \frac{dx}{dt} = 2t^2 - 6t + 4$, $a = \frac{dv}{dt} = 4t - 6$

따라서 $t = 3$이면 $v = 2 \cdot 3^2 - 6 \cdot 3 + 4 = 4$, $a = 4 \cdot 3 - 6 = 6$

2) 운동 방향이 바뀌는 순간의 속도는 0이므로 $v(t) = 2t^2 - 6t + 4 = 0$에서

$t^2 - 3t + 2 = (t-1)(t-2) = 0$ 즉, $t = 1$ 또는 $t = 2$

따라서 점 P는 1초 후에 처음으로 운동 방향이 바뀐다.

예제 9.15

(2) 직선 도로를 달리는 자동차가 제동을 건 후 t초 동안 달린 거리 xm가 $x = 27t - 0.45t^2$일 때, 이 자동차가 제동을 건 후 정지할 때까지 걸린 시간을 구하여라.

풀이

제동을 건 후 t초에서의 속도를 v라고 하면 $v = \frac{dx}{dt} = 27 - .9t$

이때, 자동차가 정지할 때의 속도는 0이므로 $v = 27 - 0.9t = 0$, 즉 $t = 30$(초)

예제 9.15

(3) 지상에서 25m/s의 속도로 똑바로 위로 쏘아 올린 물체의 t초 후의 높이가 xm가

$$x = 25t - 5t^2$$

일 때, 다음을 구하여라.

1) 물체가 최고 높이에 도달하는 시각

2) 물체를 쏘아 올리고 3초 후의 속도

풀이

1) 물체의 t초 후의 속도를 v라고 하면 $v = \frac{dx}{dt} = 25 - 10t$

최고 높이에 도달할 때의 속도는 0이므로 $v = 25 - 10t = 0$ 즉, $t = \frac{5}{2} = 2.5$(초)

2) $v = 25 - 10t$이므로 물체를 쏘아 올리고 3초 후의 속도는 $25 - 10 \cdot 3 = -5(m/s)$

예제 9.15

(4) 어느 건물 옥상에서 똑바로 위로 던져 올린 물체의 t초 후의 높이 hm가

$$h = -4.9(t^2 - 4t - 12)$$

일 때, 다음을 구하여라.

1) 물체가 최고 높이에 도달하는 시각

2) 물체가 지면에 도달하는 순간의 속도

풀이

1) 물체의 t초 후의 속도를 v라고 하면 $v = \frac{dh}{dt} = -9.8t + 19.6$이고, 최고 높이에 도달할 때의 속도는 0이므로 $v = -9.8t + 19.6 = 0$, 즉 $t = 2$(초)

2) 물체가 지면에 도달할 때의 높이는 0이므로

$h = -4.9(t^2 - 4t - 12) = -4.9(t-6)(t+2) = 0$ 즉, $t = 6\,(t > 0)$

따라서 $t = 6$일 때의 속도는 $-9.8 \times 6 + 19.6 = -39.2(m/s)$

문제 9.14

다음을 각각 구하여라.

(1) 지면에서 초속 80m로 똑바로 위로 쏘아 올린 불꽃의 t초 후의 높이를 x m라 하면

$$x = 80t - 5t^2$$

인 관계가 성립한다고 한다. 불꽃이 최고 높이에 도달하였을 때 폭발한다고 할 때, 불꽃을 쏘아 올린 지 몇 초 후에 폭발이 일어나는지 구하여라.

(2) 어느 다이빙 선수가 높이 10m의 다이빙대에서 뛰어오른 지 t초 후의 수면으로부터의 높이를 x m라 하면

$$x = 10 + 2t - t^2$$

이라고 한다. 다음 물음에 답하여라.

1) 뛰어오른 지 t초 후의 속도 v와 가속도 a를 구하여라.

2) 선수가 수면으로부터 가장 높이 있는 순간은 뛰어오른 지 몇 초 후인가?

(3) 민성이네 가족은 고속도로를 달리던 도중 길이가 216m인 터널을 지나게 되었다. 자동차가 터널 입구에서부터 t초 동안 터널을 통과한 거리 $f(t)$가 $f(t) = t^2 + 6t(m)$라고 한다. 터널을 통과하는 동안의 자동차의 평균 속도가 $f'(t)$와 같아지는 t의 값을 구하여라. (단, $0 \le t \le 12$)

(4) 시속 72km의 속도로 직선 도로를 달리던 자동차가 횡단보도의 정지 신호를 보고 브레이크를 밟았다. 자동차가 브레이크를 밟은 후 t초 동안 움직인 거리는 $at^2 + bt(m)$이었다. 브레이크를 밟은 후 6초 뒤에 정지하였을 때, 실수 a, b의 값을 구하여라.

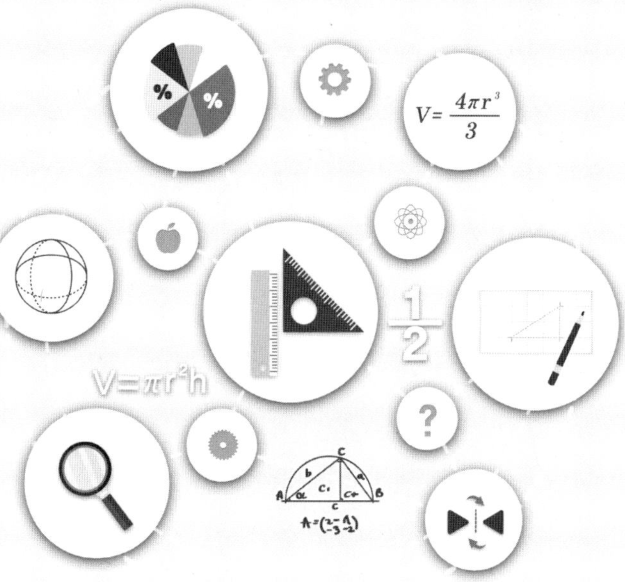

CHAPTER 10

적분을 이용한 생활수학

10.1 부정적분, 정적분

10.1.1 부정적분 (원시함수)

(1) 부정적분과 도함수

$$\int \frac{d}{dx} f(x)dx = f(x) + C$$

$$\frac{d}{dx} \int f(x)dx = f(x)$$

(2) 부정적분의 계산과 성질

$$\int x^n dx = \frac{1}{n+1} x^{n+1} + C$$

$$\int (ax+b)^n dx = \frac{1}{a} \cdot \frac{1}{n+1} (ax+b)^{n+1} + C$$

$\int kdx = kx + C$(k는 상수)

$\int kf(x)dx = k\int f(x)dx$($k$는 상수) 적분변수와 상관없으면 모두 상수 취급한다.

$$\int f(x) \pm g(x)dx = \int f(x)dx \pm \int g(x)dx$$

예제 10.1

창준이네 집은 집의 실내 온도가 $x°$ 일 때, 단의 시간당 연료 소모량은 ymL라고 한다. 온도를 $\Delta x°$ 만큼 높일 때, 늘어나는 단위 시간당 연료 소모량을 ΔymL라고 하면 $\Delta y = (x+2)\Delta x + k(\Delta x)^2$ (k는 상수)으로 나타내어 진다고 한다. 창준이네 집의 온도가 $20°$ 일 때 단위 시간당 연료 소모량은? (단, 실내온도가 $10°$ 일 때의 연료 소모량은 0mL로 생각한다.)

풀이

$\frac{\Delta y}{\Delta x} = x + 2 + 2k\Delta x$ 이므로

$$y' = \lim_{\Delta x \to 0} \frac{\Delta y}{\Delta x} = x+2$$

$$\therefore y = \int (x+2)dx = \frac{1}{2}x^2 + 2x + C$$

$x=10$일 때, $y=0$이므로

$$C=-70$$

$$\therefore y = \frac{1}{2}x^2 + 2x - 70$$

따라서 $x=20$일 때,

$$y = \frac{1}{2} \times 20^2 + 2 \times 20 - 70 = 170(\text{mL})$$

문제 10.1

어떤 상품을 만드는데 드는 재료의 양이 x g일 때, 이 상품의 가격이 y원으로 결정된다고 한다. 재료를 Δx g 만큼 더 쓰면 Δy원만큼 가격이 상승한다고 할 때, Δy가

$$\Delta y = (2x+1)\Delta x + k(\Delta x)^2 (k\text{는 상수})$$

으로 나타내어진다고 한다, 이번에 만든 상품에 1kg의 재료가 들었을 때, 이 상품의 가격은?

(단, 재료를 전혀 쓰지 않았을 때의 상품의 가격은 0원이다.)

예제 10.2

다음을 각각 구하여라.

(1) 우리 학교를 방문하는 손님들에게 제공할 기념품을 제작하려고 하는데, 제작 공장에 알아보니 x개를 만드는데 드는 한계생산비가 대략 $193-2x$원이라고 한다. 한 개를 생산하는데 드는 초기 비용이 562원이라고 할 때, 100개의 기념품을 만드는데 드는 비용을? (단, 어떤 제품의 생산량이 x일 때, 생산비를 $f(x)$라고 하자. 이 때, $\frac{f(x)}{x}$를 평균 생산비라고 한고, $f'(x)$를 생산량이 x일 때의 한계생산비라고 한다.)

풀이

x개를 만드는데 드는 한계생산비가 $193-2x$이므로 생산비는

$$\int (193-2x)dx = 193x - x^2 + C$$

한 개를 생산할 때, 즉, $x=1$일 때의 생산비가 562원이므로

$$193-1+C=562$$

$$\therefore C=370$$

따라서 100개의 생산비는

$$193\times 100-(100)^2+370=9670(\text{원})$$

예제 10.2

(2) 피는 심장으로부터 나와 신체의 혈관과 모세 혈관을 돌아 다시 심장으로 되돌아가게되며, 이 때 심장에서 멀어질수록 혈압은 낮아지게 된다. 다음은 어떤 사람의 심장에서 피가 나온후 t 초가 경과됐을 때의 혈압 P의 순간 변화률 P'를 나타낸 식이다.

$$P' = -\frac{30}{t^2}\ (\text{단}, 1 \le t \le 10)$$

2초일 때 이 사람의 혈압이 97이었다면, 3초일 때의 혈압은?

풀이

P'를 t에 대해서 적분하면

$$\int -\frac{30}{t^2}dt = \frac{30}{t} + C$$

$t=2$(초)일 때 혈압 P는 97이므로

$$97 = \frac{30}{2} + C$$

$$\therefore C=82$$

$$\therefore P = \frac{30}{t} + 82$$

$$\therefore P = \frac{30}{3} + 82 = 92$$

그러므로 3초일 때 혈압은 92이다.

문제 10.2

다음을 각각 구하여라.

(1) 어느 회사에서 샴푸 xL를 생산할 때의 생산 비용을 $f(x)$원이라고 하면 그 도함수는 $f'(x) = 0.002x + 100$이라고 한다. $f(0) = 4000$일 때, 함수 $f(x)$를 구하여라.

(2) 떫은 감을 따뜻한 물에 담가 두면 수용성 타닌의 함량이 줄어 떫은 맛이 줄고 단맛이 나게 된다. 수용성 타닌의 함량이 1000mg인 감을 $40℃$ 의 물에 보관한 후에 t시간이 지난 후 남아 있는 수용성 타닌의 함량을 $f(t)$mg이라 할 때,

$$f'(t) = -4t - 1$$

이라고 한다. 10시간이 지난 후에 남아 있는 수용성 타닌의 함량을 구하여라.

(3) 어떤 악기 회사에서 전문가용 기타를 한 달 동안 x대 생산할 때, 기타의 생산 대수와 상관없이 지출되는 고정비용이 400(만 원)이고, 한계비용 $f'(x)$는 다음과 같다고 한다.

$$f'(x) = 0.0002x + 10 \text{ (만 원)}$$

이 회사에서 한 달 동안 x대의 기타를 생산할 때, 드는 총생산비용을 $f(x)$라 할 때, 100대의 기타를 생산할 때의 총생산비용을 구하면?

10.1.2 정적분

(1) 정적분의 원리

함수 $y=f(x)$가 폐구간 $[a, b]$에서 연속이고 $f(x) \geq 0$일 때, 곡선 $y=f(x)$와 x축 및 두직선 $x=a, x=b$로 둘러싸인 도형의 넓이를 S라고 하면 S는 무한등분된 직사각형의(가로: dx, 세로: y) a에서 b까지의 연속적인 합이다.

$$\therefore S = \int_a^b (\text{가로} \times \text{세로}) = \int_a^b dx \times y = \int_a^b f(x)dx$$

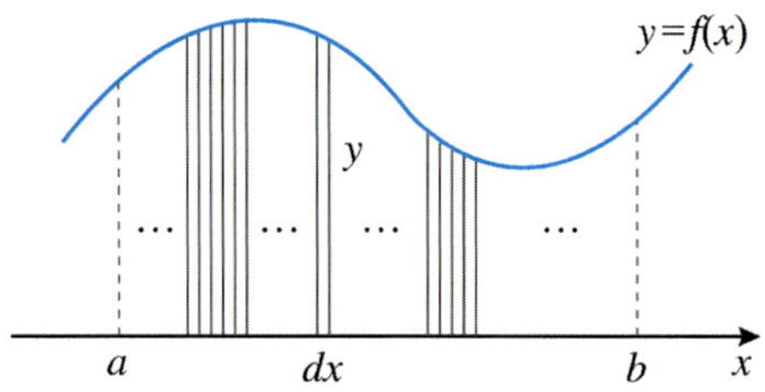

〈그림 10.1〉

(2) 정적분의 계산과 성질

$\int f(x)dx = F(x) + C$일때,

$$\int_a^b f(x)dx = [F(x)]_a^b = F(b) - F(a)$$

예제 10.3

어느 공장에서 배출되는 폐수가 호수로 흘러 들어간다. 생태학자에 의하면 이 호수에서는 오염된 면적이 4850단위 이상이 되면 고기가 살 수 없다고 한다. 공장이 가동된 후 t년의 시점에서 호수가 오염되는 속도가

$$P(t) = 140t^{\frac{5}{2}} \text{ (단위/년)}$$

일 때, 몇 년 후부터는 이 호수에 고기가 살 수 없는가?

풀이

오염되는 속도는 $P(t) = 140t^{\frac{5}{2}}$ (단위/년)이므로 x년까지 오염되는 면적은

$$\int_0^x 140t^{\frac{5}{2}} dt = \left[140 \cdot \frac{2}{7} t^{\frac{7}{2}}\right]_0^x = 40x^{\frac{7}{2}}$$

$x = 4$일 때, $40 \cdot 4^{\frac{7}{2}} = 5120$이므로

$5120 > 4850$

따라서 4년 후부터는 이 호수에 고기가 살 수 없다.

문제 10.3

산불에 발생해 나무가 하나도 없는 어느 산에 나무를 심고 있다. 생태학자에 의하면 이 산에서는 조경 면적이 290단위 이상이 되면 생태계 복원된다고 한다. 나무를 심기 시작한 후 t년의 시점에서 나무를 심는 속도가

$$P(t) = 10t^{\frac{3}{2}} \text{ (단위/년)}$$

일 때, 몇 년 후부터 이 산의 생태계가 복원되는가?

예제 10.4

다음을 각각 구하여라.

(1) 영재 교육을 받는 학생들을 대상으로 한 기억 실험에서 시간 t에 대한 기억률을 $S(t)$라고 할 때 t분 동안 기억되는 영어 단어의 수는

$$\int_0^t S(t)dt$$

로 정해진다고 한다. 이 실험에서 기억률 $S(t)$가 $S(t) = -0.03t^2 + t$로 주어질 때, 처음 10분 동안에 기억되는 영어 단어의 수는?

풀이

처음 10분 동안에 기억되는 단어의 수는

$$\int_0^{10} S(t)dt$$

$S(t) = -0.03t^2 + t$이므로

$$\begin{aligned}\int_0^{10} S(t)dt &= \int_0^{10} (-0.03t^2 + t)dt \\ &= \left[-0.01t^3 + \frac{1}{2}t^2\right]_0^{10} \\ &= 40\end{aligned}$$

예제 10.4

(2) 우리가 책을 읽거나 공부를 하면서 어떤 내용을 암기할 때, 시간이 경과함에 따라 많은 것을 잊게 되고, 머리에 남은 것이 조금밖에 되지 않음을 늘 느낀다. 이것은 기억 과정에서 기억률이 처음에는 증가하지만 시간이 흐르면, 즉 최대 기억률에 도달하면 감소하기 때문이다. 어떤 기억 실험에서 기억률 $M(t)$에 대하여 $t=l$분 동안 기억되는 단어의 수는 $\int_0^l M(t)dt$로 정해진다고 하자. 이 실험에서 기억률 $M(t)$가 $M(t)=-0.009t^2+0.2t$로 주어질 때, 처음 10분 동안에 기억되는 단어의 수를 구하면?

풀이

처음 10분 동안에 기억되는 단어의 수는 $\int_0^{10} M(t)dt$이고

$M(t)=-0.009t^2+0.2t$이므로

$$\int_0^{10} M(t)dt=\int_0^{10}(-0.009t^2+0.2t)dt=\left[-0.003t^3+0.1t^2\right]_0^{10}=7$$

문제 10.4

다음을 각각 구하여라.

(1) 주택 난방, 자동차 운행, 전력 생산을 위한 원유, 석탄, 가스 등의 화석 연료 사용의 증가는 지구 온난화의 주원인 중 하나이다. 1800년부터 x년 후의 화석 연료의 사용량은

$$\int_0^x \frac{1}{5000}t^3 dt$$

라고 한다. 이런 추세가 계속된다고 할 때, 2100년의 화석 연료 사용량의 순간변화율을 구하여라. (단, 사용량의 단위는 10^9kg 이다.)

(2) 길이가 0.3m인 용수철이 있다. 이 용수철을 원래 길이에서 xm만큼 잡아당기는 데 필요한 힘의 크기를 $f(x)$라 하면 $f(x)=400x\ (N)$이고, 이때 한 일의 양은 $\int_0^x f(t)dt(J)$이라고 한다. 이 용수철을 0.4m가 될 때까지 잡아당겼을 때, 한인의 양을 구하여라.

(3) 현재 가격이 1000만 원인 어느 자동차의 t년 후의 가격을 $f(t)$만 원이라고 할 때, 이 자동차의 시간에 대한 가격의 변화율 $f'(t)$는

$$f'(t)=20t-200\ (0\le t\le 10)$$

이라고 한다. 이때, 5년 후의 이 자동차의 가격을 구하여라.

10.2 면적 · 부피

10.2.1 넓이

(1) x축, y축과 곡선 사이의 넓이

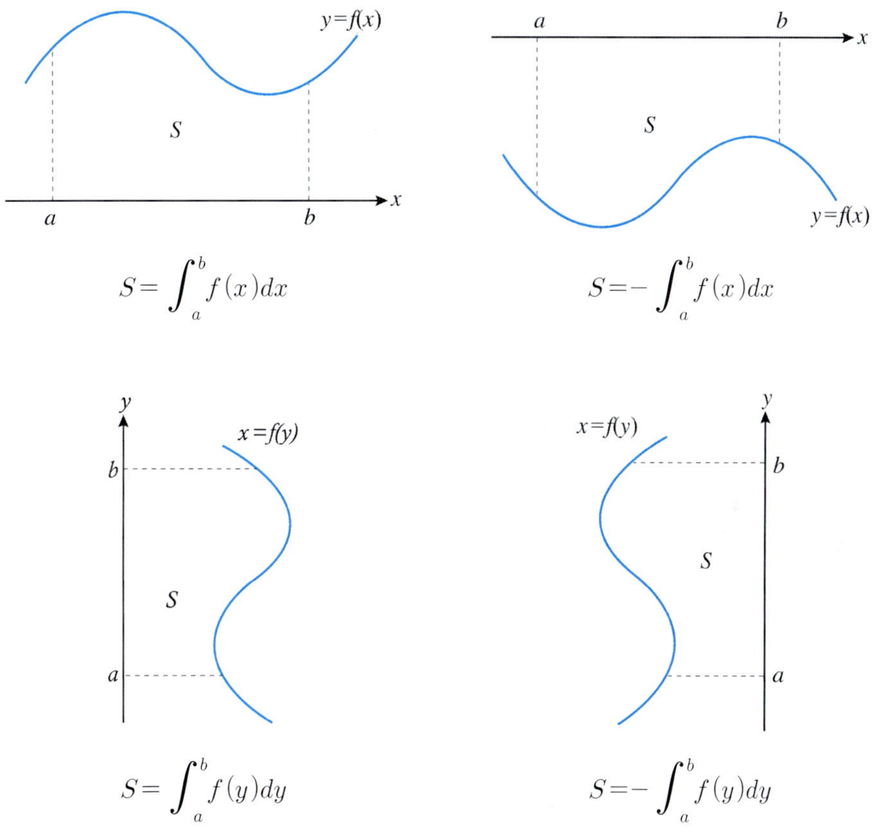

$$S=\int_a^b f(x)dx \qquad S=-\int_a^b f(x)dx$$

$$S=\int_a^b f(y)dy \qquad S=-\int_a^b f(y)dy$$

〈그림 10.2〉

(2) 두 곡선 사이의 넓이

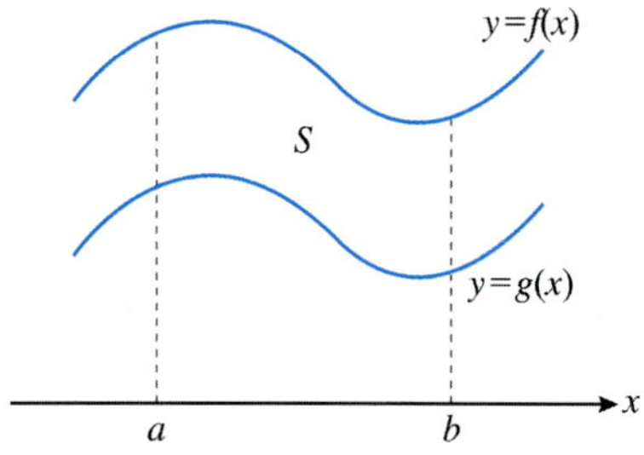

$$S=\int_a^b f(x)-g(x)dx$$

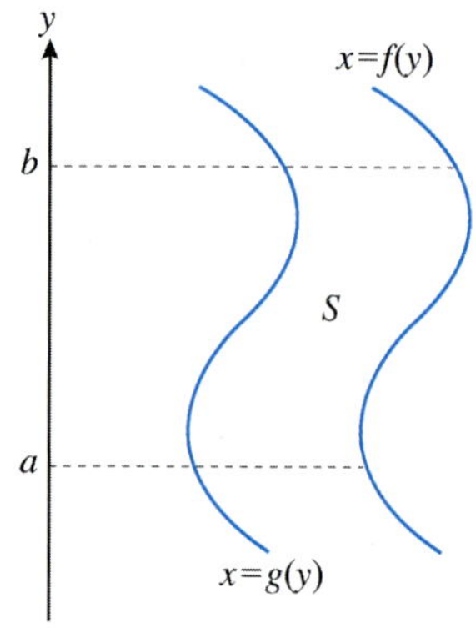

$$S=\int_a^b f(y)-g(y)dy$$

〈그림 10.3〉

예제 10.5

아래 그림과 같이 어느 간판을 좌표평면 위에 나타내면 이 간판은 곡선 $x=g(y)$와 x축, y축 및 직선 $y=3$으로 둘러싸이게 된다고 한다. 곡선 부분의 경계선을 나타내는 함수 $g(y)$가

$$g(y)=-\frac{1}{9}y^3+\frac{1}{2}y^2-\frac{2}{3}y+1$$

이라고 할 때, 이 간판의 넓이를 구하여라. (단, $0 \le y \le 3$)

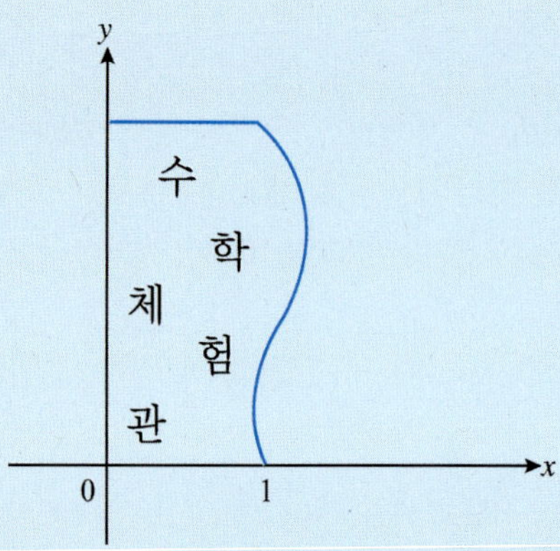

〈그림 10.4〉

풀이

$$\int_0^3\left(-\frac{1}{9}y^3+\frac{1}{2}y^2-\frac{2}{3}y+1\right)dy=\left[-\frac{1}{36}y^4+\frac{1}{6}y^3-\frac{1}{3}y^2+y\right]_0^3=\frac{9}{4}$$

문제 10.5

$p=f(q)$를 어떤 상품의 공급곡선이라고 하자. 여기에서 q는 가격 p에서의 공급량을 의미한다. q_0를 현재 가격 $p_0=f(q_0)$에서의 공급량이라고 하자. 아래 그림에서 어두운 영역의 넓이를 경제학에서 생산자 과잉이라고 정의한다. $f(q)=100+0.01q^2$이고 현재 가격이 500원일 때, 생산자 과잉은?

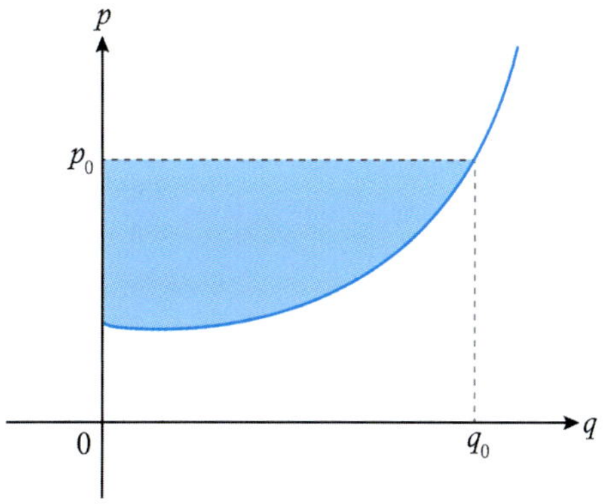

〈그림 10.5〉

예제 10.6

어느 관광지에 아래 그림과 같은 다리가 놓여 있었다. 양쪽 주 탑의 꼭대기를 연결한 케이블은 정확히 포물선을 이룬다고 한다. 그리고 케이블과 다리의 사이가 가장 멀리 떨어진 거리는 105m이고, 점이 찍힌 지점에서 케이블과 다리의 거리가 5m로 제일 가까우며 수직으로 다리를 지탱하는 케이블은 1m 간격으로 놓여있다. 케이블과 다리 사이의 넓이는?

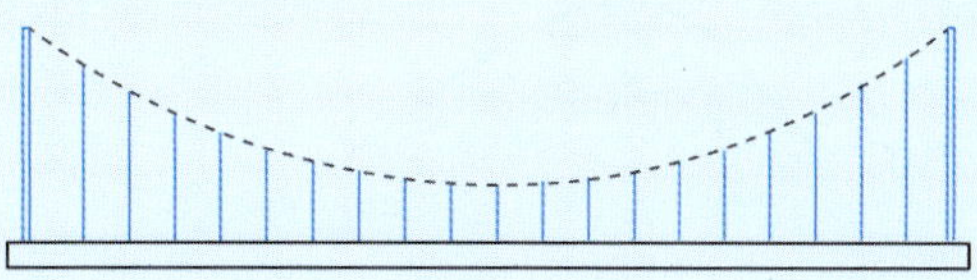

〈그림 10.6〉

풀이

다리를 x축으로 하는 좌표평면을 생각하면 케이블은 포물선 모양이므로 아래의 그림과 같다.

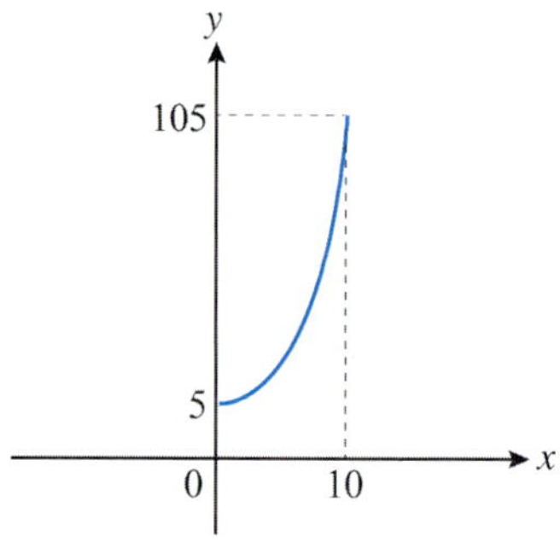

〈그림 10.7〉

따라서 포물선의 방정식은 $y=x^2+5$ 포물선과 x축으로 둘러싸인 부분의 넓이는

$$\int_{-10}^{10}(x^2+5)dx=2\int_{0}^{10}(x^2+5)dx=2\left[\frac{1}{3}x^3+5x\right]_0^{10}=\frac{2300}{3}$$

문제 10.6

수현이네 교실에는 가로의 길이가 3m, 세로의 길이가 1m인 게시판이 있다. 이 게시판을 아래 그림과 같이 칠하였다. 두 색의 경계선을 나타내는 함수 $f(x)$가

$$f(x)=\begin{cases}-x^2+1 & (-1\le x<0)\\ \frac{1}{4}x^3-\frac{3}{4}x^2+1 & (0\le x\le 2)\end{cases}$$

일 때, 색으로 칠한 부분의 넓이를 구하여라.

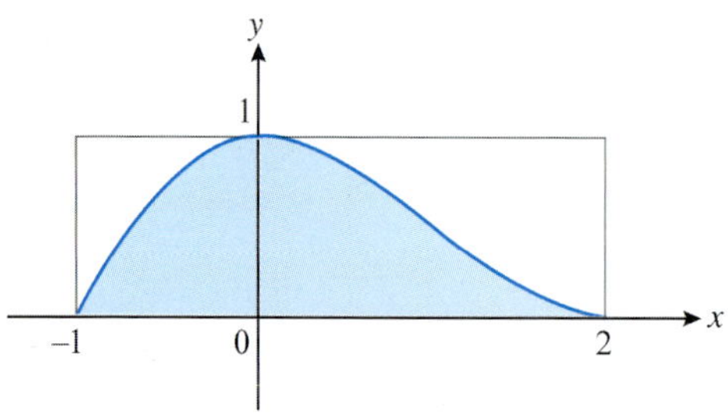

〈그림 10.8〉

예제 10.7

아래 그림은 어느 지역의 바닷가를 좌표평면 위에 나타낸 것이다. 이때, 해안선은 곡선

$$y=\frac{e^x+e^{-x}}{2}$$

이다. 두 지점 A, B를 직선으로 연결하는 부표를 설치하여 안전 지역을 표시할 때, 안전 지역을 나타내는 도형의 넓이를 구하여라.

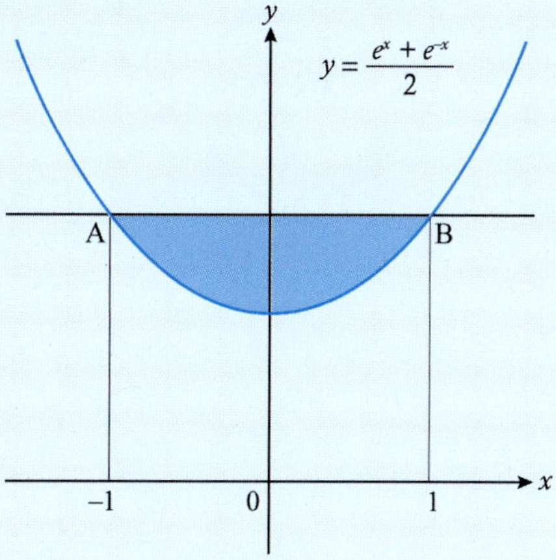

〈그림 10.9〉

풀이

$f(x)=\frac{e^x+e^{-x}}{2}$라고 하면 $f(1)=\frac{e+e^{-1}}{2}=\frac{1}{2}\left(e+\frac{1}{e}\right)$이므로

$$\begin{aligned}(\text{넓이}) &= 2\int_0^1\left\{\frac{1}{2}\left(e+\frac{1}{e}\right)-\frac{e^x+e^{-x}}{2}\right\}dx \\ &= \int_0^1\left\{\left(e+\frac{1}{e}\right)-e^x-e^{-x}\right\}dx \\ &= \left[\left(e+\frac{1}{e}\right)x-e^x+e^{-x}\right]_0^1 \\ &= \frac{2}{e}\end{aligned}$$

문제 10.7

도연이는 장미 축제에서 곡선 $y=-\sin x\ (0 \le x \le \pi)$와 x축으로 둘러싸인 도형과 같은 모양의 정원에 장미가 심어져 있는 것을 보았다. 장미가 심어진 정원의 넓이를 구하여라.

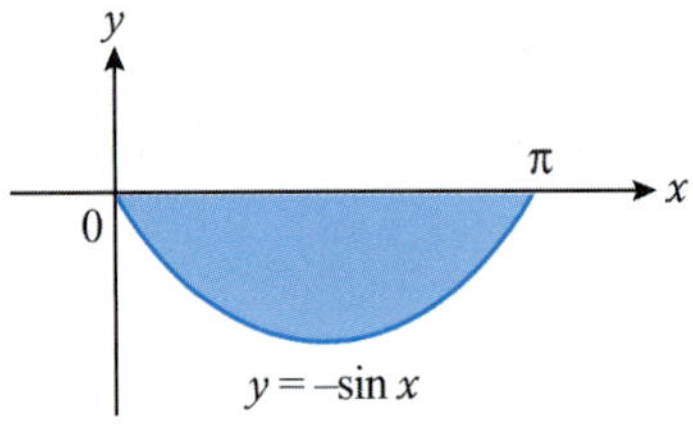

〈그림 10.10〉

10.2.2 부피

(1) 입체의 부피

$$(\text{입체의 부피}) = \int (\text{단면적}) \times (\text{두께})$$

$$\text{단면적 } S(x),\ \text{두께} dx \quad \therefore V = \int_a^b S(x)dx$$

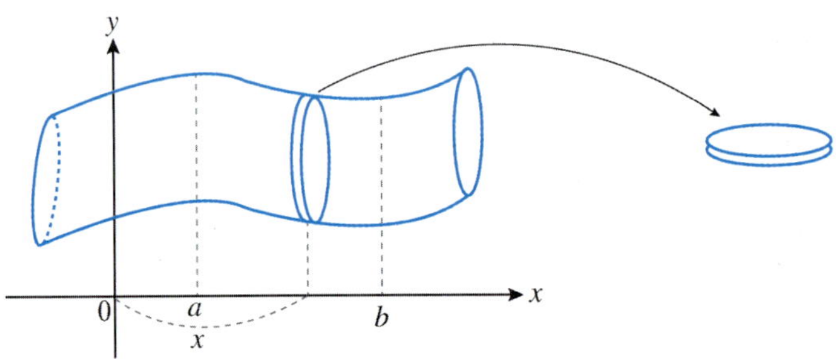

〈그림 10.11〉

(2) 회전체의 부피

- x축 둘레로 회전시킨 입체의 부피

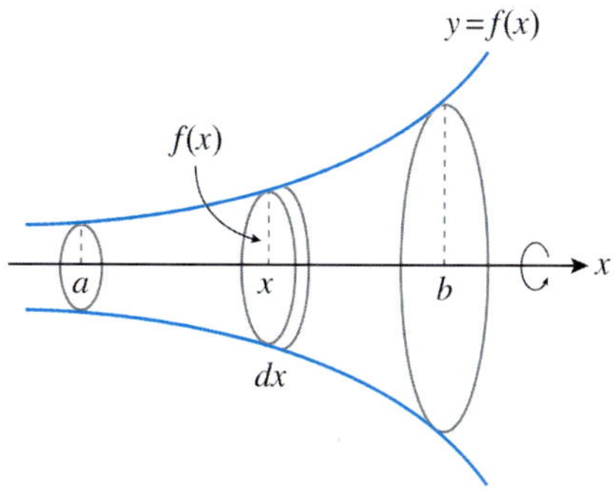

$$\therefore V_x = \pi \int_a^b \{f(x)\}^2 dx$$

- y축 둘레로 회전시킨 입체의 부피

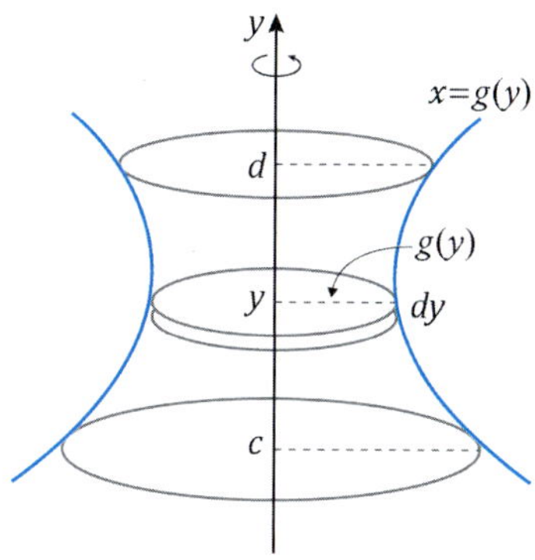

$$\therefore V_y = \pi \int_c^d g(y)^2 dy$$

〈그림 10.12〉

- 두 곡선으로 둘러싸인 부분을 x축 둘레로 회전시킨 입체의 부피

$$\therefore V_x = \pi \int_a^b \left[\{f(x)\}^2 - \{g(x)\}^2\right] dx$$

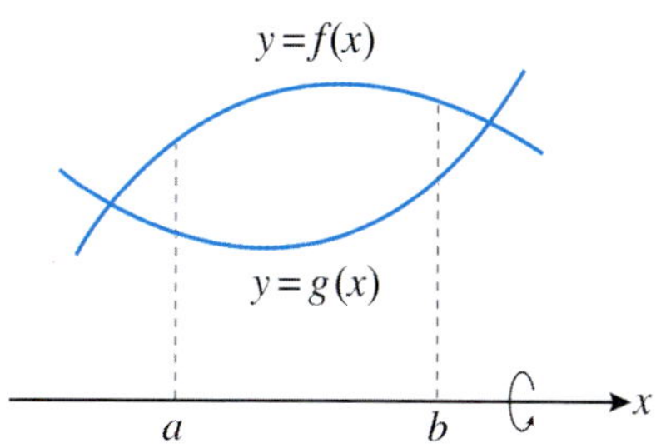

〈그림 10.13〉

예제 10.8

중국 음식을 만들 때는 오른쪽 그림과 같은 구면 모양의 프라이팬을 자주 사용한다. 이 팬의 한가운데 높이가 8이고 윗면의 지름이 $16\sqrt{3}$ 이라면, 이 팬의 용량은?

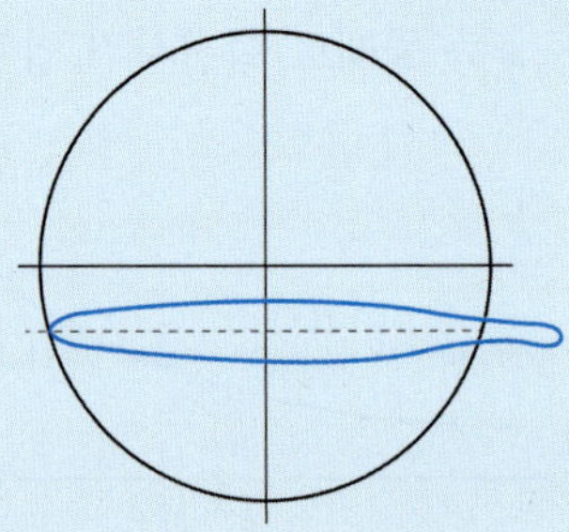

〈그림 10.14〉

풀이

전체 구로 확장했을 때 구의 반지름을 r이라고 하면

$$(r-8)^2+(8\sqrt{3})^2=r^2$$

$$\therefore r=16$$

이 팬의 용량은 $y=\sqrt{256-x^2}$ 을 8부터 16까지 x축 둘레로 회전한 회전체의 부피이므로

$$\begin{aligned}\pi\int_8^{16}(256-x^2)dx &= \pi\left[256x-\frac{1}{3}x^3\right]_8^{16} \\ &= \pi\left(256\times16-\frac{1}{3}\times16^3-256\times8+\frac{1}{3}\times8^3\right) \\ &= \frac{2560}{3}\pi\end{aligned}$$

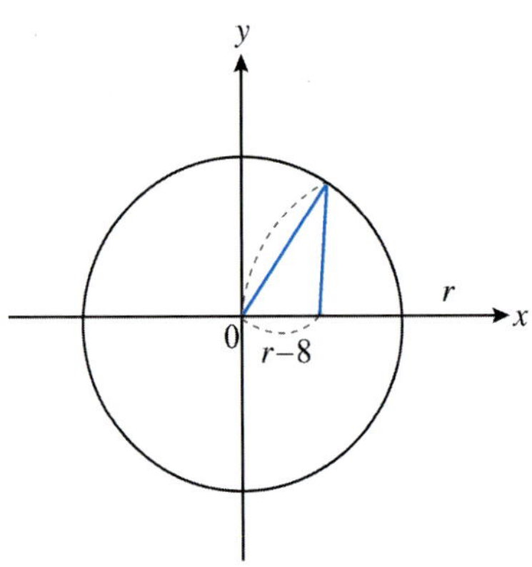

〈그림 10.15〉

예제 10.9

깊이가 6cm인 그릇이 있다. 밑면으로부터 깊이가 x cm인 곳의 단면의 넓이는 $(x^2+2)cm^2$이다. 이 그릇이 비어 있는 생태에서 1초에 7cm^{2}씩의 물을 넣는다고 할 때, 이 그릇에 물을 가득 채우는 데 걸리는 시간은?

풀이

이 그릇의 부피를 Vcm^{2}라고 하면

$$V=\int_0^6 (x^2+2)dx=\left[\frac{x^3}{3}+2x\right]_0^6=72+12=84$$

1초에 7cm^{2}씩의 물을 넣으면 가득 채우는 데 12초가 걸린다.

문제 10.8

어떤 용기에 깊이가 h가 되도록 물을 넣었을 때 물의 부피 V는

$$V=h^3-3h^2+4h$$

이다. 수면의 넓이가 최소일때, 물의 깊이는?

문제 10.9

아래 그림과 같이 반지름의 길이가 4인 반구형의 그릇에 높이 1인 위치까지 물이 담겨 있다. 밑면의 반지름의 길이가 1이고 높이가 3인 원기둥 모양의 컵에 물을 가득 담아 물이 넘치지 않도록 하면서 옮겨 부어 그릇을 가득 채우려고 할 때, 컵으로 몇 번 옮겨 담아야 하는가? (단, 그릇과 컵의 두께는 생각하지 않는다.)

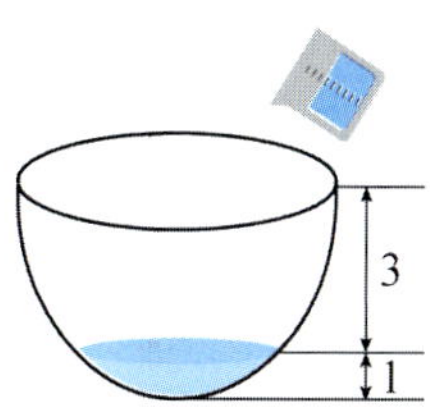

〈그림 10.16〉

예제 10.10

높이가 8cm인 토기의 윗면이 바닥에 평행하도록 놓고 바닥으로부터 높이가 $h$cm인 곳에서 바닥과 평행한 평면으로 자를 때 생기는 단면은 반지름의 길이가 $\sqrt[3]{h^2}$ cm인 원이라고 한다. 이 토기의 부피를 구하여라. (단, 토기의 두께는 생각하지 않는다.)

풀이

높이가 h일 때 단면의 넓이가 $\pi(\sqrt[3]{h^2})^2$이므로 구하는 부피 V는

$$V=\int_0^8 \pi(\sqrt[3]{h^2})^2 dh=\int_0^8 \pi h^{\frac{4}{3}} dh=\pi\left[\frac{3}{7}h^{\frac{7}{3}}\right]_0^8=\frac{384}{7}\pi(cm^3)$$

문제 10.10

아래 그림과 같이 반지름의 길이가 10cm인 반구 모양의 그릇에 물을 가득 채운 후 30° 만큼 기울여 물을 흘려보낼 때, 남아 있는 물의 양을 구하여라. (단, 그릇의 두께는 무시한다.)

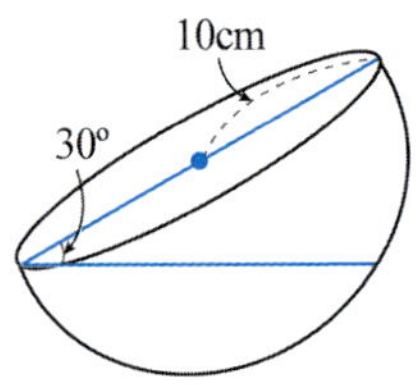

〈그림 10.17〉

10.3 속도와 가속도

10.3.1 속도와 거리

위치의 변화율$\left(\frac{ds}{dt}\right)$= 속도 $\quad\therefore$ 위치= $\int$ 속도 dt

속도의 변화율$\left(\frac{dv}{dt}\right)$= 가속도 $\quad\therefore$ 속도= $\int$ 가속도 dt

속력=|속도| $\quad\therefore$ 실제 운동(이동) 거리= $\int |v|\, dt$

예제 10.11

고속 열차는 기계, 전자, 통신 기술과 토목 기술이 복합된 첨단 기술의 집합체로 알려져 있으며, 현재 일본, 프랑스, 독일에서만 개발이 완료된 상태이다. 어느 고속 열차 개발 연구소에서 실험한 바에 따르면, 직선 궤도에서 최고 속도로 달리고 있던 고속 열차가 제동을 건 후부터 정지할 때까지의 속도는 다음과 같은 함수를 따른다고 한다.

$$v(t) = 85 - \frac{1}{2}t(m/\text{초})\,(\text{단}, t\text{는 제동을 건 후 경과한 시간(초)이다.})$$

이 고속 열차가 제동을 건 후부터 정지할 때까지 이동한 거리는?

풀이

정지한 물체의 속도는 0이므로

$$v(t) = 85 - \frac{1}{2}t = 0$$

$$t = 170$$

따라서 제동을 건 후 170초 후에 고속 열차는 정지하고, 정지할 때까지 이동한 거리는

$$\int_0^{170}(85 - \frac{1}{2}t)dt = \left[85t - \frac{1}{4}t^2\right]_0^{170} = 7225(m)$$

문제 10.11

자동차가 시속 72km의 속력으로 직선 도로를 달리고 있다. 이 차의 운전자가 철도건널목 위험 표지판을 보고 위험 표지판을 지나는 순간부터 브레이크를 작동하여 매초 4m씩 일정한 비율로 속력을 줄였더니 건널목 정지선에 정확히 정지하였다. 이 때, 건널목 정지선과 위험 표지판 사이의 거리는?

예제 10.12

아이들이 눈이 쌓인 언덕에서 썰매를 타고 있다. 한 아이가 출발점으로부터 25m 미끄러져 내려갔을 때의 속도가 5m/sec였다면 이 썰매의 가속도는? (단, 출발점에서의 속도는 0m/sec이고, 가속도의 단위는 $m/\sec^2$이다.)

풀이

25m 내려갔을 때의 시각을 t_0라고 하면

$$at_0 = 5$$

$$t_0 = \frac{5}{a}$$

썰매가 미끄러져 내려간 거리를 S라고 하면

$$S = \int_0^{t_0} v(t)dt = \int_0^{\frac{5}{a}} at\,dt = \left[\frac{a}{2}t^2\right]_0^{\frac{5}{a}} = \frac{25}{2a}$$

$\frac{25}{2a} = 25$이므로 $a = \frac{1}{2}$

따라서 구하는 가속도의 값은 $0.5(m/\sec^2)$

문제 10.12

시속 72km로 달리는 전동차가 200m 전방에 있는 장애물을 보고 일정한 속도로 감속하여 장애물 앞에 정지하려면 가속도의 크기를 얼마 이상으로 해야 하는가?

예제 10.13

원점을 출발하여 수직선 위를 움직이는 점 P의 시각 t에서의 속도가

$$v(t) = t^2 - 4t + 3$$

일 때, 점 P가 출발할 때의 운동 방향에 대하여 반대 방향으로 움직인 거리를 구하여라.

풀이

$v(0) = 3 > 0$이므로 $v(t) < 0$인 t의 범위를 구한다.

$t^2 - 4t + 3 = (t-1)(t-3)$이므로 $v(t) < 0$이면 $1 < t < 3$

따라서 시각 $t = 1$에서 $t = 3$까지 점 P가 움직인 거리는

$$\int_1^3 |t^2 - 4t + 3|dt = \int_1^3 (-t^2 + 4t - 3)dt = \left[-\frac{1}{3}t^3 + 2t^2 - 3t\right]_1^3 = \frac{4}{3}$$

문제 10.13

지상 15m 높이의 건물 옥상에서 초속 30m로 똑바로 쏘아 올린 물로켓의 t초 후의 속도가

$$v(t) = 30 - 10t(m/s)$$

일 때, 다음을 구하여라.

(1) 물로켓을 쏘아 올린 후 2초가 지났을 때 지면으로부터의 높이

(2) 물로켓을 쏘아 올린 후 5초가 지났을 때 물로켓이 움직인 거리

(3) 물로켓이 최고 지점에 도달할 때의 시각과 그때의 지면으로부터의 높이

예제 10.14

어느 승강기가 1층에서 출발하여 꼭대기층까지 올라갈 때, t초 후의 속도 $v(t)$는 다음과 같다고 한다. 이 승강기가 출발하여 멈출때까지 움직인 거리를 구하여라.

$$v(t) = \begin{cases} 3t & (0 \le t \le 2) \\ 6 & (2 < t \le 8) \\ -2t+22 & (8 < t \le 11) \end{cases}$$

풀이

$-2t+22=0$에서 $t=11$

즉, 승강기는 출발한 지 11초 후에 멈추므로 그때까지 움직인 거리는 다음과 같다.

$$\int_0^2 3t\,dt + \int_2^8 6\,dt + \int_8^{11}(-2t+22)dt = \left[\frac{3}{2}t^2\right]_0^2 + [6t]_2^8 + \left[-t^2+22t\right]_8^{11} = 51(m)$$

문제 10.14

다음을 각각 구하여라.

(1) 지면에서 출발하여 수직으로 상승했다가 낙하하는 놀이 기구가 있다. 이 놀이 기구가 최고 높이에 도달할 때까지의 속도를 $v(t)$라 할 때, t초 후의 속도 $v(t)$는 $v(t) = -t^2 + 6t$ (m/s)이다. 3초 후의 이 놀이 기구의 높이를 구하여라. (단, $0 \le t \le 6$)

(2) 반지름의 길이가 4cm인 원기둥 모양의 관을 통하여 흘러나오는 물의 t초 후의 속도가 $v(t) = -t^2 + 3t$ (cm/s)일 때, 물이 흐르기 시작하여 멈출 때까지 흘러나온 물의 양을 구하여라.

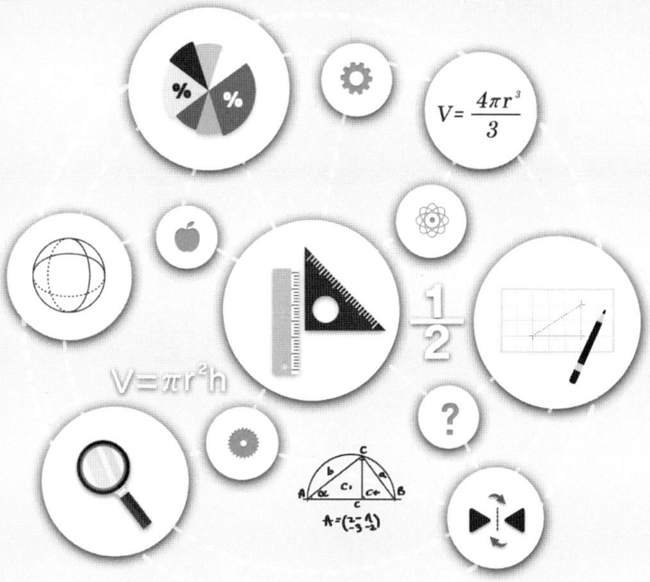

CHAPTER 11

확률을 이용한 생활수학

11.1 경우의 수, 순열과 조합

11.1.1 합의 법칙

두 사건 A, B가 일어나는 경우의 수가 각각 m, n가지 일 때,

(1) A 와 B가 동시에 일어나지 않는 경우

A 또는 B가 일어나는 경우의 수 $\Rightarrow m+n$

(2) A 와 B가 동시에 일어나는 경우가 l가지 있는 경우

A 또는 B가 일어나는 경우의 수 $\Rightarrow m+n-l$

예제 11.1

어는 분식점에서는 아래 차림표와 같이 김밥 4가지, 면 3가지, 덮밥 3가지를 판매하고 있다. 이 중에서 주문할 음식 한 가지를 택하는 경우의 수를 구하여라.

차/림/표

김/밥/류	면/류	덮/밥/류
• 치즈 김밥	• 라면	• 김치 덮밥
• 참치 김밥	• 우동	• 소고기 덮밥
• 김치 김밥	• 칼국수	• 버섯 덮밥
• 야채 김밥		

〈그림 11.1〉

풀이

김밥류에서 택하는 경우의 수는 4, 면류에서 택하는 경우의 수는 3, 덮밥류에서 택하는 경우의 수는 3이므로 구하는 수는 합의 법칙에 의하여 $4+3+3=10$이다.

예제 11.2

재원이네 학교의 동아리 활동에는 예술·체육 동아리 5종류, 문화 체험 동아리 3종류가 있다. 이 중에서 재원이가 한 가지 동아리를 선택하여 활동하는 경우의 수를 구하여라.

풀이

예술 · 체육 동아리 중 한 가지 동아리를 선택하는 경우는 5가지이고, 문화 체험 동아리 중 한 가지 동아리를 선택하는 경우는 3가지이다.

따라서 구하는 경우의 수는 합의 법칙에 의하여

$$5+3=8$$

예제 11.3

서로 다른 두 개의 주사위를 동시에 던질 때, 다음을 구하여라.

(1) 두 눈의 수의 합이 4 이하인 경우의 수

(2) 두 눈의 수의 합이 3의 배수 또는 12의 약수인 경우의 수

풀이

(1) 서로 다른 두 개의 주사위를 동시에 던질 때, 나오는 눈의 수의 합이 2인 사건을 A, 눈의 수의 합이 3인 사건을 B, 눈의 수의 합이 4인 사건을 C라고 하면

$$A=\{(1,1)\}$$
$$B=\{(1,2),(2,1)\}$$
$$C=\{(1,3),(2,2),(3,1)\}$$

이때,

$$A\cap B=\varnothing,\ B\cap C=\varnothing,\ A\cap C=\varnothing,\ A\cap B\cap C=\varnothing$$

이므로 구하는 경우의 수는

$$\begin{aligned} n(A\cup B\cup C) &= n(A)+n(B)+n(C) \\ &= 1+2+3=6 \end{aligned}$$

(2) 서로 다른 두 개의 주사위를 동시에 던질 때, 나오는 눈의 수의 합이 3의 배수인 사건을 A, 눈의 수의 합이 12의 약수인 사건을 B라고 하면

$$A=\{(1,2),(2,1),(1,5),(2,4),(3,3),(4,2),(5,1),(3,6),(4,5),(5,4),(6,3),(6,6)\}$$

$$B=\{(1,1),(1,2),(2,1),(1,3),(2,2),(3,1),(1,5),(2,4),(3,3),(4,2),(5,1),(6,6)\}$$

이때,

$$A\cap B=\{(1,2),(2,1),(1,5),(2,4),(3,3),(4,2),(5,1),(6,6)\}$$

이므로 구하는 경우의 수는

$$\begin{aligned} n(A\cup B)&=n(A)+n(B)-n(A\cap B)\\ &=12+12-8=16 \end{aligned}$$

문제 11.1

다음 표는 제23회 평창 올림픽대회의 설상 경기장과 빙상 경기장에서 개최될 경기를 조사한 것이다. 설상 경기장 또는 빙상 경기장에서 관람할 경기 한 가지를 택하는 경우의 수를 구하여라.

〈표 11.1〉

<table>
<tr><th>설상 경기장</th><th>경기명</th><th>빙상 경기장</th><th>경기명</th></tr>
<tr><td rowspan="4"></td><td>스키</td><td rowspan="4"></td><td>스케이팅</td></tr>
<tr><td>바이애슬론</td><td>아이스하키</td></tr>
<tr><td>봅슬레이</td><td rowspan="2">컬링</td></tr>
<tr><td>루지</td></tr>
</table>

문제 11.2

한국간행물윤리위원회에서는 문학, 과학, 예술 등의 분야에서 청소년 권장 도서를 매달 선정하여 소개한다. 이번 달에 선정된 문학 분야의 책 6권, 과학 분야의 책 4권, 예술 분야의 책 5권 중 서로 다른 두 분야에서 각각 1권씩의 책을 택하는 경우의 수를 구하여라.

문제 11.3

60의 약수 또는 90의 약수는 모두 몇 개인지 구하여라.

11.1.2 곱의 법칙

두 사건 A, B에 있어서 A가 일어나는 경우의 수가 m가지이고 그 각각에 대하여 B가 일어나는 경우의 수가 n가지 일 때, A가 일어나고 동시에 B가 일어나는 경우의 수 $\Rightarrow m \times n$

예제 11.4

어느 학교와 미술관 사이에는 4개의 버스 노선과 3개의 지하철 노선이 있다. 학교에서 버스를 타고 미술관에 갔다가 지하철을 타고 다시 학교로 돌아오는 경우의 수를 구하여라.

풀이

학교에서 버스를 타고 미술관에 가는 노선은 4가지이고, 그 각각에 대하여 지하철을 타고 학교로 돌아오는 노선은 3가지씩 있으므로 구하는 경우의 수는 곱의 법칙에 의하여

$4 \times 3 = 12$

예제 11.5

아래 그림과 같이 5개의 등산로가 있는 산이 있다. 올라가는 길과 내려오는 길을 서로 다르게 하여 등산하는 경우의 수를 구하여라.

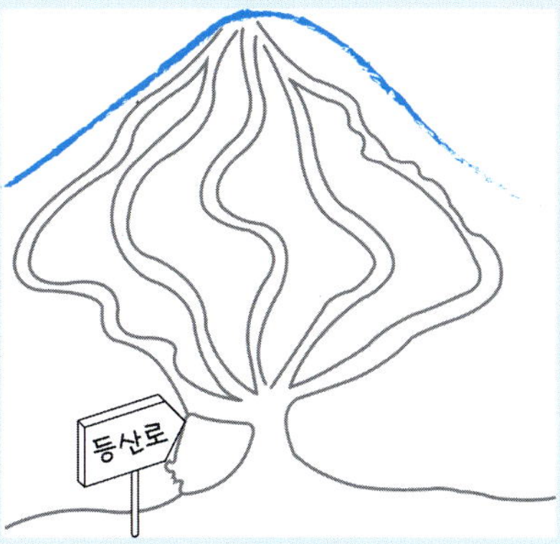

〈그림 11.2〉

풀이

올라가는 길을 선택하는 경우는 5가지이고, 그 각각에 대하여 다른 길을 선택하여 내려오는 경우의 4가지씩 있으므로 구하는 경우의 수는 곱의 법칙에 의하여

$5 \times 4 = 20$

예제 11.6

다음 그림과 같이 P와 Q, Q와 R 사이에 각각 2개의 스위치가 달려 있는 회로가 있다. P와 R 사이에 전류가 흐르게 하는 경우의 수를 구하여라.

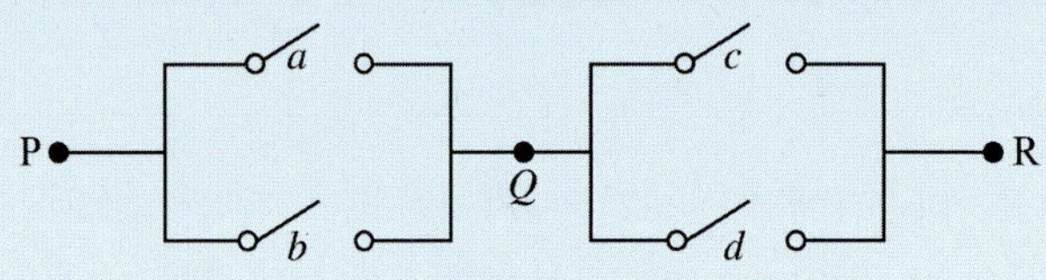

〈그림 11.3〉

풀이

스위치가 닫혀 있는 것을 ○, 닫혀 있지 않은 것을 ×라 하자.

P와 Q 사이에 전류가 흐르게 하는 경우는 $(a,b)=$(○,○),(○,×),(×,○)의 3가지이고,

Q와 R 사이에 전류가 흐르게 하는 경우는 $(c,d)=$(○,○),(○,×),(×,○)의 3가지이다.

따라서 구하는 경우의 수는 곱의 법칙에 의하여 $3 \times 3 = 9$이다.

문제 11.4

완도 관광을 떠난 희경이네 가족은 문화재로 장도 청해진 유적지, 완도 법화사지, 완도 향교 중 한 곳을 먼저 관광하고, 전시관으로 산림 박물관, 어촌 민속 전시장 중 한 곳을 관광하려고 한다. 희경이네 가족이 완도 관광을 하는 방법은 몇 가지인가?

문제 11.5

유정이네 집 세탁기는 물의 온도를 선택하는 방법이 3가지, 회전 속도를 선택하는 방법이 5가지, 헹굼 횟수를 선택하는 방법이 4가지 있다. 이때, 물의 온도, 회전 속도, 헹굼 횟수를 선택하여 세탁기를 작동시키는 경우의 수를 구하여라.

문제 11.6

어느 문서 편집 프로그램에서 쪽 번호를 매길 때, 사용할 수 있는 번호 위치에는 상단의 왼쪽, 중앙, 오른쪽과 하단의 왼쪽, 중앙, 오른쪽의 6가지가 있고, 번호 모양에는 인도 – 아라비아 숫자, 로마 숫자, 한글, 알파벳의 4가지가 있다. 번호 위치와 번호 모양을 고려하여 쪽 번호를 매기는 경우의 수를 구하여라.

11.1.3 경우의 수를 구하는 방법

(1) 조건을 만족시키는 것을 빠짐없이 포함해야 하며, 같은 것은 중복되지 않아야 한다.

(2) 수형도, 사전적 배열법 등을 이용한다.

예제 11.7

A, B, C, D 네 지점이 아래 그림과 같이 여러 개의 길로 연결되어 있다. A 지점에서 D 지점으로 가는 경우의 수를 구하여라. (단, 같은 지점은 두 번 지나지 않는다.)

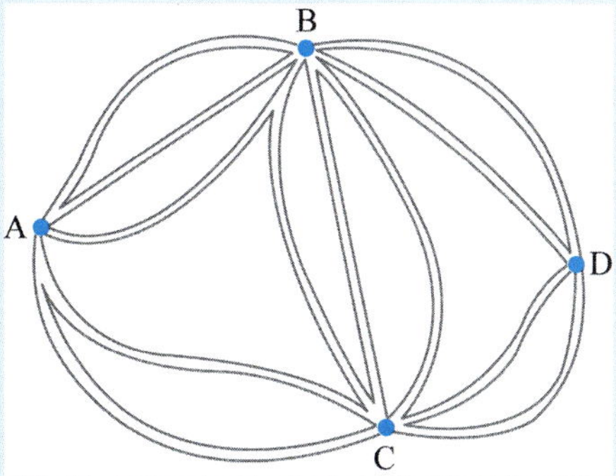

〈그림 11.4〉

풀이

(i) $A \rightarrow B \rightarrow D$ 인 경우 : $3 \times 2 = 6$(가지)

(ii) $A \rightarrow C \rightarrow D$ 인 경우 : $2 \times 2 = 4$(가지)

(iii) $A \rightarrow B \rightarrow C \rightarrow D$ 인 경우 : $3 \times 3 \times 2 = 18$(가지)

(iv) $A \to C \to B \to D$ 인 경우 : $2 \times 3 \times 2 = 12$(가지)

(i), (ii), (iii), (iv) 중 어느 두 경우도 동시에 일어나지 않으므로 구하는 경우의 수는

$$6 + 4 + 18 + 12 = 40$$

예제 11.8

다섯 명의 학생이 각자 자신의 모자를 옷걸이에 걸어 놓았다. 임의로 모자를 다시 가져 갈 때, 다섯 명 모두가 다른 학생의 모자를 가져가는 경우의 수를 구하여라.

풀이

다섯 명의 학생을 A, B, C, D, E라 하고, B가 A의 모자를 가져가는 경우를 살펴보면 아래 그림과 같으므로 A의 모자를 B가 가져가는 경우는 11가지이다.

마찬가지 방법으로 A의 모자를 C, D, E가 가져가는 경우도 각각 11가지이므로 구하는 경우의 수는

$$11 \times 4 = 44$$

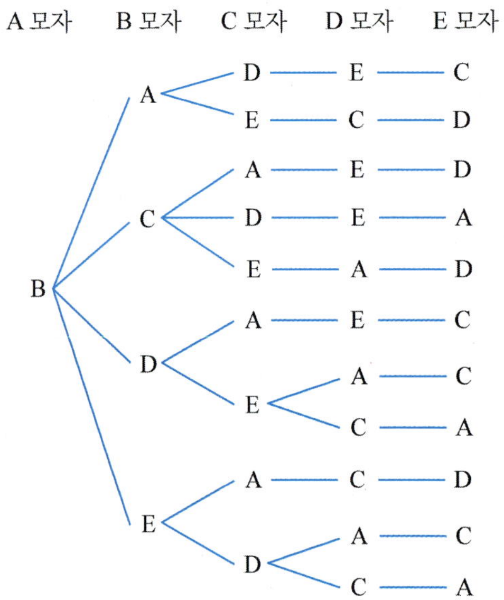

〈그림 11.5〉

예제 11.9

다음 그림과 같이 제주와 성산을 잇는 길은 2개, 성산과 서귀포를 잇는 길은 2개가 있고, 제주와 서귀포를 잇는 길은 3개가 있다. 이 때, 제주에서 서귀포로 가는 방법은 모두 몇 가지인가? (단, 한 번 지나간 길은 다시 지나지 않는다.)

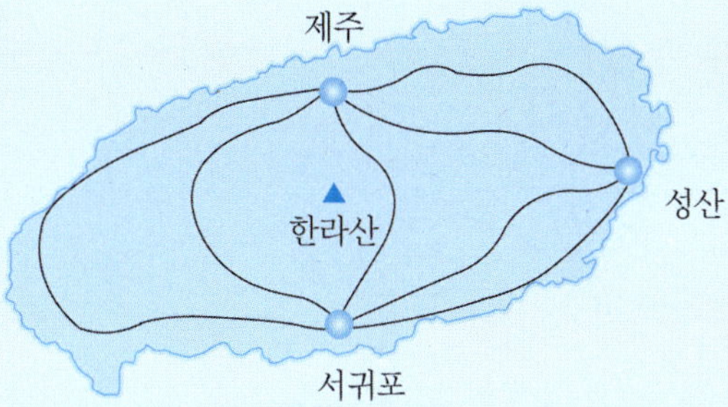

〈그림 11.6〉

풀이

제주에서 서귀포로 갈 때, 성산을 지나가는 방법과 성산을 지나가지 않고 직접 가는 방법이 있다. 즉, 성산을 거쳐서 서귀포로 가는 방법은 곱의 법칙에 의하여

$2\times 2=4$(가지)

성산을 거치지 않고 가는 방법은 3가지 이 두 방법은 서로 겹치지 않으므로, 합의 법칙에 의하여 구하는 모든 방법의 수는

$4+3=7$(가지)

문제 11.7

수험생 5명의 수험표를 섞어서 임의로 나누어 줄 때, 5명 모두가 다른 사람의 수험표를 받을 경우의 수를 구하여라.

문제 11.8

아래 그림은 4개의 도시 A, B, C, D사이의 도로망을 나타낸 것이다. 도시 A에서 출발하여 도시 D로 가는 방법은 몇 가지인가? (단, 같은 지점은 중복하여 지나가지 않는다.)

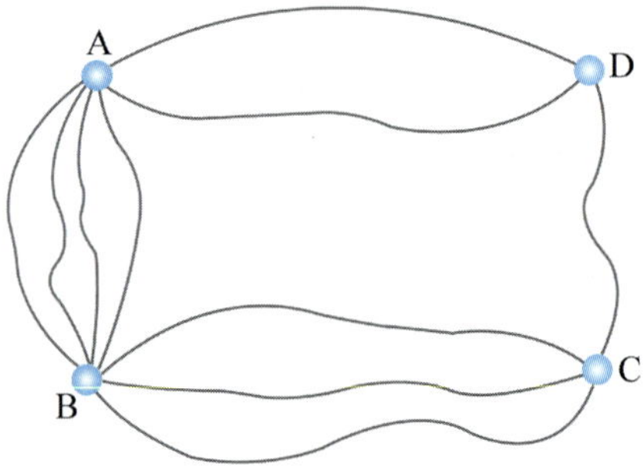

〈그림 11.7〉

문제 11.9

다음은 디지털미디어시티역에서 서울역까지 대중교통을 이용하는 방법을 나타낸 것이다. 대중교통을 이용하여 디지털미디어시티역에서 서울역까지 가는 방법은 몇 가지인가? (단, 같은 지점은 중복하여 지나지 않는다.)

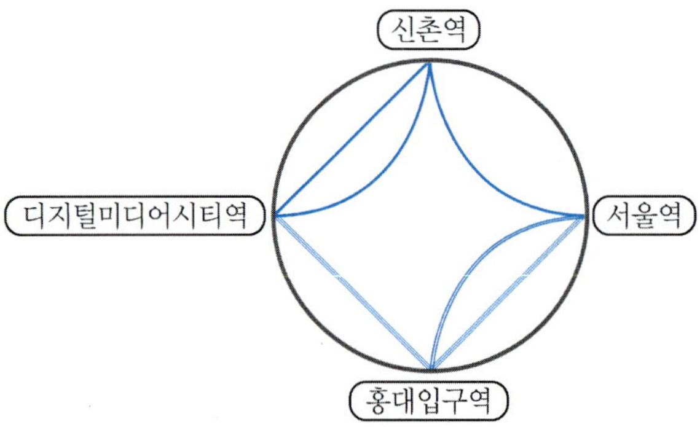

〈그림 11.8〉

11.1.4 순열

(1) ${}_nP_r$: 서로 다른 n개에서 서로 다른 r개를 택하여 일렬로 배열하는 방법의 수

(2) ${}_nP_r = n(n-1)\cdots(n-r+1) = \dfrac{n!}{(n-r)!}$ (단, $0 < r \le n$)

(3) $n! = n(n-1)(n-2)\cdots 2 \cdot 1,\ 0! = 1,\ {}_nP_0 = 1$

예제 11.10

다음 값을 구하여라.

(1) ${}_5P_4$　　　(2) ${}_6P_3$

풀이

(1) ${}_5P_4 = 5\times4\times3\times2 = 120$　　　(2) ${}_6P_3 = 6\times5\times4 = 120$

문제 11.10

다음 등식을 만족하는 자연수 n의 값을 구하여라.

(1) ${}_nP_2 = 12$　　　(2) ${}_nP_4 = 3\times{}_nP_3$

예제 11.11

영화 '피에타'는 제69회 베니스 국제 영화제에서 우리나라 영화로서는 최초로 영화제 최고 영예인 황금사자상을 수상하였다. 시상식 단상에서 감독, 여주인공, 남주인공, 영화제 관계자 2명의 총 5명이 관중을 바라보며 일렬로 설 때, 감독, 여주인공, 남주인공 3명이 이웃하게 서는 경우의 수를 구하여라.

풀이

감독, 여주인공, 남주인공 3명을 묶어 한 사람으로 생각하면 3명이 일렬로 서는 경우의 수는 3!이고, 감독, 여주인공, 남주인공 3명이 일렬로 서는 경우의 수는 3!이다.

따라서 수하는 경우의 수는 곱의 법칙에 의하여 $3!\times3! = 36$

예제 11.12

6명의 선수 중에서 4명을 선발하여 400m 계주에 출전시키려고 한다. 이 때, 출발 순서까지 생각하여 선수를 선발하는 방법은 모두 몇 가지인지 구하시오.

풀이

6명 중에서 4명을 택하는 순열이므로

$${}_6P_4 = 6 \times 5 \times 4 \times 3 = 360(\text{가지})$$

문제 11.11

축구에서 전·후반전 90분과 연장전 30분으로 승부를 가리지 못하면 각 팀에서 5명씩 선수를 선발하여 승부차기를 하게 된다. 승부차기 선수로 선발된 5명의 순서를 정하는 경우의 수를 구하여라.

문제 11.12

6개의 청소 도구를 일렬로 걸 수 있는 청소 도구함이 있다. 이 청소 도구함에 서로 다른 6개의 청소 도구를 걸 때, 물음에 답하여라.

(1) 청소 도구 6개 중 2개를 먼저 걸고, 나머지 4개를 거는 경우의 수를 구하여라.

(2) 청소 도구 6개 중 3개를 먼저 걸고, 나머지 3개를 거는 경우의 수를 구하여라.

11.1.5 여러 가지 순열

(1) 중복순열 : 서로 다른 n개에서 중복을 허락하여 r개를 뽑아 일려로 배열하는 중복순열의 수 $\Rightarrow {}_n\Pi_r = n^r$

예제 11.13

어느 고등학교의 5명의 학생이 특별 활동반 중에서 방송반, 컴퓨터 게임반, 미술반에 가입하는 방법은 모두 몇 가지인지 구하시오. (단, 각 학생은 한 모임에만 가입할 수 있다.)

풀이

즉, 방송반, 컴퓨터 게임반, 미술반 중에서 중복을 허락해서 5개를 택하여 일렬로 나열하는 경우의 수이므로 중복순열이다.

따라서 구하는 경우의 수는

$$_{3}\Pi_{5} = 3^5 = 243(\text{가지})$$

예제 11.14

서로 다른 6개의 채소를 두 개의 바구니 A, B에 나누어 담으려고 한다. 한 바구니에 적어도 한 개의 채소를 담는다고 할 때, 채소를 담는 방법의 수를 구하여라.

풀이

서로 다른 6개의 채소를 두 개의 바구니에 나누어 담는 방법의 수는 서로 다른 2개에서 6개를 택하는 중복순열의 수와 같으므로

$$_{2}\Pi_{6} = 2^6 = 64$$

이 중에서 한 개의 바구니에 6개의 채소를 모두 담는 방법의 수는 2이므로 구하는 방법의 수는

$$64 - 2 = 62$$

문제 11.13

건우는 책을 읽다가 중요한 쪽에는 3가지 색의 견출지 중 1장을 붙인다. 중요한 다섯 쪽에 견출지를 붙이는 경우의 수를 구하여라.

문제 11.14

7자리로 이루어진 자동차 번호판을 만드는데 다음 〈보기〉와 같이 처음 세 자리는 영문자로, 나머지 네 자리는 숫자로 구성하기로 하였다. 만들 수 있는 번호판의 개수를 구하여라.

〈보기〉

ABC1234, DDE0022

(2) 원순열 : 서로 다른 n개를 원모양으로 배열하는 원순열의 수 $\Rightarrow (n-1)!$

예제 11.15

어느 놀이공원에서 회전목마의 지붕을 다시 칠하려고 한다. 아래 그림과 같이 크기가 같은 6개의 부분으로 나누어 서로 다른 6가지의 색을 모두 사용하여 칠하는 방법은 모두 몇 가지인지 구하시오.

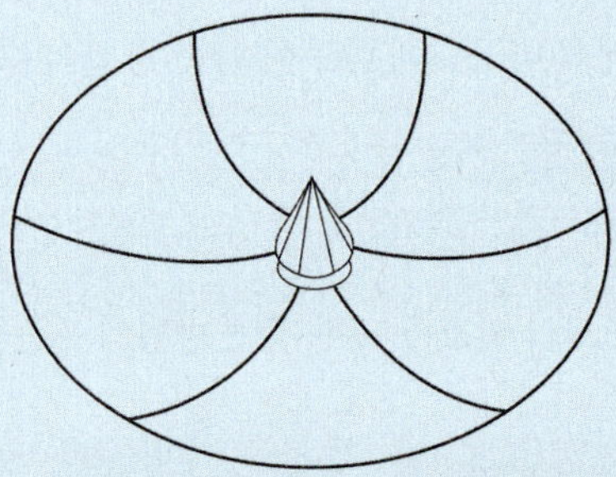

〈그림 11.9〉

풀이

6가지의 색의 원순열이므로 그 경우의 수는

$(6-1)! = 5! = 120$(가지)

예제 11.16

혈액형이 A형인 사람 4명과 B형인 사람 4명의 혈액을 채취하여 혈장을 분리하려고 한다. 8개의 시험관을 원 모양으로 꽂을 수 있는 원심분리기에 A형과 B형의 혈액이 담긴 시험관을 교대로 배열하는 경우의 수를 구하여라.

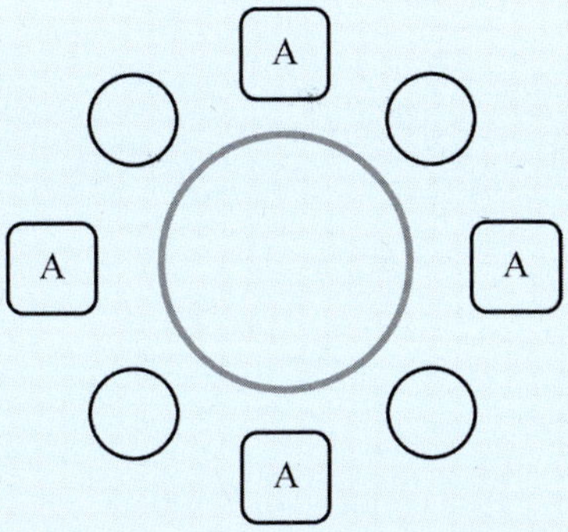

〈그림 11.10〉

풀이

A형의 시험과 4개를 원 모양으로 배열하는 경우의 수는 $(4-1)!=6$ 이고, 그 각각에 대하여 B형의 시험관을 4개의 자리에 배열하는 경우의 수는 $4!=24$이다. 따라서 구하는 경우의 수는

$$6 \times 24 = 114$$

문제 11.15

세 쌍의 부부가 원 모양의 탁자에 둘러앉을 때, 부부끼리 이웃하여 앉는 경우의 수를 구하여라.

문제 11.16

자동차 박람회에서 어떤 자동차 회사는 10대의 자동차를 전시하려고 한다. 한 번에 5대를 전시할 수 있는 전시대가 회전하는 원형 전시대일 때, 자동차를 전시하는 방법은 모두 몇 가지인가?

11.1.6 조합

(1) ${}_nC_r$: 서로 다른 n개에서 서로 다른 r개를 택하는 방법의 수

(2) ${}_nC_r = \frac{{}_nP_r}{r!} = \frac{n!}{r!(n-r)!}$ (단, $0 < r \leq n$)

(3) ${}_nC_r = {}_nC_{n-r}$, ${}_nC_0 = {}_nC_n = 1$

(4) ${}_nC_r = {}_{n-1}C_r + {}_{n-1}C_{r-1}$

예제 11.17

다음 값을 구하여라.

(1) ${}_3C_2$

(2) ${}_6C_3$

(3) ${}_4C_1$

풀이

(1) ${}_3C_2 = \frac{3 \times 2}{2 \times 1} = 3$

(2) ${}_6C_3 = \frac{6 \times 5 \times 4}{3 \times 2 \times 1} = 20$

(3) ${}_4C_1 = 4$

문제 11.17

다음 등식을 만족하는 n의 값을 구하여라.

(1) ${}_nC_2 = 66$

(2) ${}_nC_4 = {}_{n-1}C_3$

예제 11.18

어느 영상 사이트에서 뮤직비디오 8가지, 고정 영화 6가지 중 뮤직비디오 3가지, 고정영화 2가지를 선택하는 경우의 수를 구하여라.

풀이

뮤직비디오 8가지 중에서 3가지를 택하는 경우의 수는 ${}_8C_3$이고, 그 각각에 대하여 고전영화 6가지 중에서 2가지를 택하는 경우의 수는 ${}_6C_2$이다.

따라서 구하는 경우의 수는

$$ {}_8C_3 \times {}_6C_2 = \frac{8\times7\times6}{3\times2\times1}\times\frac{6\times5}{2\times1} = 840 $$

문제 11.18

3개의 증권 회사, 3개의 통신 회사, 4개의 건설 회사가 있다. 증권, 통신, 건설 각 업종별로 적어도 하나의 회사를 선택하여 총 4개의 회사에 입사원서를 내는 경우의 수를 구하시오.

예제 11.19

8명의 선수가 토너먼트로 시합을 한다. 8명 사이에는 실력 차가 있고 시합에서는 언제나 실력이 뛰어난 사람이 이긴다고 하자. 이 때, 실력이 제3위인 사람이 결승전에 진출할 수 있는 방법의 수를 구하시오.

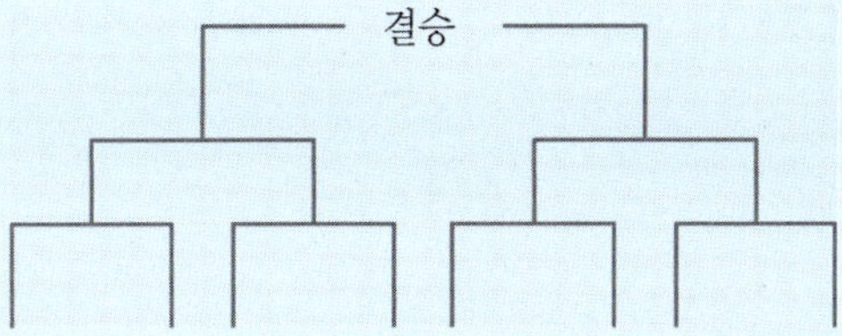

〈그림 11.11〉

풀이

1, 2위가 같은 조에 있어야 한다. 3위와 같은 조에 있을 3명을 뽑고 그 각각에 대하여 3위와 시합을 할 사람을 고르고 1, 2위가 속한 조에 대진표를 만든다. 따라서

$$ {}_5C_3 \times 3 \times \frac{{}_4C_2}{2} = 90(\text{가지}) $$

문제 11.19

어느 학교 3학년 6개의 학급이 토너먼트 방식으로 축구 시합을 갖기로 하였다. 아래 그림과 같은 대진표로 학급을 배정하는 방법은 몇 가지인가?

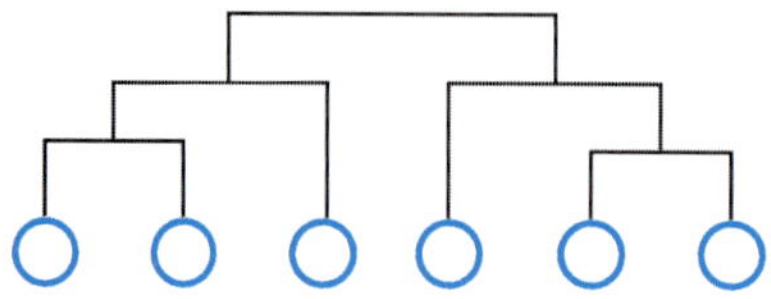

〈그림 11.12〉

11.2 확률

11.2.1 확률의 정의

(1) 어떤 시행에서 일어날 수 있는 모든 경우의 수가 n, 어떤 사건 A가 일어나는 경우의 수가 r이고, 각 경우는 모두 같은 정도로 일어난다고 기대될 때, 사건 A가 일어날 확률 $P(A)$는

$$P(A) = \frac{r}{n}$$

(2) 확률의 기본 성질

임의의 사건 A에 대하여 $0 \le P(A) \le 1$

언제나 일어나는 사건 A에 대하여 $P(A) = 1$

절대로 일어날 수 없는 사건 A에 대하여 $P(A) = 0$

예제 11.20

김치 4종류와 나물 3종류 중에서 임의로 3종류의 반찬을 선택할 때, 김치 1종류와 나물 2종류를 선택할 확률을 구하여라.

풀이

김치 4종류와 나물 3종류 중에서 3종유의 반찬을 선택하는 경우의 수는

$${}_7C_3 = 35$$

또, 김치 1종류와 나물 2종류를 선택하는 경우의 수는

$${}_4C_1 \times {}_3C_2 = 12$$

따라서 구하는 확률은 $\frac{12}{35}$ 이다.

문제 11.20

어느 도시에서는 지방세 성실 납세자의 자긍심을 고취하고 자진 납세 분위기를 확산시키기 위해 지방세 성실 납세자 중 추첨을 통해 경품을 지급할 계획이다. 이 도시에서 A, B 두 명을 포함한 지방세 성실 납세자 52명 중 5명을 임의로 추첨하여 경품을 주려고 할 때, A와 B가 모두 경품을 받을 확률을 구하여라.

예제 11.21

아래 표는 어느 회사 전체 직원 229명의 주요 통근 수단과 통근 거리를 조사한 것이다. 이 회사에서 임의로 선택된 직원의 통근 거리가 15km 이상일 때, 그 직원의 주요 통근 수단이 대중교통일 확률은?

〈표 11.2〉

	대중교통	자가 차량	계
15km 미만	45	52	97
15km 이상	83	49	132
계	128	101	229

풀이

이 회사에서 임의로 선택된 직원의 통근 거리가 15km 이상일 때 그 직원의 주요 통근 수단이 대중교통일 확률은 다음 표에서 $\frac{83}{132}$ 이다.

문제 11.21

경주 안압지에서 출토된 목제주령구(木製酒令具)는 육가형 모양의 면 8개와 정사각형 모양의 면 6개로 이루어진 십사면체 모양의 전통 놀이 기구로 각 면에서 재미있는 벌칙이 쓰여 있다. 이 목제주령구를 500번, 800번, 1000번 굴렸을 때, 벌칙이 나온 횟수가 다음과 같다고 하자. 목제주령구를 한 번 굴릴 때, 물음에 답하여라.

〈표 11.3〉

벌칙 내용	횟수 (번)		
시 한 수 읊기	34	58	72
소리 없이 춤추기	37	57	70
여러 사람이 (벌칙자의) 코 두드리기	36	55	71
그 외	393	630	787
합계	500	800	1000

(1) '시 한 수 읊기' 벌칙이 나올 확률을 반올림하여 소수 둘째 자리까지 구하여라.

(2) '시 한 수 읊기', '소리 없이 춤추기', '여러 사람이 코 두드리기' 이외의 벌칙이 나올 확률을 반올림하여 소수 둘째 자리까지 구하여라.

11.2.2 확률의 덧셈정리

(1) 임의의 두 사건 A, B에 대하여

$$P(A \cup B) = P(A) + P(B) - P(A \cap B)$$

(2) 서로 배반인 두 사건 A, B에 대하여

$$P(A \cup B) = P(A) + P(B)$$

(3) A의 여사건이 일어날 확률은

$$P(A^C) = 1 - P(A)$$

예제 11.22

어떤 학생의 책장에 있는 책들의 제목을 조사하였더니 한글이 포함된 책은 전체의 $\frac{1}{2}$, 영어가 포함된 책은 전체의 $\frac{3}{7}$, 한글과 영어가 모두 포함된 책은 전체의 $\frac{3}{14}$ 이었다. 이 책장에서 임의로 한 권의 책을 택했을 때, 책 제목에 영어 또는 한글이 포함된 책을 택할 확률을 구하여라.

풀이

책 제목에 한글이 포함된 책을 택하는 사건을 A, 영어가 포함된 책을 택하는 사건을 B라고 하면

$$P(A) = \frac{1}{2}, P(B) = \frac{3}{7}, P(A \cap B) = \frac{3}{14}$$

따라서 구하는 확률은

$$\begin{aligned} P(A \cup B) &= P(A) + P(B) - P(A \cap B) \\ &= \frac{1}{2} + \frac{3}{7} - \frac{3}{14} = \frac{10}{14} = \frac{5}{7} \end{aligned}$$

문제 11.22

어느 학교 학생 150명을 대상으로 토요 프로그램 참여 실태를 조사하였더니 교과 관련 학습 프로그램과 예체능 관련 프로그램에 참여하는 학생들이 각각 102명, 84명이었고, 두 프로그램 중 어느 것에도 참여하지 않는 학생은 20명이었다. 이 조사에 참여한 학생들 중 임의로 한 명을 택하였을 때, 그 학생이 교과 관련 학습 프로그램과 예체능 관련 프로그램에 모두 참여하는 학생일 확률을 구하여라.

예제 11.23

어느 공장에서 생산한 10개의 제품 중에는 2개의 불량품이 있다. 이 제품 10개 중에서 임의로 3개를 꺼낼 때, 적어도 한 개의 불량품이 나올 확률을 구하여라.

풀이

적어도 한 개의 불량품이 나오는 사건을 A라고 하면 A^C는 불량품이 하나도 나오지 않는 사건이다.

$$P(A^C) = \frac{{}_8C_3}{{}_{10}C_3} = \frac{7}{15}$$

이므로 구하는 확률은

$$P(A) = 1 - P(A^C) = 1 - \frac{7}{15} = \frac{8}{15}$$

문제 11.23

어느 봉사 활동 동아리 회원의 구성이 아래

〈표 11.4〉

(단위 : 명)

학년 \ 성별	남학생	여학생	합계
1학년	7	3	10
2학년	8	2	10
합계	15	5	20

표와 같다. 이 회원 중에서 임의로 2명의 대표를 뽑을 때, 남학생이 포함되거나 2학년 학생이 포함될 확률을 구하여라.

예제 11.24

서랍 속에 검은색 양말 1짝, 파란색 양말 7짝, 노란색 양말 4짝이 들어 있다. 이 서랍 속에서 임의로 두 짝의 양말을 동시에 꺼낼 때, 모두 같은 색의 양말이 나올 확률을 구하여라.

풀이

12짝의 양말 중 2짝의 양말을 꺼내는 경우의 수는

$${}_{12}C_2 = 66$$

두 짝의 양말이 모두 파란색으로 같은 사건을 A, 모두 노란색으로 같은 사건을 B라고 하면 두 사건 A, B가 일어나는 경우의 수는 각각 ${}_7C_2$, ${}_4C_2$이므로

$$P(A) = \frac{{}_7C_2}{{}_{12}C_2} = \frac{21}{66} = \frac{7}{22}$$

$$P(B) = \frac{{}_4C_2}{{}_{12}C_2} = \frac{6}{66} = \frac{1}{11}$$

이때 두 짝이 모두 같은 색의 양말이 나오는 사건은 $A \cup B$이고, $A \cap B = \varnothing$ 이므로 구하는 확률은 확률의 덧셈정리의 의하여

$$P(A \cup B) = P(A) + P(B) = \frac{7}{22} + \frac{1}{11} = \frac{9}{22}$$

문제 11.24

대통령 선거에 갑, 을, 병 세 사람이 출마하였다. 그들의 공약에 따르면 갑이 당선되어 세금을 올릴 확률은 0.8, 을이 당선되어 세금을 올릴 확률은 0.6, 병이 당선되어 세금을 올릴 확률은 0.3이다. 여론 조사에 의하면 갑이 당선될 확률이 0.4, 을이 당선될 확률이 0.5, 병이 당선될 확률이 0.1 이라고 할 때, 선거가 끝난 후 세금이 오를 확률은?

11.2.3 조건부확률과 확률의 곱셈정리

(1) 사건 A가 일어나는 조건 아래에서의 사건 B의 조건부확률은

$$P(B|A) = \frac{P(A \cap B)}{P(A)} \text{(단, } P(A) \neq 0\text{)}$$

(2) 확률의 곱셈정리

$$P(A\cap B)=P(A)P(B|A)=P(B)P(A|B)\ (\text{단},\ P(A)\neq 0,\ P(B)\neq 0)$$

특히, 두 사건 A, B가 서로 독립이면, $P(A\cap B)=P(A)P(B)$

예제 11.25

평균 다섯 번에 한 번 꼴로 방문한 곳에 휴대 전화기를 놓고 오는 버릇이 있는 학생이 어느 날 학교, 도서관, 서점을 차례로 들러 집에 돌아 왔다. 휴대 전화기를 방문한 곳에 놓고 왔을 때, 서점에 놓고 왔을 확률을 구하시오.

풀이

휴대 전화기를 놓고 오는 사건을 E, 서점에 휴대 전화기를 놓고 오는 사건을 A라고 하면

$$P(A|E)=\frac{P(A\cap E)}{P(E)}=\frac{\frac{4}{5}\times\frac{4}{5}\times\frac{1}{5}}{\frac{1}{5}+\frac{4}{5}\times\frac{1}{5}+\frac{4}{5}\times\frac{4}{5}\times\frac{1}{5}}=\frac{16}{61}$$

예제 11.26

A, B, C 세 군데의 양계장에서 같은 양의 계란을 납품받는 유통업체가 있다. 이 양계장들이 납품하는 계란 중 크기 및 중량 미달, 신선도 불량 등의 하자가 있을 확률이 A, B, C 각각 5%, 7%, 4% 라면, 유통업체가 판매한 계란 중 불량인 것이 하나 나왔을 때, 그것이 A 양계장에서 생산한 계란일 확률은?

풀이

불량인 계란이 나오는 사건을 L이라고 하면,

$$P(L)=P(A\cap L)+P(B\cap L)+P(C\cap L)$$

$$\therefore P(A|L)=\frac{P(A\cap L)}{P(L)}=\frac{\frac{1}{3}\times\frac{5}{100}}{\frac{1}{3}\times\left(\frac{5}{100}+\frac{7}{100}+\frac{4}{100}\right)}$$

$$=\frac{5}{16}$$

예제 11.27

어떤 의사가 암에 걸린 사람을 암에 걸렸다고 진단할 확률은 98%이고, 암에 걸리지 않은 사람을 암에 걸리지 않았다고 진단할 확률은 92%라고 한다. 이 의사가 실제로 암에 걸린 사람 400명과 실제로 암에 걸리지 않은 사람 600명을 진찰하여 암에 걸렸는지 아닌지를 판단하였다. 이들 1000명 중 임의로 한 사람을 택하였을 때, 그 사람이 암에 걸렸다고 진단 받은 사람일 확률은?

풀이

암이라고 진단할 사건을 D, 택한 한 사람이 암에 걸인 사건 C, 이 사람이 암에 걸렸다고 진단 받을 사건일 확률은

$$P(C\cap D)=\frac{400}{1000}\times\frac{98}{100}=\frac{392}{1000}$$

택한 한 사람이 암에 걸리지 않은 사람이고, 이 사람이 암에 걸렸다고 진단 받을 사건 확률은

$$P(C^C\cap D)=\frac{600}{1000}\times\left(1-\frac{92}{100}\right)=\frac{48}{1000}$$

$$P(D)=P(C\cap D)+P(C^C\cap D)$$

이므로

$$P(D)=\frac{392}{1000}+\frac{48}{1000}=\frac{440}{1000}=\frac{44}{100}$$

따라서 44%

문제 11.25

어느 날 밤 어떤 택시가 뺑소니 사고를 일으켰다. 그 도시에는 택시 회사가 두 개 있는데, 하나는 푸른색 택시만을 소유한 회사이고 다른 하나는 초록색 택시만을 소유한 회사이다. 또, 도시 전체의 택시 가운데 85%는 초록색이고, 15%는 푸른색이다. 사고 당시 목격자는 사고에 관련된 택시가 푸른색 택시라고 증언하였다. 이 목격자의 진술이 어느 정도나 타당한가를 알아보기 위하여 유사한 시야 조건에서 실험이 이루어지고, 그 목격자가 올바르게 색을 구별할 확률은 0.8인 것이 확인되었다. 사고 택시가 푸른색일 확률을 구하면?

문제 11.26

〈표 11.5〉

	판매비율	구입한 후 1년 이내에 고장 수리를 요청할 확률
컴퓨터 Ⅰ	0.7	0.05
컴퓨터 Ⅱ	0.3	0.1

어느 컴퓨터 회사는 컴퓨터 Ⅰ, Ⅱ를 각각 전체 판매량의 70%, 30%씩 판매한다. 또, 과거의 자료에 의하면 컴퓨터 Ⅰ, Ⅱ를 구입한 후1년 이내에 고장 수리를 요청하는 비율이 각각 5%, 10%이었다. 이 회사의 컴퓨터를 구입한 소비자 중에서 임의로 한 명을 선택했을 때, 컴퓨터를 구입한 후 1년 이내에 고장 수리 요청을 했다면 그 제품이 컴퓨터 Ⅱ일 확률을 구하여라.

문제 11.27

어느 공장에서는 두 기계 A, B로 각각 전체의 60%, 40%의 제품을 생산하여, 제품 중 각각 2%,4%가 불량품일 때, 한 개의 제품을 조사하였더니 불량품이었을 때, 그 제품이 기계 A에서 생산된 제품일 확률을 구하여라.

예제 11.28

통계청에서 조사한 2017년 청소년 통계에 의하면 우리나라의 13세 이상 19세 이하의 청소년 39.4%가 직업의 선택 요인으로 적성과 흥미라고 응답하였으며, 이 중에서 여학생이 차지하는 비율이 55.1%이었다. 이 조사에 참여한 13세 이상 19세 이하의 청소년 중 임의로 한 명을 뽑을 때, 이 청소년이 직업의 선택 요인으로 적성과 흥미라고 응답한 여학생일 확률을 반올림하여 소수 셋째 자리까지 구하여라.

풀이

13세 이상 19세 이하의 청소년 중 임의로 한 명을 뽑을 때, 직업의 선택 요인으로 적성과 흥미라고 응답한 사건을 A, 여학생인 사건을 B라고 하면

$$P(A) = 0.394, P(B|A) = 0.551$$

이때 임의로 뽑은 한 명의 청소년이 직업의 선택 요인으로 적성과 흥미라고 응답한 여학생일 확률은 $P(A \cap B)$이다.

따라서 구하는 확률은 확률의 곱셈정리에 의하여

$$P(A \cap B) = P(A)P(B|A) = 0.394 \times 0.551 = 0.217094$$

이고, 이 값을 반올림하여 소수 셋째 자리까지 구하면 0.217이다.

문제 11.28

초콜릿이 들어 있는 도넛 4개와 초콜릿이 들어 있지 않은 도넛 6개가 있다. 이 중에서 임의로 두 개의 도넛을 먹을 때, 첫 번째에는 초콜릿이 들어 있는 도넛을, 두 번째는 초콜릿이 들어 있지 않은 도넛을 먹을 확률을 구하여라.

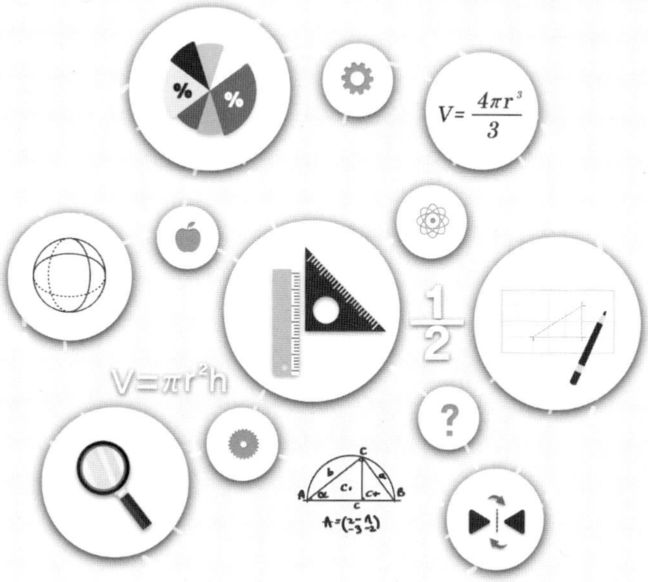

CHAPTER 12

통계를 이용한 생활수학

12.1 확률분포

12.1.1 이산확률분포

확률변수 X가 가지는 값 $x_1, x_2, \cdots, x_n$에 대하여 확률 $P(X=x_i)=p_i(i=1,2,\cdots,n)$에 대하여

$$0 \le P(X=x_i)=p_i \le 1,\ \sum_{i=1}^{n} p_i = 1$$

(1) 평균, 분산, 표준편차

확률변수 X에 대하여 $P(X=x_i)=p_i(i=1,2,\cdots,n)$일 때,

- 평균 : $E(X)=m=\sum_{i=1}^{n} x_i p_i$
- 분산 : $V(X)=\sum_{i=1}^{n}(x_i-m)^2 p_i=\sum_{i=1}^{n} x_i^2 p_i - m^2 = E(X^2)-E(X)^2$
- 표준편차 : $\sigma(X)=\sqrt{V(X)}$

(2) 평균, 분산, 표준편차의 성질

확률변수 X와 임의의 상수 a,b에 대하여

$$E(aX+b)=aE(X)+b$$

$$V(aX+b)=a^2V(X)$$

$$\sigma(aX+b)=|a|\sigma(X)$$

예제 12.1

확률변수 X의 확률분포를 표로 나타내면 아래와 같을 때, 다음을 구하여라.

〈표 12.1〉

X	1	2	3	4	합계
$P(X=x)$	$\frac{1}{4}$	$\frac{1}{4}$	$\frac{1}{4}$	$\frac{1}{4}$	1

(1) $E(X)$ (2) $V(X)$

(3) $\sigma(X)$

풀이

(1) $E(X)=1\cdot\frac{1}{4}+2\cdot\frac{1}{4}+3\cdot\frac{1}{4}+4\cdot\frac{1}{4}=\frac{5}{2}$

(2) $E(X^2)=1^2\cdot\frac{1}{4}+2^2\cdot\frac{1}{4}+3^2\cdot\frac{1}{4}+4^2\cdot\frac{1}{4}=\frac{15}{2}$ 이므로

$V(X)=E(X^2)-E(X)^2=\frac{15}{2}-\left(\frac{5}{2}\right)^2=\frac{5}{4}$

(3) $\sigma(X)=\sqrt{V(X)}=\sqrt{\frac{5}{4}}=\frac{\sqrt{5}}{2}$

예제 12.2

확률변수 X에 대하여 $E(X)=10$, $V(X)=9$일 때, 다음 확률변수의 평균, 분산, 표준편차를 구하여라.

(1) $3X-1$ (2) $-\frac{1}{2}X+6$

풀이

(1) $E(3X-1)=3E(X)-1=3\cdot 10-1=29$

$V(3X-1)=3^2V(X)=9\cdot 9=81$

$\sigma(3X-1)=3\sigma(X)=3\cdot 3=9$

(2) $E\left(-\frac{1}{2}X+6\right)=-\frac{1}{2}E(X)+6=-\frac{1}{2}\cdot 10+6=1$

$$V\left(-\frac{1}{2}X+6\right)=\left(-\frac{1}{2}\right)^2 V(X)=\frac{1}{4}\cdot 9=\frac{9}{4}$$

$$\sigma\left(-\frac{1}{2}X+6\right)=\left|-\frac{1}{2}\right|\sigma(X)=\frac{1}{2}\cdot 3=\frac{3}{2}$$

예제 12.3

이번 추석 연휴는 5일이라고 한다. 할머니 댁에서 친척들이 모이기로 했는데 나는 5일중 하루만 할머니 댁을 방문할 수 있고, 각 날짜에 내가 방문할 수 있는 확률과 각 날짜에 할머니 댁에 머물 수 있는 사람들의 수는 다음 표와 같다. 이번 연휴에 만날 수 있는 친척의 수의 기댓값을 구하시오.

〈표 12.2〉

날짜	1일차	2일차	3일차	4일차	5일차
머무는 친척의 수	3	5	8	6	1
내가 방문할 확률	$\frac{1}{8}$	$\frac{1}{8}$	$\frac{1}{4}$	$\frac{3}{10}$	$\frac{1}{5}$

풀이

만날 수 있는 친척의 수를 X라 하면

$$E(X)=3\times\frac{1}{8}+5\times\frac{1}{8}+8\times\frac{1}{4}+6\times\frac{3}{10}+1\times\frac{1}{5}$$

$$=5(\text{명})$$

예제 12.4

시험 점수 X의 평균이 m점이고 표준편차가 σ점일 때,

$$T=10\left(\frac{X-m}{\sigma}\right)+50$$

을 표준 점수라 한다. 다음에 답하여라.

(1) 수학 시험 점수의 평균이 70점이고 표준편차가 15점일 때, 수학 점수가 85점 인 학생의 표준 점수를 구하여라.

(2) 표준 점수 T의 평균과 표준편차를 구하여라.

풀이

(1) 평균이 70점이고 표준편차가 15점이므로 구하는 표준 점수는

$$10 \cdot \frac{85-70}{15}+50=60(\text{점})$$

(2) $E(X)=m, \sigma(X)=\sigma$이므로

$$E(T)=E\left(10\left(\frac{X-m}{\sigma}\right)+50\right)=\frac{10}{\sigma}E(X)-\frac{10m}{\sigma}+50$$

$$=\frac{10m}{\sigma}-\frac{10m}{\sigma}+50=50$$

$$\sigma(T)=\sigma\left(10\left(\frac{X-m}{\sigma}\right)+50\right)=\left|\frac{10}{\sigma}\right|\sigma(X)$$

$$=\frac{10}{\sigma}\cdot\sigma=10$$

따라서 표준 점수 T의 평균은 50점, 표준편차는 10점이다.

문제 12.1

한 개의 주사위를 두 번 던질 때, 6의 약수의 눈이 나오는 횟수를 확률변수 X라 하자. 다음에 답하여라.

(1) 다음 표를 완성하여라.

〈표 12.3〉

X	0	1	2	합계
$P(X=x)$				1

(2) $E(X)$, $V(X)$, $\sigma(X)$를 구하여라.

문제 12.2

확률변수 X의 확률분포를 표로 나타내면 아래와 같을 때, 다음을 구하여라.

〈표 12.4〉

X	0	1	2	3	합계
$P(X=x)$	$\frac{1}{3}$	$\frac{1}{6}$	$\frac{1}{6}$	$\frac{1}{3}$	1

(1) $E(2X+3)$

(2) $V(6X-2)$

(3) $\sigma(-6X+5)$

문제 12.3

우리나라는 1996년 11월부터 교통 혼잡 지역에서 두 사람 이하가 탄 차량에 통행료를 부과하는 제도를 부분적으로 실시하고 있다. 어느 구간에서 이 제도를 실시하는 것이 적절한지 판단하기 위해 이 구간을 통과하는 승용차를 대상으로 탑승자의 수를 조사하였다. 조사한 탑승자의 수 X의 확률분포가 다음 표와 같을 때, 확률변수 X의 분산과 표준편차를 각각 구하여라.

〈표 12.5〉

X	1	2	3	4	5	합계
$P(X=x)$	0.5	0.2	0.15	0.1	0.05	1

문제 12.4

어느 농장에서 생산하는 감귤의 주간별 1kg당 국내 가격 X의 평균과 표준편차가 각각 960원, 80원이라고 한다. 이 농장에서 어느 국가로 수출하는 감귤의 주간별 1kg당 수출 가격 Y에 대하여 $Y=\frac{5}{4}X+250$의 관계식이 성립할 때, 확률변수 Y의 평균과 표준편차를 각각 구하여라.

12.1.2 이항분포

(1) 이항분포

한 번의 시행에서 사건 A가 일어날 확률이 p일 때, n회의 독립시행에서 사건 A가 일어나는 횟수에 대한 분포이고

$$P(X=r)={}_nC_r p^r q^{n-r} \text{ (단, } p+q=1,\ r=0,1,2,\cdots,n)$$

이며, $B(n,p)$로 나타낸다.

(2) 평균, 분산, 표준편차

확률변수 x가 이항분포 $B(n,p)$를 따를 때

$$E(X)=np$$

$$V(X)=npq$$

$$\sigma(X)=\sqrt{npq}$$

예제 12.5

공격 성공률이 60%인 배구 선수가 4번 공격하였을 때, 적어도 2번 이상 공격이 성공할 확률을 구하여라.

풀이

4번의 공격 중에서 성공하는 공격의 수를 확률변수 X라고 하면 각 공격에서 성공할 확률은 0.6이므로 X의 확률분포는 이항분포 $B(4,0.6)$을 따른다.

이때, X의 확률질량함수 $p(x)$는

$$p(x)={}_4C_x 0.6^x 0.4^{4-x} \ (x=0,1,2,3,4)$$

한편, 적어도 2번 이상 공격이 성공하는 경우는 $X\geq 2$이므로 구하는 확률은

$$P(X\geq 2)=1-P(X<2)=1-p(0)+p(1)=1-({}_4C_0 0.4^4+{}_4C_1 0.6\times 0.4^3)$$

$$=1-(0.0256+0.1536)=0.8208$$

문제 12.5

어느 제약 회사에서 새로 개발한 치료약은 특정 질병의 환자에게 70%의 치유율을 보였다고 한다. 이 약을 복용한 10명의 환자 중에서 9명 이상이 치유될 확률을 구하여라. (단, $0.7^9 = 0.0404$, $0.7^{10} = 0.0282$로 계산한다.)

예제 12.6

어느 항공 노선에서 예약한 사람이 사전 통보 없이 탑승하지 않는 경우가 20명 중 1명 꼴이라고 한다. 좌석 수 80에 대하여 82명이 좌석을 예약한 경우 좌석이 부족하게 될 확률을 소수점 아래 셋째자리에서 반올림하여 구하면?

(단, $(0.95)^{81} = 0.016$, $(0.95)^{82} = 0.015$, $(0.95)^{61} = 0.044$, $(0.95)^{62} = 0.042$)

풀이

예약한 사람이 탑승할 확률은 0.95 이다.

그러므로 예약한 82명 중에서 탑승하는 사람의 수를 확률변수 X라고 하면, X의 확률분포는 이항분포 $B(82, 0.95)$ 이다.

즉, $P(X=x) = {}_{82}C_x(0.95)^x(0.05)^{82-x}\ (x = 0, 1, 2, \cdots, 82)$

한편, 좌석이 부족한 것은 $X \geq 81$의 경우이므로

$$\begin{aligned} P(X \geq 81) &= P(X=81) + P(X=82) \\ &= {}_{82}C_{81}(0.95)^{81}(0.05) + {}_{82}C_{82}(0.95)^{82} \\ &= 82 \times 0.016 \times 0.05 + 0.015 \\ &= 0.0806 \end{aligned}$$

문제 12.6

어느 호텔을 예약한 사람 중에서 실제로 그 호텔에 투숙하는 사람은 80%라 한다. 방이 20개인 이 호텔에서 같은 날 22개의 예약을 받은 경우 실제로 방이 부족할 확률을 구하여라.

(단, $0.8^{21} = 0.009$, $0.8^{22} = 0.007$로 계산한다.)

예제 12.7

불량률이 2%인 어떤 제품을 100개 검사하였을 때, 불량품의 개수를 확률변수 X라고 하자. 이때, X의 평균과 표준편차를 각각 구하여라.

풀이

불량률이 2%이므로 100개의 제품 중 불량품의 개수 X는 이항분포 $B(100, 0.02)$를 따르고, X의 평균과 표준편차는 각각 다음과 같다.

$$E(X) = 100 \times 0.02 = 2$$

$$\sigma(X) = \sqrt{100 \times 0.02 \times 0.98} = \sqrt{1.96} = 1.4$$

문제 12.7

어느 연극 공연의 예약 취소율이 5%라고 한다. 이 공연의 예약자 800명 중 예약을 취소하는 예약자의 수의 평균과 분산을 각각 구하여라.

12.1.3 연속확률변수와 확률밀도함수

(1) 연속확률변수 : 어떤 구간에 속하는 모든 실수값을 취할 수 있는 확률변수

(2) 확률밀도함수 $f(x)(\alpha \le X \le \beta)$는 다음 조건을 만족한다.

(i) $f(x) \ge 0$

(ii) 함수 $y = f(x)$의 그래프와 x축 및 두 직선 $x = \alpha, x = \beta$로 둘러싸인 부분의 넓이는 1이다.

(iii) $P(x_1 \le X \le x_2)(\alpha \le x_1 \le x_2 \le \beta)$의 값은 함수 $y = f(x)$의 그래프와 x축 및 두 직선 $x = x_1, x = x_2$로 둘러싸인 부분의 넓이와 같다.

예제 12.8

연속확률변수 X가 취하는 값의 범위가 $-1 \le X \le 1$이고, 확률변수 X의 확률밀도함수가 $f(x)=a(x-1)$일 때, 확률 $P(0 \le X \le 1)$을 구해 보자. (단, a는 상수)

풀이

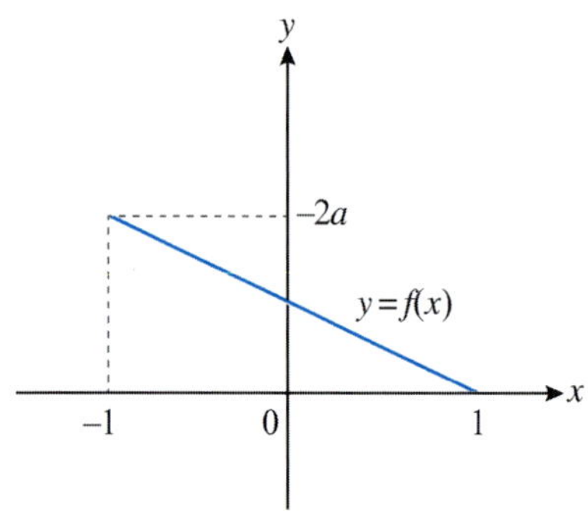

〈그림 12.1〉

일차 함수 $y=a(x-1)$의 그래프는 a의 값에 관계없이 항상 점 (1,0)을 지나는 직선이다. 또, $f(-1)=-2a$이고 $f(x) \ge 0$이어야 하므로 $a<0$임을 알 수 있다. 이때 위의 그림과 같이 $y=f(x)$의 그래프와 x축 및 직선 $x=-1$로 둘러싸인 부분의 넓이가 1이므로

$\frac{1}{2} \times 2 \times (-2a)=1$에서 $a=-\frac{1}{2}$이다. 또, $f(0)=\frac{1}{2}$이므로

$$P(0 \le X \le 1)=\frac{1}{2} \times 1 \times \frac{1}{2}=\frac{1}{4}$$

문제 12.8

연속확률변수 X의 확률밀도함수 $f(x)$의 그래프가 오른쪽 그림과 같을 때, 다음을 구하여라.

(1) 상수 k의 값

(2) $P(X \le \frac{3}{4})$

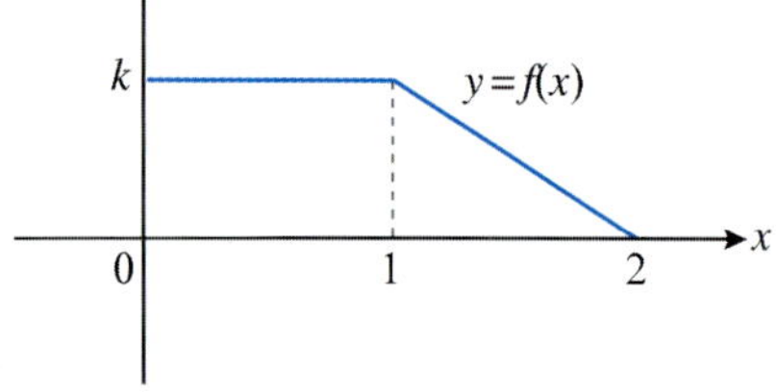

〈그림 12.2〉

풀이

(1) $f(x)$의 그래프와 x축으로 둘러싸인 부분의 넓이는 1이므로

$$1 \times k + \frac{1}{2} \times 1 \times k = \frac{3}{2}k = 1$$

$$k = \frac{2}{3}$$

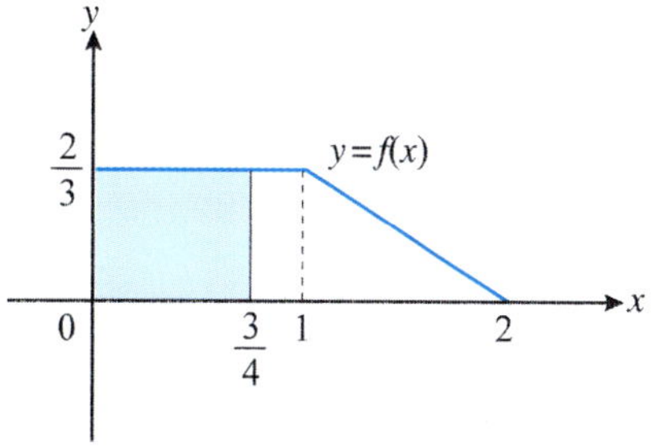

〈그림 12.3〉

(2) 확률 $P\left(X \leq \frac{3}{4}\right)$은 〈그림 12.3〉에서 색칠한 부분의 넓이와 같으므로

$$P(X \leq \frac{3}{4}) = \frac{3}{4} \times \frac{2}{3} = \frac{1}{2}$$

예제 12.9

어느 지하철역에서 8분 간격으로 운행되는 지하철을 임의의 시각에 도착하여 기다리는 시간을 확률변수 X라고 할 때, 확률밀도함수 $f(x)$는

$$f(x) = \frac{1}{k} \; (0 \leq x \leq 8)$$

이다. 다음을 구하여라.

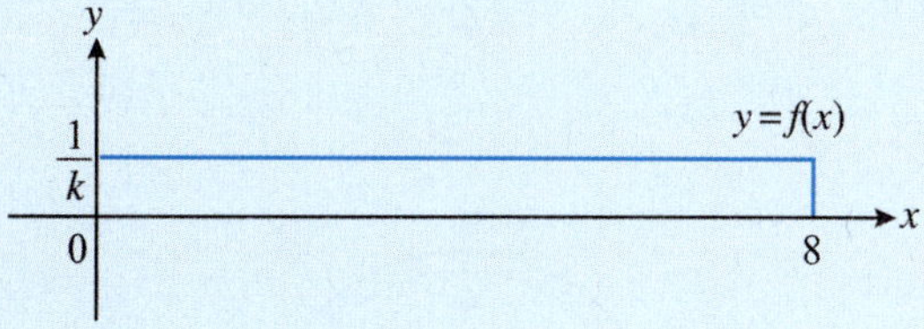

〈그림 12.4〉

(1) 상수 k의 값

(2) 지하철을 3분 이상 기다릴 확률

풀이

(1) 아래 그림에서 $f(x)$의 그래프와 x축 및 직선 $x=8$로 둘러싸인 부분의 넓이는 1이고, $f(8)=\frac{1}{k}$이므로

$$8\times\frac{1}{k}=1,\ k=8$$

(2) 지하철을 3분 이상 기다릴 확률은 $P(X\geq 3)$이다. 따라서 구하는 확률은 아래 그림에서 색칠한 부분의 넓이와 같으므로

$$P(X\geq 3)=5\times\frac{1}{8}=\frac{5}{8}$$

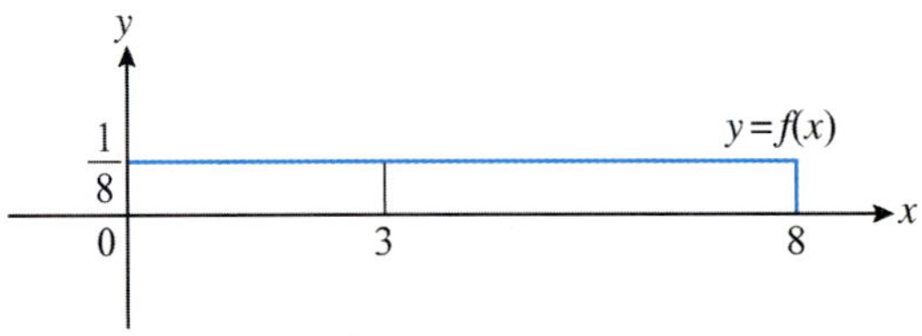

〈그림 12.5〉

문제 12.9

아래 그림과 같이 원둘레의 길이가 10인 원판의 중심을 축으로 하여 자유롭게 회전시킬 수 있는 바늘이 있다. 이 바늘을 회전시켜서 바늘이 저절로 멈췄을 때, 0에서부터 바늘이 정지한 점까지 시계 방향으로 잰 호의 길이를 X라 할 때, 확률변수 X의 확률밀도함수 $f(x)$를 구하면? (단, $0\leq x\leq 10$)

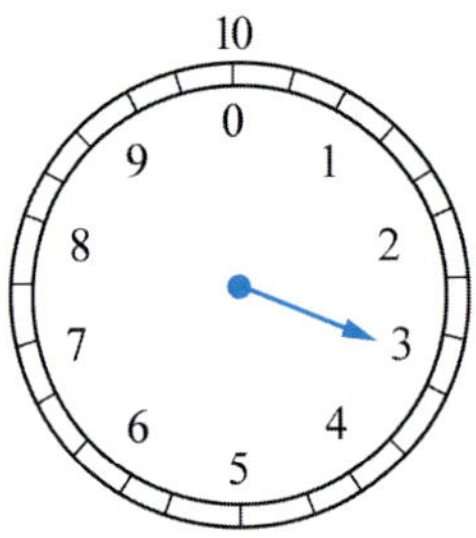

〈그림 12.6〉

예제 12.10

어떤 역에서 지하철을 기다리는 시간을 확률변수 X라고 할 때, X의 확률밀도함수 $f(x)$의 그래프가 아래의 그림과 같이 선분 OA와 AB로 이루어진다고 한다. 기다리는 시간이 3분 이내일 확률을 구하면?

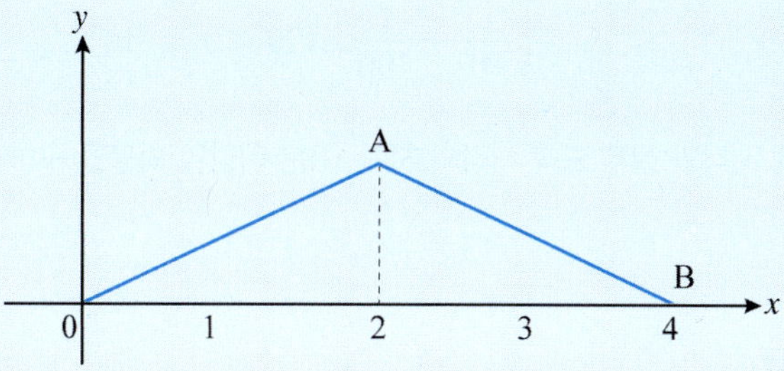

〈그림 12.7〉

풀이

먼저 A 점의 y좌표를 구해야 한다. 점 A의 y좌표를 a라고 하면, 삼각형 OAB의 넓이가 1이어야 하므로 다음을 알 수 있다.

$$\frac{1}{2}\times 4\times a=1 \quad \therefore a=\frac{1}{2}$$

구하는 확률은 아래 그림에서 색칠된 부분의 넓이이다. 여기서 선분 AB와 직선 $x=3$이 만나는 점 C의 좌표는 $\left(3, \frac{1}{4}\right)$이다.

$$\therefore P(0\le X\le 3)=1-\frac{1}{2}\times 1\times\frac{1}{4}=\frac{7}{8}$$

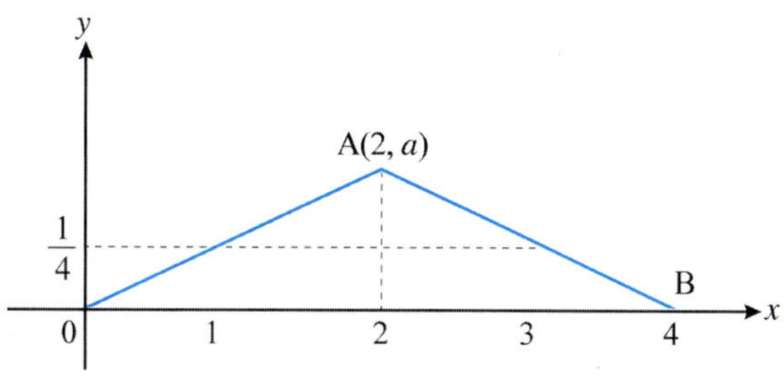

〈그림 12.8〉

문제 12.10

어느 공항에서 비행기의 도착 예정 시각과 실제 도착 시각의 차를 확률변수 X라고 할 때, 과거의 자료를 이용하여 조사한 결과 X의 확률밀도함수 $f(x)$는

$$f(x)=\begin{cases}\dfrac{1}{400}x & (0\le x\le 20)\\ \dfrac{1}{10}-\dfrac{1}{400}x & (20<x\le 40)\end{cases}$$

이다. 이때, 도착 예정 시각과 실제 도착 시각의 차가 10분 이상일 확률을 구하여라.

12.1.4 정규분포

(1) 정의역이 모든 실수인 확률변수 X의 확률밀도함수 $f(x)$가

$f(x)=\dfrac{1}{\sqrt{2\pi}\,\sigma}e^{-\frac{(x-m)^2}{2\sigma^2}}$ 으로 주어질 때 X의 분포를 평균 m, 표준편차 σ를 갖는 정규분포라 하고, $N(m,\sigma^2)$으로 나타낸다.

(2) 표준정규분포 : 확률변수 X가 정규분포 $N(m,\sigma^2)$을 따를 때, $Z=\dfrac{x-m}{\sigma}$으로 놓으면 확률변수 Z는 표준정규분포 $N(0,1^2)$을 따른다.

예제 12.11

확률변수 Z가 표준정규분포 $N(0,1)$을 따를 때, 표준정규분포표를 이용하여 다음 확률을 구하여라.

(1) $P(Z\ge 1)$

(2) $P(|Z|\le 1.5)$

(3) $P(Z\le -2)$

(4) $P(Z\ge -2.58)$

풀이

(1) $P(Z \geq 1) = 0.5 - P(0 \leq Z \leq 1)$

$= 0.5 - 0.3413$

$= 0.1587$

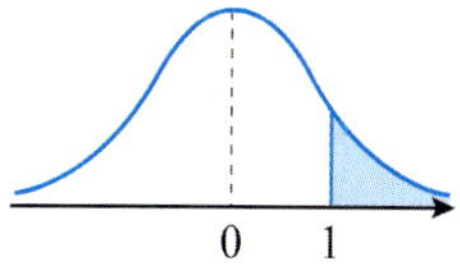

〈그림 12.9〉

(2) $P(|Z| \leq 1.5) = P(1.5 \leq Z \leq 1.5)$

$= 2P(0 \leq Z \leq 1.5)$

$= 2 \times 0.4332 = 0.8664$

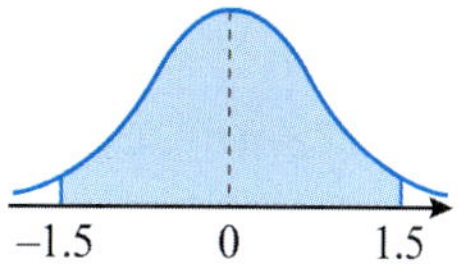

〈그림 12.10〉

(3) $P(Z \leq -2) = 0.5 - P(-2 \leq Z \leq 0)$

$= 0.5 - P(0 \leq Z \leq -2)$

$= 0.5 - 0.4772 = 0.0228$

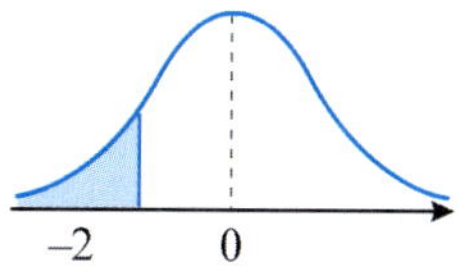

〈그림 12.11〉

(4) $P(Z \geq -2.58) = 0.5 + P(-2.58 \leq Z \leq 0)$

$= 0.5 + P(0 \leq Z \leq 2.58)$

$= 0.5 + 0.4951 = 0.9951$

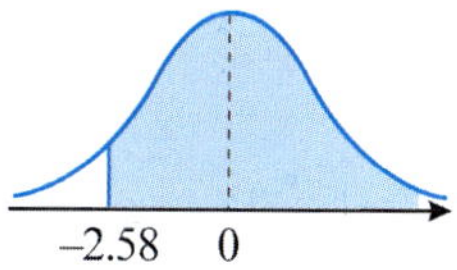

〈그림 12.12〉

예제 12.12

확률변수 Z가 표준정규분포 $N(0,1)$을 따를 때, 표준정규분포표를 이용하여 다음을 만족하는 상수 a의 값을 구하여라.

(1) $P(Z \geq a) = 0.33$　　(2) $P(Z > a) = 0.9893$

(3) $P(Z \leq a) = 0.0668$　　(4) $P(Z < a) = 0.9066$

풀이

(1) $P(Z \geq a) = 0.33$이므로 $P(0 \leq Z \leq a) = 0.17$이때,
표준정규분포표에서 $P(0 \leq Z \leq 0.44) = 0.17$이므로

$a = 0.44$

(2) $P(Z>a)=0.9893$이므로 $P(a \leq Z \leq 0)=P(0 \leq Z \leq -a)=0.4893$이때,
표준정규분포표에서 $P(0 \leq Z \leq 2.3)=0.4893$이므로

$$a=-2.3$$

(3) $P(Z \leq a)=0.0688$이므로 $P(a \leq Z \leq 0)=P(0 \leq Z \leq -a)=0.4332$이때,
표준정규분포표에서 $P(0 \leq Z \leq -1.5)=0.4332$이므로

$$a=-1.5$$

(4) $P(Z<a)=0.9066$이므로 $P(0 \leq Z \leq a)=0.4066$이때,
표준정규분포표에서 $P(0 \leq Z \leq 1.32)=0.4066$이므로

$$a=1.32$$

예제 12.13

확률변수 X가 정규분포 $B(20, 5^2)$을 따를 때, 다음 확률을 구하여라.

(1) $P(X \leq 30)$ (2) $P(X<15)$

(3) $P(12.5 \leq X \leq 27.5)$

풀이

확률변수 X를 표준화한 확률변수 $Z=\dfrac{X-20}{5}$은 표준정규분포 $N(0,1)$을 따른다.

(1) $P(X \leq 30)=P\left(Z \leq \dfrac{30-20}{5}\right)=P(Z \leq 2)$
$=0.5+P(0 \leq Z \leq 2)$
$=0.5+0.4772=0.9772$

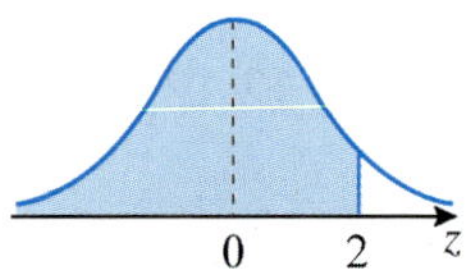

〈그림 12.13〉

(2) $P(X<15)=P\left(Z<\dfrac{15-20}{5}\right)=P(Z<-1)$
$=0.5-P(0 \leq Z \leq 1)$
$=0.5-0.3413=0.1587$

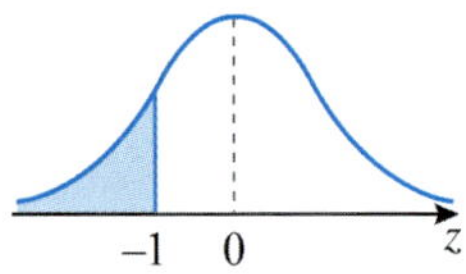

〈그림 12.14〉

(3) $P(12.5 \le X \le 27.5) = P\left(\frac{12.5-20}{5} \le Z \le \frac{27.5-20}{5}\right)$

$= P(-1.5 \le Z \le 1.5)$

$= 2P(0 \le Z \le 1.5)$

$= 2 \times 0.4332 = 0.8664$

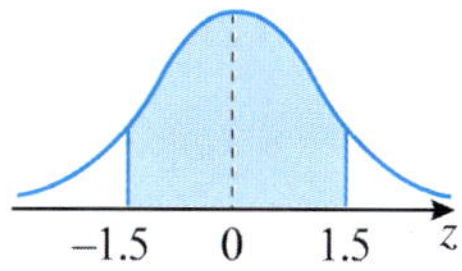

〈그림 12.15〉

예제 12.14

어느 회사가 자사의 김치 냉장고를 사용하는 소비자를 대상으로 김치 냉장고 구입 후 교체하기까지의 기간을 조사하였더니 평균 108개월, 표준편차 12개월인 정규분포를 따르는 것으로 나타났다. 이 회사의 김치 냉장고 사용자 중 구입한 지 8년에서 11년 사이에 교체한 사용자는 몇 %인지 구하여라.

풀이

김치 냉장고 구입 후 교체하기까지의 기간을 확률변수 X라고 하면 X는 정규분포 $N(108, 12^2)$을 따르므로 확률변수 $Z = \frac{X-108}{12}$은 표준정규분포 $N(0,1)$을 따른다. 즉,

$$P(96 \le X \le 132) = P\left(\frac{96-108}{12} \le \frac{X-108}{12} \le \frac{132-108}{12}\right)$$

$$= P(-1 \le Z \le 2)$$

$$= P(0 \le Z \le 1) + P(0 \le Z \le 2)$$

$$= 0.3413 + 0.4772$$

$$= 0.8185$$

따라서 이 회사의 김치 냉장고 사용자 중 구입한지 8년에서 11년 사이에 교체한 사용자는 전체의 81.85%이다.

문제 12.11

어느 제약 회사에서 만드는 원형 알약의 지름의 길이는 평균 8mm, 표준편차 0.2mm인 정규분포를 따른다고 한다. 이 알약 2000개 중 지름의 길이가 7.6mm 이상 8.2mm 이하인 것은 몇 개인지 구하여라.

예제 12.15

현준이가 아침에 등교하는 데 걸리는 시간은 평균 25분, 표준편차 6분인 정규분포를 따른다고 한다. 어느 날 현준이가 등교 시간 28분 전에 집에서 출발하여 학교에 갈 때, 지각할 확률을 구하여라.

풀이

현준이가 등교하는 데 걸리는 시간을 확률변수 X라고 하면 X는 정규분포 $N(25, 6^2)$을 따르므로 X를 표준화한 확률변수 $Z=\dfrac{X-25}{6}$는 표준정규분포 $N(0,1)$을 따른다.

따라서 구하는 확률은

$$
\begin{aligned}
P(X>28) &= P(Z>\frac{28-25}{6}) = P(Z>0.5) \\
&= 0.5 - P(0 \le Z \le 0.5) \\
&= 0.5 - 0.1915 = 0.3085
\end{aligned}
$$

문제 12.12

어느 지역의 농업 기술 센터에서는 이 지역 농가에서 재배하는 블루베리 나무 중 한 그루당 수확량이 1500g이 되지 않는 나무를 대상으로 영양 수액을 공급하기로 하였다. 10000그루의 블루베리 나무를 재배하는 어느 농장의 한 그루당 수확량은 평균 1800g, 표준편차는 200g인 정규분포를 따른다고 한다. 이 농장의 블루베리 나무 중 농업 기술 센터로부터 영양 수액을 공급받을 나무는 몇 그루인지 구하여라.

12.1.5 이항분포와 정규분포의 관계

확률변수 X가 이항분포 $B(n,p)$를 따르고 n이 충분히 클 때, X는 근사적으로 정규분포 $N(np,npq)$를 따른다. (단, $q=1-p$) 이때 $np \geq 5, nq \geq 5$이면 n이 충분히 큰 것으로 생각한다.

예제 12.16

휴대 전화, 인터넷 등의 발달로 열차 승차권을 구매할 때, 창구를 이용하지 않고 스스로 구매하는 비율이 점점 늘어 2013년 1월 어느 날은 64%를 기록하였다고 한다. 이날 열차를 이용한 100명을 임의로 뽑아 승차권 구매 방법을 조사 하였을 때, 승차권을 스스로 구매한 사람이 70명 이상이었을 확률을 구하여라.

풀이

승차권을 스스로 구매한 사람의 수를 확률변수 X라고 하면 X는 이항분포 $B(100,0.64)$를 따르므로 그 평균과 분산은 각각

$$E(X)=100\times 0.64=64,\ V(X)=100\times 0.64\times 0.36=4.8^2$$

이때 열차를 이용한 사람의 수 100은 충분히 크므로 확률변수 X는 근사적으로 정규분포 $N(64,4.8^2)$을 따르며, $Z=\dfrac{X-64}{4.8}$는 표준정규분포 $N(0,1)$을 따른다. 따라서

$$\begin{aligned}
P(X\geq 70) &= P\left(\frac{X-64}{4.8}\geq\frac{70-64}{4.8}\right)\\
&= P(Z\geq 1.25)\\
&= 0.5-P(0\leq Z\leq 1.25)\\
&= 0.5-0.3944\\
&= 0.1056
\end{aligned}$$

문제 12.13

과거의 자료에 따르면 객실이 332개인 어느 호텔에서 객실을 예약한 사람이 예약을 취소하거나 실제로 호텔에 오지 않을 확률이 20%라고 한다. 이 호텔에서 어느 날 400개의 객실을 예약 받았을 때, 객실이 부족하지 않을 확률을 아래 표준정규분포표를 이용하여 구하여라.

〈표 12.6〉

z	$P(0 \le Z \le z)$
0.5	0.1915
1.0	0.3413
1.5	0.4332
2.0	0.4772

예제 12.17

어떤 책을 임의로 펼쳤을 때, 사진이 나올 확률이 20%라고 한다. 이 책을 임의로 100번 펼쳤을 때, 사진이 15번 이상 30번 이하로 나올 확률을 구하여라.

풀이

책을 100번 펼쳤을 때, 사진이 나오는 횟수를 확률변수 X라고 하면 X는 이항분포 $B(100, \frac{1}{5})$을 따른다. 이때, 평균 m과 분산 σ^2은

$$m = 100 \times \frac{1}{5} = 20, \sigma^2 = 100 \times \frac{1}{5} \times \frac{4}{5} = 16$$

한편, $n = 100$이 충분히 크므로 X는 근사적으로 정규분포 $N(20, 4^2)$을 따른다.

따라서 구하는 확률은

$$P(15 \le X \le 30) = P\left(\frac{15-20}{4} \le Z \le \frac{30-20}{4}\right) = P(-1.25 \le Z \le 2.5)$$

$$= P(0 \le Z \le 1.25) + P(0 \le Z \le 2.5)$$

$$= 0.3944 + 0.4938 = 0.8882$$

문제 12.14

어떤 주사약의 치료율이 60%라고 한다. 이 주사약을 환자 150명에게 투여했을 때, 치료된 환자의 수가 84명 이상일 확률을 구하여라.

12.2 통계적 추정

12.2.1 모평균 추정 · 표본평균의 분포

모평균이 m, 모표준편차가 σ인 모집단에서 크기 n인 표본을 복원추출할 때, 표본평균 $\overline{X}$의 분포에 대하여 다음이 성립한다.

(1) $E(\overline{X}) = m,\ V(\overline{X}) = \dfrac{\sigma^2}{n},\ \sigma(\overline{X}) = \dfrac{\sigma}{\sqrt{n}}$

(2) $\overline{X}$는 정규분포 $N\left(m,\ \dfrac{\sigma^2}{n}\right)$을 따른다.

예제 12.18

모평균이 80, 모분산이 9인 모집단에서 크기가 100인 표본을 임의추출할 때, 표본평균 $\overline{X}$의 평균과 분산, 표준편차를 각각 구하여라.

풀이

$m = 80, \sigma^2 = 9, n = 100$이므로

$$E(\overline{X}) = m = 80,\ V(\overline{X}) = \frac{\sigma^2}{n} = \frac{9}{100},\ \sigma(\overline{X}) = \frac{\sigma}{\sqrt{n}} = \frac{3}{10}$$

문제 12.15

모평균이 32이고 모분산이 36인 모집단에서 크기 16인 표본을 임의추출할 때, 표본평균 $\overline{X}$의 평균과 분산을 각각 구하여라.

예제 12.19

모평균이 17이고 모분산이 49인 모집단에서 크기 100인 표본을 임의추출할 때, 표본평균 $\overline{X}$는 근사적으로 어떤 분포를 따르는지 말하여라.

풀이

표본평균 $\overline{X}$의 평균과 분산은 각각

$$E(\overline{X}) = 17,\ V(\overline{X}) = \frac{49}{100}$$

이때, 표본의 크기 100은 충분히 크므로 표본평균 $\overline{X}$의 분포는 근사적으로 정규분포 $N\left(17, \frac{49}{100}\right)$을 따른다.

문제 12.16

모평균이 11이고 모표준편차가 8인 모집단에서 크기 400인 표본을 임의 추출할 때, 표본평균 $\overline{X}$는 근사적으로 어떤 분포를 따르는지 말하여라.

예제 12.20

어느 공장에서 생산하는 접착제로 1분 동안 벽에 접착할 수 있는 물체의 최대 무게를 조사하였더니 평균이 45.4kg, 표준편차가 3.6kg인 정규분포를 따른다고 한다. 이 공장에서 생산하는 접착제 중 36개를 임의 추출할 때, 1분 동안 벽에 접착할 수 있는 물체의 최대 무게의 표본평균 $\overline{X}$에 대하여 확률 $P(44.2 \leq \overline{X} \leq 46)$을 구하여라.

풀이

$m = 45.4, \sigma = 3.6, n = 36$에서 표본평균 $\overline{X}$의 평균과 표준편차는 각각

$$E(\overline{X}) = m = 45.4, \sigma(\overline{X}) = \frac{3.6}{36} = 0.6$$

이므로 표본평균 $\overline{X}$는 정규분포 $N(45.4, 0.6^2)$을 따른다. 따라서

$$P(44.2 \le X \le 46) = P\left(\frac{44.2-45.4}{0.6} \le Z \le \frac{46-45.4}{0.6}\right) = P(-2 \le Z \le 1)$$
$$= P(0 \le Z \le 2) + P(0 \le Z \le 1)$$
$$= 0.4772 + 0.3413 = 0.8185$$

문제 12.17

어느 건강 마라톤 대회에서 참가자들의 기록은 평균이 4시간 5분, 표준편차가 30분인 정규분포를 따르는 것으로 나타났다. 이 마라톤 대회 참가자 중 100명을 임의 추출할 때, 마라톤 기록의 표본평균이 3시간 59분 이내일 확률을 구하여라.

예제 12.21

어느 시장에서 판매하는 달걀 1개의 무게는 평균이 65g이고 표준편차가 5g인 정규분포를 따른다고 한다. 이 시장에서 판매하는 달걀 중 25개를 임의 추출하였을 때, 달걀 무게의 평균이 64g 이상 67g 이하일 확률을 구하여라.

풀이

달걀의 무게를 X라고 하면 X는 정규분포 $N(65, 5^2)$을 따르므로 25개의 달걀 무게의 평균 $\overline{X}$는 정규분포 $N(65, 1^2)$을 따른다.

이때, $\overline{X}$를 표준화한 확률변수 Z는 $Z = \dfrac{\overline{X}-65}{1} = \overline{X}-65$이고 Z는 표준정규분포 $N(0,1)$을 따른다.

따라서 구하는 확률은

$$P(64 \le \overline{X} \le 67) = P(-1 \le Z \le 2)$$
$$= P(0 \le Z \le 1) + P(0 \le Z \le 2)$$
$$= 0.3413 + 0.4772 = 0.8185$$

문제 12.18

표시 용량이 50mL인 음료수 한 병에 들어 있는 음료의 양을 X라고 할 때, X의 분포는 평균 50.2mL, 표준편차 1mL라고 한다. 임의 추출한 음료수 100병의 평균 음료의 양을 $\overline{X}$라고 할 때, 다음을 표준정규분포표를 이용하여 구하여라.

(1) $\overline{X}$가 표시 용량 이상일 확률

(2) $P(\overline{X} \geq c) = 0.011$을 만족하는 상수 c의 값

▪ 모평균 m의 신뢰구간

모집단의 분포가 정규분포 $N(m, \sigma^2)$을 따를 때, 크기가 n인 표본을 임의 추출하여 구한 표분평균을 $\overline{x}$라고 하면, 모평균 m에 대한 신뢰도 95%, 99%의 신뢰구간은 각각 다음과 같다.

1. 신뢰도 95%: $\overline{x} - 1.96\dfrac{\sigma}{\sqrt{n}} \leq m \leq \overline{x} + 1.96\dfrac{\sigma}{\sqrt{n}}$

2. 신뢰도 99%: $\overline{x} - 2.58\dfrac{\sigma}{\sqrt{n}} \leq m \leq \overline{x} + 2.58\dfrac{\sigma}{\sqrt{n}}$

이때, 질제로는 모표준편차 σ를 모르는 것이 보통이다. 이러한 경우 표본의 크기 n이 클 때, $(n \geq 30)$에는 σ대신 표본표준편차를 사용한다.

예제 12.22

어느 경마 대회에 풀전하는 경주마의 속력은 표준편차가 시속 6km인 정규분포를 따른다고 한다. 경주마 36마리를 임의 추출하여 속력을 측정하였더니 평균 속력은 시속 67km이었다. 이 대회에 출전하는 경주마의 평균 속력에 대한 신뢰도 99%의 신뢰구간을 구하여라.

풀이

표본의 크기 $n = 36$이고, 표본평균 $\overline{x} = 67$, 모표준편차 $\sigma = 6$이므로 이 대회에 출전하는 경주마의 평균 속력 m에 대한 신뢰도 99%의 신뢰구간은

$$67-2.58\times\frac{6}{\sqrt{36}}\le m\le 67+2.58\times\frac{6}{\sqrt{36}}$$

즉, $64.42\le m\le 69.58$(단위: km/h)이다.

문제 12.19

정부는 국민들의 인터넷 중독의 실태를 파악하여 적절한 정책을 수립하기 위해 매년 인터넷 중독 실태를 조사하고 있다. 2016년에 임의 추출한 우리나라 국민 10000명의 1일 인터넷 사용 시간을 조사하였더니 2시간이었다고 한다. 2016년 우리나라 국민의 1일 인터넷 사용 시간은 정규분포를 따르고, 표준편차가 30분이라고 할 때, 그 해의 우리나라 국민의 1일 평균 인터넷 사용 시간에 대한 신뢰도 95%의 신뢰구간을 구하여라.

예제 12.23

어느 공장에서 생산한 전구의 수명은 모표준편차가 250시간인 정규분포를 따른다고 한다. 이 공장에서 생산한 전구 100개를 임의 추출하여 조사하였더니 평균 2100시간이었다. 이 공장에서 생산한 전체 전구의 평균 수명 m에 대한 신뢰도 95%인 신뢰구간을 구하여라.

풀이

$\sigma=250, n=100, \bar{x}=2100$이므로 모평균 m에 대한 신뢰도 95%인 신뢰구간의 양 끝값은

$$\bar{x}-1.96\frac{\sigma}{\sqrt{n}}=2100-1.96\frac{250}{\sqrt{100}}=2100-49=2051$$

$$\bar{x}+1.96\frac{\sigma}{\sqrt{n}}=2100+1.96\frac{250}{\sqrt{100}}=2100+49=2149$$

따라서 구하는 신뢰구간은 $2051\le m\le 2149$이다.

문제 12.20

어느 광산에서 채취한 원석의 비중은 표준편차가 2.4인 정규분포를 따른다고 한다. 이 광산에서 채취한 원석 64개를 임의 추출하여 비중을 측정하였더니 평균이 8이었다. 이 원석의 평균 비중에 대한 신뢰도 95%의 신뢰구간을 구하여라.

■ 신뢰구간의 길이

1. 신뢰구간의 길이: 신뢰구간의 양 끝 값의 차

2. 모집단의 분포가 정규분포 $N(m, \sigma^2)$을 따를 때 크기가 n인 표본을 임의 추출하여 모평균m에 대한 신뢰도 95%, 99%의 신뢰구간을 구하면 신뢰구간의 길이는 각각 다음과 같다.

   ① 신뢰도 95% : $2 \times 1.96 \dfrac{\sigma}{\sqrt{n}}$

   ② 신뢰도 99% : $2 \times 2.58 \dfrac{\sigma}{\sqrt{n}}$

예제 12.24

어느 회사에서 생산하는 음료수 1병에 담긴 비타민 C 성분의 함유량은 표준편차가 6.8mg인 정규분포를 따른다고 한다. 이 회사에서 생산하는 음료수 1병에 담긴 비타민 C의 평균 함유량을 신뢰도 99%로 추정할 때, 그 신뢰구간의 길이를 3.4 이하로 하려면 표본의 크기를 얼마 이상으로 해야 하는지 구하여라.

풀이

모평균 m에 대한 신뢰도 99%의 신뢰구간의 길이는 $2 \times 2.58 \times \dfrac{\sigma}{\sqrt{n}}$이므로

$$2 \times 2.58 \times \frac{6.8}{\sqrt{n}} \leq 3.4,\ \sqrt{n} \geq 2 \times 2.58 \times 2$$

따라서 $n \geq 106.5024$이므로 표본의 크기를 107병 이상으로 해야 한다.

문제 12.21

어느 과수원에서 수확한 복숭아의 무게는 모표준편차가 50g인 정규분포를 따른다고 한다. 이 과수원에서 생산한 복숭아의 평균 무게를 신뢰도 95%로 추정할 때, 그 신뢰구간의 길이를 10g 이하로 하려면 적어도 몇 개의 복숭아를 조사해야 하는가?

예제 12.25

어느 연구소에서 개발한 새로운 품종의 배추의 무게는 모표준편차가 100g인 정규분포를 따른다고 한다. 이 배추 한 포기의 평균 무게를 신뢰도 99%로 추정할 때, 그 시뢰구간의 길이가 30g 이하가 되려면 적어도 몇 포기의 배추를 조사해야 하는가?

풀이

표본의 크기를 n이라고 하면 배추의 평균 무게에 대한 신뢰도 99%인 신뢰구간의 길이는 $2 \times 2.58 \frac{100}{\sqrt{n}}$이다.

배추 한 포기의 평균 무게에 대한 신뢰도 99%인 신뢰구간의 길이가 30g 이하이므로

$$2 \times 2.58 \frac{100}{\sqrt{n}} \leq 30$$

$$n \geq \left(\frac{2 \times 2.58 \times 100}{30} \right)^2$$

$$n \geq 295.84$$

이때, n은 자연수이므로 적어도 296포기의 배추를 조사해야 한다.

문제 12.22

어느 공장에서 생산되는 제품 100개를 임의 추출하여 그 무게를 조사하였더니 표준편차가 40g이었다고 한다. 이 공장에서 생산되는 제품의 무게를 신뢰도 95%로 추정할 때, 그 신뢰구간의 길이를 5g 이하로 하려면 표본의 크기를 약 얼마로 하면 되는가?

12.2.2 모비율의 추정

▪ 표본비율의 분포

① 모비율 p: 모집단에서 어떤 성질을 가진것의 비율

② 표본비율 $\hat{p}$: 크기가 n인 표본에서 어떤 성질을 가진 것이 추출된 횟수를 확률변수 X라고 할 때, 표본비율 $\hat{p}$은 $\hat{p} = \frac{X}{n}$

1. 모집단에서 크기가 n인 표본으로부터 구한 표본비율 $\hat{p}$의 평균, 분산, 표준편차

$$E(\hat{p})=p,\ V(\hat{p})=\frac{pq}{n}, \sigma(\hat{p})=\sqrt{\frac{pq}{n}}\ \ (\text{단}, q=1-p)$$

2. 표본의 크기 n이 충분히 클 때, 표본비율 $\hat{p}$은 근사적으로 정규분포 $N\left(p, \frac{pq}{n}\right)$를 따르고 $Z=\dfrac{\hat{p}-p}{\sqrt{\dfrac{pq}{n}}}$는 근사적으로 표준정규분포 $N(0,1)$을 따른다.(단, $q=1-p$)

이때 $np \geq 5$이고, $nq \geq 5$이면 표본의 크기 n이 충분히 큰 것으로 본다.

예제 12.26

우리나라는 국민을 여러 위험 상황에서 보호하기 위해 4대 사회 보험 제도를 운영하고 있다. 어느 사업장의 조사 결과, 지난 5년 동안 4대 사회 보험에 가입한 사람들 가운데 현재까지 이 보함을 계속 유지하는 사람의 비율이 72%라고 한다. 이 사업장에서 지난 5년 동안 4대 사회 보험에 가입한 사람들 중 350명을 임의 추출할 때, 현재까지 이 보험을 계속 유지하는 사람의 비율이 66% 이상 78% 이하일 확률을 구하여라.

풀이

350명 중에서 현재까지 이 보험을 계속 유지하는 사람의 비율을 $\hat{p}$이라고 하면 모비율 $p=0.72$이고, 표본의 크기 $n=350$이므로 $\hat{p}$의 평균과 분산은 각각

$$E(\hat{p})=0.72,\ V(\hat{p})=\frac{0.72\times 0.28}{350}=0.024^2$$

이다. 즉, $\hat{p}$은 근사적으로 정규분포 $N(0.72, 0.024^2)$을 따른다.

또, $Z=\dfrac{\hat{p}-p}{\sqrt{\dfrac{pq}{n}}}=\dfrac{\hat{p}-.72}{\sqrt{\dfrac{0.72\times 0.28}{350}}}=\dfrac{\hat{p}-0.72}{0.024}$는 근사적으로 표준정규분포 $N(0,1)$을 따른다.

따라서 구하는 확률은

$$\begin{aligned}P(0.66\leq \hat{p}\leq 0.78)&=P\left(\frac{0.66-0.72}{0.024}\leq Z\leq \frac{0.78-0.72}{0.024}\right)\\&=P(-2.5\leq Z\leq 2.5)=2P(0\leq Z\leq 2.5)\\&=2\times 0.4938=0.9876\end{aligned}$$

문제 12.23

멘델(Mendel, G.J. ; 1822~1884)의 유전 법칙에 의하면 분홍색 분꽃을 교배하였을 때, 붉은색 분꽃이 나타나는 비율은 25%이다. 분홍색 분꽃을 교배하여 얻은 꽃 75 송이를 임의로 선택할 때, 붉은색 분꽃이 15송이 이상 30송이 이하일 확률을 구하여라.

예제 12.27

혈액형이 AB형인 사람의 비율이 10%인 어느 도시가 있다. 이 도시의 사람들 중에서 임의로 100명을 뽑을 때, 혈액형인 사람이 7명 이상 16명 이하일 확률을 구하여라.

풀이

100명 중에서 혈액형이 AB형인 사람의 비율을 $\hat{p}$이라고 하면 $\hat{p}$의 평균과 표준편차는 각각

$$E(\hat{p}) = p = 0.1, \sigma(\hat{p}) = \sqrt{\frac{pq}{n}} = \sqrt{\frac{0.1 \times 0.9}{100}} = 0.03$$

이므로 $\hat{p}$의 분포는 근사적으로 정규분포 $N(0.1, 0.03^2)$을 따른다.

이때, $\hat{p}$을 표준화한 확률변수 Z를 $Z = \dfrac{\hat{p} - 0.1}{0.03}$로 놓고 구하는 확률 $P(0.07 \le \hat{p} \le 0.16)$을 근사적으로 구하면

$$\begin{aligned} P(0.07 \le \hat{p} \le 0.16) &= P\left(\frac{0.07 - 0.1}{0.03} \le Z \le \frac{0.16 - 0.1}{0.03}\right) \\ &= P(-1 \le Z \le 2) \\ &= P(0 \le Z \le 1) + P(0 \le Z \le 2) \\ &= 0.3413 + 0.4772 = 0.8185 \end{aligned}$$

문제 12.24

모비율이 0.4인 모집단에서 크기 96인 표본을 임의 추출할 때, 확률 $P(0.3 \le \hat{p} \le 0.425)$를 구하여라.

■ 모비율의 신뢰구간

모집단에서 크기가 n인 표본으로부터 구한 표본비율 $\hat{p}$이라고 하면, 모비율 p에 대한 신뢰도 95%, 99%의 신뢰구간은 각각 다음과 같다. (단, $\hat{q}=1-\hat{p}$)

1. 신뢰도 95% : $\hat{p}-1.96\sqrt{\dfrac{\hat{p}\hat{q}}{n}} \le p \le \hat{p}+1.96\sqrt{\dfrac{\hat{p}\hat{q}}{n}}$

2. 신뢰도 99% : $\hat{p}-2.58\sqrt{\dfrac{\hat{p}\hat{q}}{n}} \le p \le \hat{p}+2.58\sqrt{\dfrac{\hat{p}\hat{q}}{n}}$

예제 12.28

어느 은행의 특별 판매 적금 상품에 가입한 고객 중 2500명을 임의 추출할여 조사한 결과 500명이 만기 이전에 적금을 해약하였다. 이 은행의 특별 판매 적금 해약률에 대한 신뢰도 99%의 신뢰구간을 구하여라. (단, 신뢰구간의 양 끝 값을 반올림하여 소수 셋째 자리까지 구한다.)

풀이

표본의 크기 $n=2500$, 표본비율 $\hat{p}=\dfrac{500}{2500}=0.2$이므로 이 은행의 특별 판매 적금 해약률 p에 대한 신뢰도 99%의 신뢰구간의 양 끝 값을 구하면 각각 다음과 같다.

$$\hat{p}-2.58\sqrt{\frac{\hat{p}\hat{q}}{n}}=0.2-2.58\sqrt{\frac{0.2\times0.8}{2500}}=0.179$$

$$\hat{p}+2.58\sqrt{\frac{\hat{p}\hat{q}}{n}}=0.2+2.58\sqrt{\frac{0.2\times0.8}{2500}}=0.221$$

따라서 구하는 신뢰구간은 $0.179\le p\le 0.221$이다.

문제 12.25

어느 공장에서 생산한 제품 중 100개를 임의 추출하여 검사하였더니 불량품이 10개이었다. 이 공장에서 생산한 제품 전체의 불량률에 대한 신뢰도 95%의 신뢰구간을 구하여라.

문제 12.26

어느 제약 회사에서 새로 개발한 의약품을 임의 추출한 특정 질병을 가진 환자 400명에게 트여하였더니 그중에서 320명의 환자가 완치되었다. 이 의약품의 치유율 p에 대한 신뢰도 95%와 99%인 신뢰구간을 각각 구하여라.

■ 모비율의 신뢰구간의 길이

예제 12.29

어느 암벽 등반 동호회 회원 중 50개 이상의 암벽 등반 코스를 경험한 회원의 비율 p에 대한 신뢰도 95%의 신뢰구간을 구하고자 한다. 이 동호회 회원 중 100명을 임의 추출하여 신뢰구간을 구했더니 그 길이가 l이었다. 신뢰구간의 길이를 $\frac{l}{2}$ 이하로 하려면 표본의 크기는 얼마 이상으로 해야 하는가?

풀이

동호회 회원 100명 중 50개의 이상의 암벽 등반 코스를 경험한 회원의 비율 p를 신뢰도 95%로 추정할 때, 표본비율을 $\hat{p}$이라 하면 신뢰구간의 길이 l은

$$l = 2 \times 1.96\sqrt{\frac{\hat{p}\hat{q}}{100}} \ (\text{단, } \hat{q} = 1 - \hat{p})$$

이때, n명을 임의 추출하여 구한 신뢰구간의 길이가 $\frac{l}{2}$ 이하이려면

$$2 \times 1.96\sqrt{\frac{\hat{p}\hat{q}}{n}} \leq \frac{1}{2} \times 1.96\sqrt{\frac{\hat{p}\hat{q}}{100}}, \text{ 즉 } \sqrt{n} \geq 20 \text{이므로 } n \geq 400$$

따라서 표본의 크기는 400명 이상으로 해야 한다.

문제 12.26

유전자 조작을 하지 않고 병·해충과 공생하는 친환경적이면서 다수확이 가능한 새로운 품종의 옥수수를 개발하였다. 새로운 품종의 옥수수에서 크기 n인 표본을 임의 추출하여 발아율에 대한 신뢰도 95%인 신뢰구간을 구하려고 한다. 이 신뢰구간의 길이 최댓값을 0.1 이하로 하려고 할 때, 자연수 n의 최솟값을 구하여라.

문제 12.27

한 음반 회사가 발라드에 대한 20대의 선호율을 신뢰도 95%로 추정하려고 한다. 20대 1000명을 임의 추출하여 조사한 결과 640명이 여러 음악 장르 중 발라드를 가장 선호하는 것으로 나타났다. 신뢰도 95%로 모비율 p와 표본비율 $\hat{p}$의 차이가 0.01 이하가 되도록 추정하기 위해서는 표본의 크기를 얼마 이상으로 해야 하는지 구하여라.

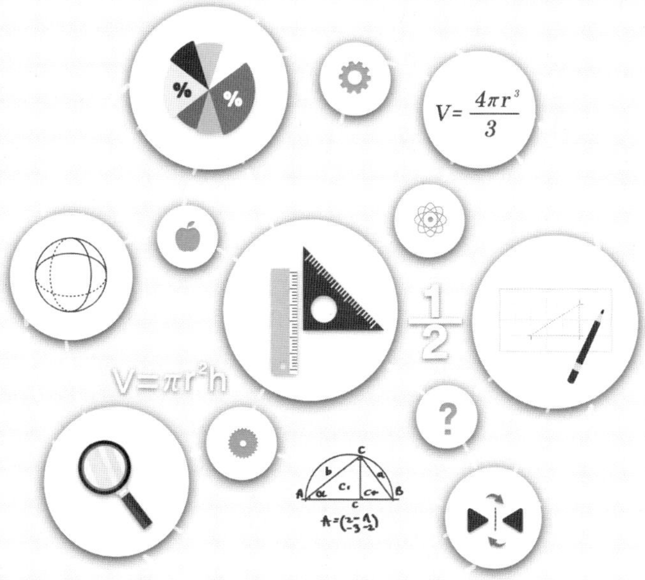

APPENDIX

생활과 수학을 위한 미적기초

A.1 미분

A.1.1 미분의 정의

변수 x에 관한 함수 $f(x)$의 도함수는 다음 극한이 존재 한다면, x에서의 미분값이

$$f'(x) = \lim_{h \to 0} \frac{f(x+h) - f(x)}{h}$$

로 주어지는 함수 f'이다. 미분의 기하적인 의미는 다음 그래프에 제시한다.

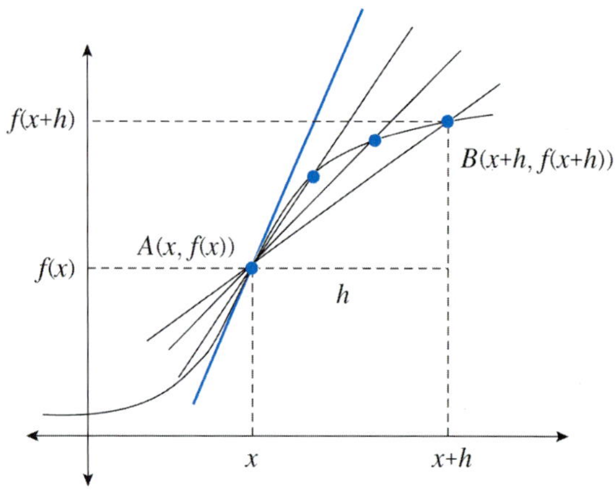

■ 미분기호

$$f'(x) = y' = \frac{dy}{dx} = \frac{df}{dx} = \frac{d}{dx} f(x) = D(f)(x) = D_x f(x)$$

A.1.2 거듭제곱공식

$$\frac{d}{dx}(x^n) = nx^{n-1} \text{ (단, } n\text{은 실수)}$$

[증명]

$f(x)=x^n$라 하자

$$f'(x)=\frac{d}{dx}(x^n)=\lim_{h\to0}\frac{f(x+h)-f(x)}{h}$$

$$=\lim_{h\to0}\frac{(x+h)^n-x^n}{h}$$

$$=\lim_{h\to0}\frac{\left[{}_nC_0x^n+{}_nC_1x^{n-1}h+{}_nC_2x^{n-2}h^2+{}_nC_3x^{n-3}h^3+\cdots\cdots+{}_nC_{n-1}xh^{n-1}+{}_nC_nh^n\right]-x^n}{h}$$

$$=\lim_{h\to0}\frac{\left[x^n+nx^{n-1}h+\frac{n(n-1)}{2!}x^{n-2}h^2+\frac{n(n-1)(n-2)}{3!}x^{n-3}h^3+\cdots\cdots+nxh^{n-1}+h^n\right]-x^n}{h}$$

$$=\lim_{h\to0}\frac{nx^{n-1}h+\frac{n(n-1)}{2!}x^{n-2}h^2+\frac{n(n-1)(n-2)}{3!}x^{n-3}h^3+\cdots\cdots+nxh^{n-1}+h^n}{h}$$

$$=\lim_{h\to0}\left[nx^{n-1}+\frac{n(n-1)}{2!}x^{n-2}h+\frac{n(n-1)(n-2)}{3!}x^{n-3}h^2+\cdots\cdots+nxh^{n-2}+h^{n-1}\right]$$

$$=nx^{n-1}+0+0+0+\cdots\cdots+0$$

$$=nx^{n-1}$$

예제 A.1

다음 함수의 도함수를 구하여라.

(1) $y=x^3$

(2) $y=\frac{1}{x^4}$

(3) $y=x^{\frac{2}{3}}$

풀이

(1) $y=x^3$

$y'=3x^2$

(2) $y=\frac{1}{x^4}$

$y'=-4x^{-5}$

(3) $y=x^{\frac{2}{3}}$

$y'=\frac{2}{3}x^{-\frac{1}{3}}$

문제 A.1

다음을 구하여라.

(1) $\frac{d}{dx}(x^{\sqrt{2}})$

(2) $\frac{d}{dx}(x^{10})$

(3) $\frac{d}{dx}(x^{-\frac{4}{3}})$

풀이

(1) $\frac{d}{dx}(x^{\sqrt{2}}) = \sqrt{2}\,x^{\sqrt{2}-1}$

(2) $\frac{d}{dx}(x^{10}) = 10x^9$

(3) $\frac{d}{dx}(x^{-\frac{4}{3}}) = -\frac{4}{3}x^{-\frac{7}{3}}$

- $\frac{d}{dx}(f(x) \pm g(x)) = \frac{d}{dx}f(x) \pm \frac{d}{dx}g(x) = f'(x) \pm g'(x)$

[증명]

$$y = f(x) + g(x),\ y' = \lim_{h\to 0}\frac{[f(x+h)+g(x+h)]-[f(x)+g(x)]}{h}$$
$$= \lim_{h\to 0}\frac{[f(x+h)-f(x)]+[g(x+h)-g(x)]}{h}$$
$$= \lim_{h\to 0}\frac{f(x+h)-f(x)}{h} + \lim_{h\to 0}\frac{g(x+h)-g(x)}{h}$$
$$= f'(x) + g'(x)$$

예제 A.2

다음을 구하여라.

(1) $\frac{d}{dx}(x^3 - \frac{4}{3}x^2 - 5x)$

(2) $\frac{d}{dx}(3x^3 - 6x^{\frac{1}{2}} + 4)$

풀이

(1) $\frac{d}{dx}(x^3-\frac{4}{3}x^2-5x)=3x^2-\frac{8}{3}x-5$

(2) $\frac{d}{dx}(3x^3-6x^{\frac{1}{2}}+4)=9x^2-3x^{-\frac{1}{2}}=9x^2-\frac{3}{\sqrt{x}}$

문제 A.2

다음 함수의 도함수를 구하여라.

(1) $y=3x^2-5x+2$

(2) $y=5x^3-2\sqrt{x}$

(3) $y=1+\frac{1}{x}+\frac{2}{x^2}$

(4) $y=2(\sqrt{x}+\frac{1}{x})$

(5) $y=-2x^{-1}+\frac{4}{x^2}$

(6) $y=\frac{12}{x}-\frac{4}{x^3}+\frac{1}{x^4}$

문제 A.3

다음 함수의 도함수를 구하여라.

(1) $y=\frac{x^2+5x-1}{x^2}$

(2) $y=\frac{2x^3-3x\sqrt{x}-1}{\sqrt{x}}$

(3) $y=\frac{3x^{-3}+2x^{-1}-1}{x^{-2}}$

(4) $f(x)=6x^{\frac{2}{3}}(2x-1)$

A.1.3 곱의 공식

$f(x)$와 $g(x)$가 x에 관해 미분 가능한 함수라면, 그들의 곱 $f(x), g(x)$도 미분가능하고, 다음식과 같다.

$$\frac{d}{dx}(f(x)\cdot g(x))=f'(x)g(x)+f(x)g'(x)$$

[증명]

$$\begin{aligned}\frac{d}{dx}(f(x)\cdot g(x)) &= \lim_{h\to 0}\frac{f(x+h)g(x+h)-f(x)g(x)}{h}\\ &= \lim_{h\to 0}\frac{[f(x+h)g(x+h)-f(x)g(x+h)]+[f(x)g(x+h)-f(x)g(x)]}{h}\\ &= \lim_{h\to 0}\frac{[f(x+h)-f(x)]g(x+h)+f(x)[g(x+h)-g(x)]}{h}\\ &= \lim_{h\to 0}\frac{[f(x+h)-f(x)]g(x+h)}{h}+\lim_{h\to 0}\frac{f(x)[g(x+h)-g(x)]}{h}\\ &= \lim_{h\to 0}\frac{[f(x+h)-f(x)]}{h}\cdot\lim_{h\to 0}g(x+h)+\lim_{h\to 0}f(x)\cdot\lim_{h\to 0}\frac{[g(x+h)-g(x)]}{h}\\ &= f'(x)g(x)+f(x)g'(x)\end{aligned}$$

예제 A.3

다음의 도함수를 구하여라.

(1) $y=(x^2-2)(3x^2-2x)$ (2) $y=(3-2x)\sqrt{x}$

풀이

(1) $y'=2x(3x^2-2x)+(x^2-2)(6x-2)$

$=6x^3-4x^2+6x^3-2x^2-12x+4$

$=12x^3-6x^2-12x+4$

(2) $y'=-2\sqrt{x}+(3-2x)\dfrac{1}{2\sqrt{x}}$

$=\dfrac{-4x+3-2x}{2\sqrt{x}}=\dfrac{3-6x}{2\sqrt{x}}$

문제 A.4

다음의 도함수를 구하여라.

(1) $y=(3-x^2)(x^3-x+1)$ (2) $y=(x^3-2)(3x^2-2x)$

(3) $y=(1+x^2)(x^{\frac{3}{4}}-x^{-3})$ (4) $y=(5-3x)\sqrt{x}$

A.1.4 나눗셈공식

$f(x)$와 $g(x)$가 미분가능하고 $g(x) \neq 0$ 이라면, 나눗셈 $\frac{f(x)}{g(x)}$는 미분가능하고 다음 식이 성립한다.

$$\frac{d}{dx}\left(\frac{f(x)}{g(x)}\right) = \frac{f'(x)g(x) - f(x)g'(x)}{g^2(x)}$$

[증명]

$$\begin{aligned}
\frac{d}{dx}\left(\frac{f(x)}{g(x)}\right) &= \lim_{h\to 0}\frac{\frac{f(x+h)}{g(x+h)} - \frac{f(x)}{g(x)}}{h} \\
&= \lim_{h\to 0}\frac{\left[\frac{f(x+h)}{g(x+h)} - \frac{f(x)}{g(x)}\right]\cdot g(x+h)g(x)}{h\cdot g(x+h)g(x)} \\
&= \lim_{h\to 0}\frac{f(x+h)g(x) - f(x)g(x+h)}{hg(x+h)g(x)} \\
&= \lim_{h\to 0}\frac{[f(x+h)g(x) - f(x)g(x)] + [f(x)g(x) - f(x)g(x+h)]}{hg(x+h)g(x)} \\
&= \lim_{h\to 0}\frac{[f(x+h)g(x) - f(x)g(x)] - [f(x)g(x+h) - f(x)g(x)]}{hg(x+h)g(x)} \\
&= \lim_{h\to 0}\frac{[f(x+h) - f(x)]g(x) - f(x)[g(x+h) - g(x)]}{hg(x+h)g(x)} \\
&= \lim_{h\to 0}\frac{[f(x+h) - f(x)]g(x)}{hg(x+h)g(x)} - \lim_{h\to 0}\frac{f(x)[g(x+h) - g(x)]}{hg(x+h)g(x)} \\
&= \lim_{h\to 0}\frac{[f(x+h) - f(x)]}{h}\cdot\lim_{h\to 0}\frac{g(x)}{g(x+h)g(x)} - \lim_{h\to 0}\frac{f(x)}{g(x+h)g(x)}\cdot\lim_{h\to 0}\frac{[g(x+h) - g(x)}{h} \\
&= \frac{f'(x)g(x)}{g(x)g(x)} - \frac{f(x)g'(x)}{g(x)g(x)} = \frac{f'(x)g(x) - f(x)g'(x)}{g^2(x)}
\end{aligned}$$

예제 A.4

$y=\dfrac{2x}{x+1}$ 의 도함수을 구하여라.

풀이

$$y'=\frac{2(x+1)-2x\cdot 1}{(x+1)^2}=\frac{2x+2-2x}{(x+1)^2}=\frac{2}{(x+1)^2}$$

문제 A.5

다음 함수들의 도함수를 구하여라.

(1) $y=\dfrac{2x+5}{3x-2}$

(2) $y=\dfrac{4-3x}{3x^2+x}$

(3) $y=\dfrac{(x+1)(x+2)}{(x-1)(x-2)}$

(4) $y=\dfrac{\sqrt{x}-1}{\sqrt{x}+1}$

A.1.5 연쇄법칙

$f(u)$가 점$u=g(x)$에서 미분 가능하고, $g(x)$가 x에서 미분 가능하면, 합성함수 $(f\circ g)(x)=f(g(x))$는 x에서 미분 가능하고,

$$(f\circ g)'(x)=f'(g(x))\cdot g'(x)$$

이다. 라이프니츠(Leibniz) 기호로, $y=f(u)$이고 $u=g(x)$라면

$$\frac{dy}{dx}=\frac{dy}{du}\cdot\frac{du}{dx}$$

이다. 여기서 dy/du는 $u=g(x)$에서 계산되었다.

예제 A.5

곡선 $y=(x^3-4x+1)^{10}$에서 $\dfrac{dy}{dx}$을 구하여라.

풀이

$y'=10(x^3-4x+1)^9(3x^2-4)$

문제 A.6

다음 함수들을 미분하여라.

(1) $y=(4-3x)^9$

(2) $y=(3x^2-\sqrt{x})^4$

(3) $y=(\dfrac{x^2}{8}+x-\dfrac{1}{x})^4$

(4) $y=\sqrt[3]{2x-x^2}$

문제 A.7

도함수를 구하여라.

(1) $y=\dfrac{1}{(2-3x)^4}$

(2) $y=(2x+1)^3(3x-4)^5$

(3) $y=(2-5x)^4(3x^2+1)^3$

(4) $y=\dfrac{(x+1)^2}{(2x+1)^3}$

A.1.6 음함수의 미분법

지금까지 우리가 다루었던 대부분의 함수는 y가 변수 x의 구체적인 식으로 표현되는 $y=f(x)$의 꼴이었고, 이러한 함수들의 미분법에 대해서 배웠다.

여기서는 다음과 같은 형태의 방정식으로 주어지는 경우에 대해서 미분법을 생각해 보자.

$$x^3+y^3-9xy=0, \quad y^2-x=0, \quad \text{or} \quad x^2+y^2-25=0$$

이와 같은 방정식들을 변수 x와 y의 음함수(implicit)라고 부른다. 이렇게 정의 되는 음함수 중에서는 y가 x의 하나 또는 2개 이상의 구체적인 식으로 표현되는 것들도 있을 수 있다. 식 $F(x,y)=0$을 보통의 방법으로 미분할 수 있는 $y=f(x)$의 꼴로 표현할 수 없는 경우라고 해도 우리는 음함수의 미분법(implicit differentiation)을 이용하여 dy/dx를 구할 수 있다. 이는 양변을 각각 x에 대하여 미분한 다음 그 결과를 y'에 대하여 정리하는 단계를 거쳐서 구할 수 있다.

예제 A.6

$xy=2y^3+x$일 때 $\frac{dy}{dx}$를 구하여라.

풀이

$$\frac{d}{dx}(xy)=\frac{d}{dx}(2y^3+x)$$

$$1\cdot y+x\cdot y'=6y^2y'+1$$

$$y+xy'=6y^2y'+1$$

$$xy'-6y^2y'=1-y$$

$$(x-6y^2)y'=1-y$$

$$\therefore \frac{dy}{dx}=\frac{1-y}{x-6y^2}$$

문제 A.8

다음 각 경우에 $\frac{dy}{dx}$를 구하여라.

(1) $x^3+y^3=16$

(2) $x^{\frac{2}{3}}+y^{\frac{2}{3}}=1$ (astroid)

(3) $x^2-xy+y^2=6$ (ellipse)

(4) $x^3+y^3=18xy$

(5) $2\sqrt{y}=x-y$

(6) $x^2y^3-x^3y^2=-5$

A.1.7 고계 도함수

- **1계 도함수** : $y' = \dfrac{dy}{dx}$

- **2계 도함수** : $y'' = \dfrac{dy'}{dx} = \dfrac{d}{dx}\left(\dfrac{dy}{dx}\right) = \dfrac{d^2y}{dx^2}$

- **3계 도함수** : $y''' = \dfrac{dy''}{dx} = \dfrac{d}{dx}\left(\dfrac{d^2y}{dx^2}\right) = \dfrac{d^3y}{dx^3}$

- **4계 도함수** : $y^{(4)} = \dfrac{dy'''}{dx} = \dfrac{d}{dx}\left(\dfrac{d^3y}{dx^3}\right) = \dfrac{d^4y}{dx^4}$

- **5계 도함수** : $y^{(5)} = \dfrac{dy^{(4)}}{dx} = \dfrac{d}{dx}\left(\dfrac{d^4y}{dx^4}\right) = \dfrac{d^5y}{dx^5}$

  ⋮ ⋮

- **n계 도함수** : $y^{(n)} = \dfrac{dy^{(n-1)}}{dx} = \dfrac{d}{dx}\left(\dfrac{d^{n-1}y}{dx^{n-1}}\right) = \dfrac{d^ny}{dx^n}$

예제 A.7

$y = \dfrac{1}{4}x^4 - \dfrac{2}{3}x^3 + x^2 - 6x + 2$ 의 첫 여섯 도함수를 구하여라.

풀이

$y' = x^3 - 2x^2 - 2x - 6$

$y'' = 3x^2 - 4x - 2$

$y''' = 6x - 4$

$y^{(4)} = 6$

$y^{(5)} = 0$

$y^{(6)} = 0$

문제 A.9

다음 함수의 2계 도함수를 구하여라.

(1) $y=\dfrac{1}{2x-1}$　　(2) $y=(x^2-2x)^6$

(3) $y=\sqrt{x^2+2}$　　(4) $x^2-y^2=4$

A.1.8 삼각함수의 미분

$$\frac{d}{dx}(\sin x)=\cos x \qquad \frac{d}{dx}(\cos x)=-\sin x$$

$$\frac{d}{dx}(\tan x)=\sec^2 x \qquad \frac{d}{dx}(\cot x)=-\csc^2 x$$

$$\frac{d}{dx}(\sec x)=\sec x\tan x \qquad \frac{d}{dx}(\csc x)=-\csc x\cot x$$

[증명]

① $f(x)=\sin x$

$$f'(x)=\lim_{h\to 0}\frac{f(x+h)-f(x)}{h}=\lim_{h\to 0}\frac{\sin(x+h)-\sin x}{h}$$

$$=\lim_{h\to 0}\frac{[\sin x\cos h+\cos x\sin h]-\sin x}{h}$$

$$=\lim_{h\to 0}\frac{\sin x(\cos h-1)}{h}+\lim_{h\to 0}\frac{\cos x\sin h}{h}$$

$$=\lim_{h\to 0}\sin x\cdot\lim_{h\to 0}\frac{\cos h-1}{h}+\lim_{h\to 0}\cos x\cdot\lim_{h\to 0}\frac{\sin h}{h}$$

$$=\sin x\cdot 0+\cos x\cdot 1$$

$$=\cos x$$

② $f(x)=\cos x$

$$f'(x)=\lim_{h\to 0}\frac{f(x+h)-f(x)}{h}=\lim_{h\to 0}\frac{\cos(x+h)-\cos x}{h}$$

$$=\lim_{h\to 0}\frac{[\cos x\cos h+\sin x\sin h]-\cos x}{h}$$

$$=\lim_{h\to 0}\frac{\cos x(\cos h-1)}{h}+\lim_{h\to 0}\frac{\sin x\sin h}{h}$$

$$=\lim_{h\to 0}\cos x\cdot\lim_{h\to 0}\frac{\cos h-1}{h}-\lim_{h\to 0}\sin x\cdot\lim_{h\to 0}\frac{\sin h}{h}$$

$$=\cos x\cdot 0-\sin x\cdot 1=-\sin x$$

③ $f(x)=\tan x$

$$f'(x)=\frac{d}{dx}(\tan x)=\frac{d}{dx}\left(\frac{\sin x}{\cos x}\right)=\frac{(\sin x)'\cos x-\sin x(\cos x)'}{(\cos x)^2}$$

$$=\frac{\cos x\cos x-\sin x(-\sin x)}{(\cos x)^2}$$

$$=\frac{\cos^2 x+\sin^2 x}{\cos^2 x}=\frac{1}{\cos^2 x}=\sec^2 x$$

④ $f(x)=\cot x$

$$f'(x)=\frac{d}{dx}(\cot x)=\frac{d}{dx}\left(\frac{\cos x}{\sin x}\right)=\frac{(\cos x)'\sin x-\cos x(\sin x)'}{(\sin x)^2}$$

$$=\frac{(-\sin x)\sin x-\cos x(\cos x)}{(\sin x)^2}$$

$$=\frac{-\sin^2 x-\cos^2 x}{\sin^2 x}=\frac{-1}{\sin^2 x}=-\csc^2 x$$

⑤ $f(x)=\sec x$

$$f'(x)=\frac{d}{dx}(\sec x)=\frac{d}{dx}\left(\frac{1}{\cos x}\right)=\frac{(1)'\cos x-1(\cos x)'}{(\cos x)^2}=\frac{0-(-\sin x)}{(\cos x)^2}$$

$$=\frac{\sin x}{\cos^2 x}=\frac{1}{\cos x}\frac{\sin x}{\cos x}=\sec x\tan x$$

⑥ $f(x)=\csc x$

$$f'(x)=\frac{d}{dx}(\csc x)=\frac{d}{dx}\left(\frac{1}{\sin x}\right)=\frac{(1)'\sin x-1(\sin x)'}{(\sin x)^2}=\frac{0-(\cos x)}{(\sin x)^2}$$

$$=\frac{-\cos x}{\sin^2 x}=\frac{-1}{\sin x}\frac{\cos x}{\sin x}=-\csc x \cot x$$

예제 A.8

다음을 구하여라.

(1) $\frac{d}{dx}(\cos(x^2+1))$　　(2) $\frac{d}{dx}(\sin\sqrt{x^2+1})$

풀이

(1) $\frac{d}{dx}(\cos(x^2+1))=-\sin(x^2+1)\cdot 2x=-2x\sin(x^2+1)$

(2) $\frac{d}{dx}(\sin\sqrt{x^2+1})=\cos(\sqrt{x^2+1})\cdot\frac{1}{2\sqrt{x^2+1}}\cdot 2x=\frac{x\cos(\sqrt{x^2+1})}{\sqrt{x^2+1}}$

문제 A.10

다음 삼각함수의 도함수를 구하여라.

(1) $y=\sin(3x+1)$　　(2) $y=\cos(-3x+2)$

(3) $y=2\sin\left(x^3-\frac{1}{x}\right)$　　(4) $y=\cos(\sin x)$

(5) $y=\tan(10x-5)$　　(6) $y=\cot(3x^2+2x)$

(7) $y=\sec\left(\frac{1}{2}x\right)$　　(8) $y=-\frac{1}{5}csc(5x)$

(9) $y=\sec(\tan x)$　　(10) $y=\sqrt{1+2\cot x}$

(11) $y=\cot\left(\pi-\frac{1}{x}\right)$　　(12) $y=\sin(x^3-1)^4$

문제 A.11

다음 삼각함수의 도함수를 구하여라.

(1) $y = x\sin x$

(2) $y = x^2\cos\frac{1}{x}$

(3) $y = 3x\sqrt{\csc x}$

(4) $y = \frac{\sin x}{1+\cos x}$

(5) $y = \sin 4x\cos^2 x$

(6) $y = \sec\sqrt{x}\tan\left(\frac{1}{x}\right)$

(7) $y = \frac{\cos^2 x}{\sin x}$

문제 A.12

$\frac{dy}{dx}$ 을 구하여라.

(1) $x\cos(2x+3y) = y\sin x$

(2) $\cos(x+y)+\sin(x-y) = 1$

(3) $x+\tan(xy) = 0$

(4) $x^2+y^2 = \sec(xy)$

A.1.9 지수함수의 미분

$$\frac{d}{dx}(e^x) = e^x$$

$$\frac{d}{dx}(e^{f(x)}) = e^{f(x)}\cdot f'(x)$$

$$\frac{d}{dx}(a^x) = a^x\cdot\ln a\ (a\neq 1, a>0)$$

$$\frac{d}{dx}(a^{f(x)}) = a^{f(x)}\cdot f'(x)\cdot\ln a\ (a\neq 1, a>0)$$

[증명]

① $f(x)=e^x$

$$f'(x)=\lim_{h\to0}\frac{f(x+h)-f(x)}{h}=\lim_{h\to0}\frac{e^{x+h}-e^x}{h}$$

$$=\lim_{h\to0}e^x\cdot\frac{e^{h-1}}{h}=e^x\cdot\lim_{h\to0}\frac{e^h-1}{h}$$

$e^h-1=t \Rightarrow e^h=1+t$

$h=\ln(1+t)$

$h\to0,\ t\to0.$

$$f'(x)=e^x\cdot\lim_{h\to0}\frac{e^h-1}{h}=e^x\cdot\lim_{h\to0}\frac{t}{\ln(1+t)}=e^x\cdot\lim_{h\to0}\frac{1}{\frac{1}{t}\ln(1+t)}$$

$$=e^x\cdot\lim_{t\to0}\frac{1}{\ln(1+t)^{1/t}}=e^x\cdot\frac{1}{\ln e}=e^x\cdot1=e^x$$

② $y=e^{f(x)}$

$y=e^u$, $u=f(x)$

$\frac{dy}{du}=e^u$, $\frac{du}{dx}=f'(x)$

$\frac{dy}{dx}=\frac{dy}{du}\cdot\frac{du}{dx}=e^u\cdot f'(x)=e^{f(x)}\cdot f'(x)$

③ $y=a^x=(e^{\ln a})^x=e^{x\ln a}$ ($\ln a$:상수)

$y'=e^{x\ln a}\cdot\ln a=a^x\cdot\ln a$

④ $y=a^{f(x)}=(e^{\ln a})^{f(x)}=e^{f(x)\ln a}$ ($\ln a$:상수)

$y'=e^{f(x)\ln a}\cdot f'(x)\ln a=a^{f(x)}\cdot f'(x)\ln a$

예제 A.9

다음 함수를 각각 구하여라.

(1) $\frac{d}{dx}(e^{4x})$

(2) $\frac{d}{dx}(e^{-3x})$

(3) $\frac{d}{dx}(2^{x^2})$

풀이

(1) $\frac{d}{dx}(e^{4x}) = e^{4x} \cdot 4 = 4e^{4x}$

(2) $\frac{d}{dx}(e^{-3x}) = e^{-3x} \cdot (-3) = -3e^{-3x}$

(3) $\frac{d}{dx}(2^{x^2}) = 2^{x^2} \cdot 2x \cdot \ln 2 = 2x(2)^{x^2} \ln 2$

문제 A.13

다음 함수를 각각 미분하여라.

(1) $y = e^{5-7x}$

(2) $y = e^{\sec x}$

(3) $y = \cos(e^{-x^2})$

(4) $y = 3^{-x^2}$

(5) $y = xe^{-x} + e^{3x}$

(6) $y = a^{\cos x}$

(7) $y = x^3 e^{2x}$

(8) $y = (9x^2 - 6x + 2)e^{x^3}$

(9) $y = \frac{e^{-2x}}{x}$

(10) $y = \left(e^{\sin\frac{x}{2}}\right)^3$

(11) $y = \pi^{x\cos x}$

(12) $y = \frac{e^{-x} + 1}{e^x - 1}$

(13) $e^{x^2 y} = 2x + 2y$

(14) $y = \sin(x^2 e^x)$

(15) $y = \frac{1}{\sqrt{4e^{-x} + 2}}$

(16) $e^{x+y} = 3x^2 y$

(17) $e^{2x} = \sin(x + 3y)$

A.1.10 로그함수의 미분

$$\frac{d}{dx}(\ln x) = \frac{1}{x}$$

$$\frac{d}{dx}(\log_a x) = \frac{1}{x} \cdot \frac{1}{\ln a}$$

$$\frac{d}{dx}(\ln f(x)) = \frac{1}{f(x)} \cdot f'(x)$$

$$\frac{d}{dx}(\log_a f(x)) = \frac{1}{f(x)} \cdot f'(x) \cdot \frac{1}{\ln a}$$

[증명]

① $f(x) = \ln x$

$$f'(x) = \lim_{h \to 0} \frac{f(x+h) - f(x)}{h} = \lim_{h \to 0} \frac{\ln(x+h) - \ln x}{h} = \lim_{h \to 0} \frac{\ln\left(\frac{x+h}{x}\right)}{h}$$

$$= \lim_{h \to 0} \frac{1}{h} \ln\left(\frac{x+h}{x}\right) = \lim_{h \to 0} \ln\left(1 + \frac{h}{x}\right)^{\frac{1}{h}}$$

$$= \lim_{h \to 0} \frac{1}{h} ln\left[\left(\frac{x+h}{x}\right)^{\frac{x}{h}}\right]^{\frac{1}{x}} = \ln e^{\frac{1}{x}} = \frac{1}{x} lne = \frac{1}{x}$$

② $f(x) = \log_a x$

$f(x) = \log_a x = \dfrac{\ln x}{\ln a}$ ($\ln a$는 상수)

$$f'(x) = \frac{(\ln x)'}{\ln a} = \frac{\frac{1}{x}}{\ln a} = \frac{1}{x} \cdot \frac{1}{\ln a}$$

③ $f(x) = \ln f(x)$

$y = \ln u$, $u = f(x)$

$$\frac{dy}{du} = \frac{1}{u}, \ \frac{du}{dx} = f'(x)$$

$$\frac{dy}{dx}=\frac{dy}{du}\cdot\frac{du}{dx}=\frac{1}{u}\cdot f'(x)=\frac{1}{f(x)}\cdot f'(x)$$

④ $f(x)=\log_a f(x)=\dfrac{\ln f(x)}{\ln a}$ ($\ln a$: 상수)

$$\frac{dy}{dx}=\frac{1}{f(x)}\cdot f'(x)\cdot\frac{1}{\ln a}$$

■ $y=\ln|f(x)|$

$f(x)>0,\ y=\ln|f(x)|=\ln f(x)$

$$y=\frac{1}{f(x)}\cdot f'(x)$$

$f(x)<0,\ y=\ln|f(x)|=\ln(-f(x))$

$$y'=\frac{1}{-f(x)}\cdot -f'(x)=\frac{1}{f(x)}\cdot f'(x)$$

$$\therefore\frac{d}{dx}(\ln|f(x)|)=\frac{1}{f(x)}\cdot f'(x)$$

예제 A.10

다음을 구하여라

(1) $\dfrac{d}{dx}(\ln(x^2+1))$ (2) $\dfrac{d}{dx}(\ln(\ln(x^2+\sin x)))$

풀이

(1) $\dfrac{d}{dx}(\ln(x^2+1))=\dfrac{1}{x^2+1}\cdot 2x=\dfrac{2x}{x^2+1}$

(2) $$\frac{d}{dx}(\ln(\ln(x^2+\sin x)))=\frac{1}{\ln(x^2+\sin x)}\cdot\frac{1}{x^2+\sin x}\cdot(2x+\cos x)$$
$$=\frac{2x+\cos x}{(x^2+\sin x)\ln(x^2+\sin x)}$$

문제 A.14

다음 함수를 미분하여라.

(1) $y = \ln 3x$

(2) $y = \ln(\ln x)$

(3) $y = \ln(\sin x)$

(4) $y = \ln(\tan x)$

(5) $y = (\ln x)^5$

(6) $y = \log_3(\sin x)$

(7) $y = \log_2 5x$

(8) $y = \ln|x cos x|$

(9) $y = 3^{\log_2 x}$

(10) $y = x^2 \ln x$

(11) $y = x\sqrt{\ln x}$

(12) $y = \ln(\sec x + \tan x)$

(13) $y = \tan[\log(x^2+4)]$

(14) $y = (x^2 \ln x)^4$

(15) $y = \dfrac{\ln x}{x^2}$

(16) $\ln(xy) = x - y$

(17) $y + 1 = x ln^3 y$

(18) $y = \ln(\sec(\ln x))$

■ **로그 미분법 :**

단계 1. 양변에 자연로그를 취한다.

단계 2. 로그성질을 이용하여 간단히 한다.

단계 3. 양쪽을 미분한다.

단계 4. y'을 구한다.

예제 A.11

$y=x^x$ 을 미분하여라.

풀이

단계 1. $\ln y=\ln x^x$

단계 2. $\ln y=x\ln x$

단계 3. $\frac{1}{y}\cdot y'=1\cdot\ln x+x\cdot\frac{1}{x}$

단계 4. $y'=y(\ln x+1)$ or $x^x(\ln x+1)$

문제 A.15

로그 미분법을 이용하여 y의 도함수를 구하여라.

(1) $y=x^{\ln x}$

(2) $y=(\sin x)^x$

(3) $y=(x+1)^x$

(4) $y=(\sin x)^{\sin x}$

(5) $y=\sqrt{(x^2+1)(x-1)^2}$

(6) $y=(\ln x)^{\ln x}$

(7) $y=\dfrac{x\sqrt{x^2+1}}{(x+1)^{\frac{2}{3}}}$

(8) $y=\dfrac{x\sin x}{\sqrt{\sec x}}$

(9) $y=\dfrac{e^{-x}\cos x}{\sqrt[3]{x^2-x}}$

A.1.11 역삼각함수의 미분

$$\frac{d}{dx}(\sin^{-1}x) = \frac{1}{\sqrt{1-x^2}}$$

$$\frac{d}{dx}(\cos^{-1}x) = -\frac{1}{\sqrt{1-x^2}}$$

$$\frac{d}{dx}(\tan^{-1}x) = \frac{1}{1+x^2}$$

$$\frac{d}{dx}(\cot^{-1}x) = -\frac{1}{1+x^2}$$

$$\frac{d}{dx}(\sec^{-1}x) = \frac{1}{|x|\sqrt{x^2-1}}$$

$$\frac{d}{dx}(\csc^{-1}x) = -\frac{1}{|x|\sqrt{x^2-1}}$$

[증명]

① $y = \sin^{-1}x,\ -\frac{\pi}{2} \le y \le \frac{\pi}{2}$

$\sin^2 y + \cos^2 y = 1$ $\qquad$ $\sin y = x$

$\cos y = \pm\sqrt{1-\sin^2 y} = \pm\sqrt{1-x^2}$ $\qquad$ $\frac{d}{dx}(\sin y) = \frac{d}{dx}(x)$

$-\frac{\pi}{2} \le y \le \frac{\pi}{2},\ \cos y > 0$

$\therefore \cos y = \sqrt{1-x^2}$

$\cos y \cdot y' = 1$

$y' = \frac{1}{\cos y} = \frac{1}{\sqrt{1-x^2}}$

② $y=\cos^{-1}x$, $0 \le y \le \pi$

$\sin^2 y+\cos^2 y=1$

$\cos y = x$

$\sin y = \pm\sqrt{1-\cos^2 y} = \pm\sqrt{1-x^2}$

$\frac{d}{dx}(\cos y) = \frac{d}{dx}(x)$

$0 \le y \le \pi$, $\sin y > 0$

$\therefore \sin y = \sqrt{1-x^2}$

$-\sin y \cdot y' = 1$

$$y' = -\frac{1}{\sin y} = -\frac{1}{\sqrt{1-x^2}}$$

③ $y=\tan^{-1}x$, $-\frac{\pi}{2} < y < \frac{\pi}{2}$

$\tan y = x$

$\frac{d}{dx}(\tan y) = \frac{d}{dx}(x)$

$\sec^2 y \cdot y' = 1$

$\tan^2 y + 1 = \sec^2 y$

$$y' = \frac{1}{\sec^2 y} = \frac{1}{1+x^2}$$

④ $y=\cot^{-1}x$, $0 < y < \pi$

$\cot y = x$

$\frac{d}{dx}(\cot y) = \frac{d}{dx}(x)$

$-\csc^2 y \cdot y' = 1$

$\cot^2 y + 1 = \csc^2 y$

$$y' = -\frac{1}{\csc^2 y} = -\frac{1}{1+x^2}$$

⑤ $y = \sec^{-1}x,\ 0 \le y \le \pi,\ y \ne \frac{\pi}{2}$

$\sec y = x$

$\frac{d}{dx}(\sec y) = \frac{d}{dx}(x)$

$\sec y \tan y \cdot y' = 1$

$y' = \frac{1}{\sec y \tan y}$ $\qquad \tan^2 y + 1 = \sec^2 y$

$= \pm \frac{1}{x\sqrt{x^2-1}}$ $\qquad \tan y = \pm\sqrt{\sec^2 y - 1}$

$\tan y = \pm\sqrt{x^2-1}$, $\sec y = x$

$= \frac{1}{|x|\sqrt{x^2-1}}$

⑥ $y = \csc^{-1}x$ 　　단, $-\frac{\pi}{2} \le y \le \frac{\pi}{2}, y \ne 0$

$\csc y = x$

$\frac{d}{dx}(\csc y) = \frac{d}{dx}(x)$ $\qquad \cot^2 y + 1 = \csc^2 y$

$-\csc y \cot y \cdot y' = 1$ $\qquad \cot y = \pm\sqrt{\csc^2 y - 1}$

$y' = -\frac{1}{\csc y \cot y}$ $\qquad \longleftarrow \qquad \cot y = \pm\sqrt{x^2-1}$, $\csc y = x$

$= \pm\frac{-1}{x\sqrt{x^2-1}}$

$= \frac{-1}{|x|\sqrt{x^2-1}}$

예제 A.12

다음을 구하여라

(1) $\frac{d}{dx}(\sin^{-1}x^2)$ (2) $\frac{d}{dx}(\tan^{-1}(\sin x))$

풀이

(1) $\frac{d}{dx}(\sin^{-1}x^2) = \frac{1}{\sqrt{1-(x^2)^2}} \cdot 2x = \frac{2x}{\sqrt{1-x^4}}$

(2) $\frac{d}{dx}(\tan^{-1}(\sin x)) = \frac{1}{1+(\sin x)^2} \cdot \cos x = \frac{\cos x}{1+\sin^2 x}$

문제 A.16

y의 도함수를 구하여라.

(1) $y = \sin^{-1}\left(\frac{3}{x^2}\right)$ (2) $y = \cos^{-1}(-3x+2)$

(3) $y = \sin^{-1}(1-x)$ (4) $y = 2\cos^{-1}(\sqrt{x-1})$

(5) $y = \tan^{-1}(\ln x)$ (6) $y = \cot^{-1}\left(\frac{1}{x}\right)$

(7) $y = \ln(x^2+4) - x\tan^{-1}\left(\frac{x}{2}\right)$ (8) $y = \cot^{-1}(\csc x^2)$

(9) $y = \sec^{-1}(2x+1)$ (10) $y = \sin^{-1}((1-x^2)^2)$

(11) $y = \tan^{-1}\sqrt{x^2-1} + \csc^{-1}x,\ x > 1$ (12) $y = \sqrt{x^2-1} + \csc^{-1}x,\ x > 1$

Derivative Formulas (미분 공식)

■ Basic Derivative Formulas (기본 미분)

$$\frac{d}{dx}(x^n) = nx^{n-1}, \qquad \frac{d}{dx}(\sqrt{x}) = \frac{1}{2\sqrt{x}}, \qquad \frac{d}{dx}\left(\frac{1}{x}\right) = -\frac{1}{x^2}$$

$$\frac{d}{dx}(f(x) \cdot g(x)) = f'(x)g(x) + f(x)g'(x),$$

$$\frac{d}{dx}\left(\frac{f(x)}{g(x)}\right) = \frac{f'(x)g(x) - f(x)g'(x)}{g^2(x)}$$

$$\frac{d}{dx}f(g(x)) = f'(g(x)) \cdot g'(x),$$

$$\frac{d}{dx}f(g(h(x))) = f'(g(h(x))) \cdot g'(h(x)) \cdot h'(x)$$

$$\frac{d}{dx}(\sqrt{f(x)}) = \frac{1}{2\sqrt{f(x)}} \cdot f'(x)$$

■ Derivatives of Trigonometric Formulas (삼각함수 미분)

$$\frac{d}{dx}(\sin x) = \cos x \qquad \frac{d}{dx}(\cos x) = -\sin x$$

$$\frac{d}{dx}(\tan x) = \sec^2 x \qquad \frac{d}{dx}(\cot x) = -\csc^2 x$$

$$\frac{d}{dx}(\sec x) = \sec x \tan x \qquad \frac{d}{dx}(\csc x) = -\csc x \cot x$$

■ Derivatives of Inverse Trigonometric Formulas (역삼각함수 미분)

$$\frac{d}{dx}(\sin^{-1}x) = \frac{1}{\sqrt{1-x^2}} \qquad \frac{d}{dx}(\cos^{-1}x) = -\frac{1}{\sqrt{1-x^2}}$$

$$\frac{d}{dx}(\tan^{-1}x) = \frac{1}{1+x^2} \qquad \frac{d}{dx}(\cot^{-1}x) = -\frac{1}{1+x^2}$$

$$\frac{d}{dx}(\sec^{-1}x) = \frac{1}{|x|\sqrt{x^2-1}} \qquad \frac{d}{dx}(\csc^{-1}x) = -\frac{1}{|x|\sqrt{x^2-1}}$$

Derivative Formulas (미분 공식)

- Derivatives of Exponential and Logarithmic Fuctions Formulas (지수, 로그함수 미분)

$$\frac{d}{dx}(e^x) = e^x \qquad \frac{d}{dx}(a^x) = a^x \ln a \quad (a \neq 1,\ a > 0)$$

$$\frac{d}{dx}(e^{f(x)}) = e^{f(x)} \cdot f'(x) \qquad \frac{d}{dx}(a^{f(x)}) = a^{f(x)} \cdot f'(x) \cdot \ln a$$

$$\frac{d}{dx}(\ln x) = \frac{1}{x} \qquad \frac{d}{dx}(\log_a x) = \frac{1}{x} \cdot \frac{1}{\ln a}$$

$$\frac{d}{dx}(\ln f(x)) = \frac{1}{f(x)} \cdot f'(x) \qquad \frac{d}{dx}(\log_a f(x)) = \frac{1}{f(x)} \cdot f'(x) \cdot \frac{1}{\ln a}$$

- Derivatives of Inverse Formulas (역함수 미분)

$$(f^{-1})'(x) = \frac{1}{f'(f^{-1}(x))}$$

A.2 적분

A.2.1 부정적분

정의역에 속하는 모든 x에 대해 $F'(x) = f(x)$일 때 함수 F를 정의역에서 f의 역도함수(antiderivative)라고 한다. 역도함수와 적분사이의 관계 때문에 기호 $\int f(x)dx$가 전통적으로 f의 한 역도함수로서 사용되며, 이를 부정적분(indefinite integral)이라 한다.

따라서 다음과 같다.

$\int f(x)dx = F(x) + C$는 $F'(x) = f(x)$를 의미한다.

기본 적분 공식

$$\int kf(x)\,dx = k\int f(x)\,dx \quad (k \neq 0)$$

$$\int [f(x) + g(x)]\,dx = \int f(x)\,dx + \int g(x)dx$$

$$\int x^n\,dx = \frac{x^{n+1}}{n+1} + C \qquad (n \neq -1)$$

$$\int \frac{dx}{x} = \ln|x| + C$$

예제 A.13

다음 부정적분을 구하라.

(1) $\int 7\,dx$ (2) $\int 4x^3\,dx$

(3) $\int \left(x^6 + \frac{1}{x}\right)dx$

풀이

(1) $\int 7\,dx = 7x + C$ (2) $\int 4x^3\,dx = x^4 + C$

(3) $\int \left(x^6 + \frac{1}{x}\right)dx = \frac{1}{7}x^7 + \ln|x| + C$

문제 A.17

다음 적분을 구하여라.

(1) $\int (3 - 4x + 2x^3)\,dx$ (2) $\int 6x^2\sqrt[3]{x}\,dx$

(3) $\int x^4 + \sqrt[3]{x^2} - \frac{2}{x^2} - \frac{1}{3\sqrt[3]{x}}\,dx$ (4) $\int \left(\frac{2}{x} - \frac{1}{x^2} + \frac{1}{2\sqrt{x}}\right)dx$

(5) $\int \frac{1}{\ln 2}\,\frac{dx}{x}$ (6) $\int (x-3)(x^2+3x+9)dx$

(7) $\int \frac{x^4}{x^2+1}dx - \int \frac{1}{x^2+1}dx$

(8) $\int (2\sin x + \cos x)^2 dx + \int (\sin x - 2\cos x)^2 dx$

(9) $\int (t+\sqrt{t})(t^2+3)dt$

문제 A.18

다음 부정적분을 구하여라.

(1) $\int \frac{(x-2)^3}{x^2}dx$

(2) $\int \sqrt{x}(x-2)dx$

(3) $\int \frac{x^3-x-1}{x^2}dx$

(4) $\int \left(x-\frac{1}{2x}\right)^2 dx$

■ 지수함수의 적분

$$\int e^x\,dx = e^x + C$$

$$\int a^x\,dx = \frac{a^x}{\ln a} + C \qquad (a>0,\, a\neq 1)$$

문제 A.19

다음 적분을 구하여라.

(1) $\int (e^x+4)dx$

(2) $\int (5^x-7^x)dx$

(3) $\int \left(10^x + \frac{10}{x} - \frac{7}{x^3}\right)dx$

■ 삼각 함수의 적분

$$\int \cos x\,dx = \sin x + C \qquad \int \sin x\,dx = -\cos x + C$$

$$\int \tan x\,dx = \ln|\sec x| + C \qquad \int \cot x\,dx = \ln|\sin x| + C$$

$$\text{또는 } -\ln|\cos x| + C \qquad \text{또는 } -\ln|\csc x| + C$$

$$\int \sec^2 x\,dx = \tan x + C \qquad \int \csc^2 x\,dx = -\cot x + C$$

$$\int \sec x \tan x\,dx = \sec x + C \qquad \int \csc x \cot x\,dx = -\csc x + C$$

$$\int \sec x\,dx = \ln|\sec x + \tan x| + C \qquad \int \csc x\,dx = \ln|\csc x - \cot x| + C$$

예제 A.14

다음 부정적분을 하여라.

(1) $\int \sec^2 x - 4\csc x\,dx$ (2) $\int \cot^2 x\,dx$

풀이

(1) $\int \sec^2 x - 4\csc x\,dx = \tan x - 4\ln|\csc x - \cot x| + C$

(2) $\int \cot^2 x\,dx = \int \csc^2 x - 1\,dx = -\cot x - x + C$

문제 A.20

다음 부정적분을 구하여라.

(1) $\int (5\cos x + \sin x)dx$ (2) $\int (2\tan x + 3\cot x)dx$

(3) $\int \frac{1}{\sin x}dx$ (4) $\int (\tan x + 3\sin x)dx$

(5) $\int (\sec x \tan x + 5\cos x)dx$ (6) $\int (\sec^2 x - 4\csc x)dx$

(7) $\int \frac{1}{1-\cos^2 x}dx$ (8) $\int \frac{\sin^2 x}{1-\cos x}dx$

(9) $\int \frac{\sin x}{\cos^2 x} dx$

(10) $\int \frac{\cos x}{\sin^2 x} dx$

(11) $\int \tan^2 x\, dx$

(12) $\int \cot^2 x dx$

(13) $\int \frac{e^x \sin^2 x + 1}{\sin^2 x} dx$

(14) $\int \frac{10^x \cot x - 1}{\cot x} dx$

■ 역 삼각함수의 적분

$$\int \frac{dx}{\sqrt{1-x^2}} = \sin^{-1} x + C$$

또는 $\arcsin x + C$

$$\int \frac{dx}{1+x^2} = \tan^{-1} x + C$$

또는 $\arctan x + C$

$$\int \frac{dx}{x\sqrt{x^2-1}} = \sec^{-1}|x| + C$$

또는 $\mathrm{arcsec}|x| + C$

예제 A.15

다음 적분을 구하여라.

(1) $\int \frac{3}{x^2+1} dx$

(2) $\int \frac{-7}{x\sqrt{x^2-1}} dx$

풀이

(1) $= 3\tan^{-1} x + C$

(2) $= -7\sec^{-1}|x| + C$

문제 A.21

다음 적분을 구하여라.

(1) $\int \frac{5}{\sqrt{1-x^2}} dx$

(2) $\int \frac{4}{1+x^2} dx$

■ 역 연쇄법칙을 사용한 적분(1)

$$\int (ax+b)^n dx = \frac{1}{a(n+1)}(ax+b)^{n+1} + C \qquad (a, b\text{는 상수})$$

예제 A.16

다음 적분을 구하여라.

(1) $\int \left(\frac{1}{2}x+3\right)^5 dx$ (2) $\int \sqrt{1-3x}\, dx$

풀이

(1) $= \frac{1}{3}\left(\frac{1}{2}x+3\right)^6 + C$ (2) $= -\frac{2}{9}(1-3x)^{\frac{3}{2}} + C$

문제 A.22

다음 부정적분을 구하여라.

(1) $\int (2x+1)^3 dx$ (2) $\int (3x-2)^8 dx$

(3) $\int \frac{7}{\sqrt{2x+1}} dx$ (4) $\int \frac{1}{(1-x)^2} dx$

■ 역 연쇄법칙을 사용한 적분 (2)

$$\int e^{kx} dx = \frac{1}{k} e^{kx} + C \qquad \int a^{kx} dx = \frac{1}{k}\frac{a^{kx}}{\ln a} + C \qquad (\text{k, a는 상수})$$

$$\int \cos kx\, dx = \frac{1}{k}\sin kx + C \qquad \int \sin kx\, dx = -\frac{1}{k}\cos kx + C$$

예제 A.17

다음 적분을 구하여라.

(1) $\int (10^{5x} + \sin 2x)dx$

(2) $\int 4^x(4^{2x} + 1)dx$

(3) $\int \sqrt{3^{x+1}}\,dx$

(4) $\int \left[\cos 3x + \sin\left(\frac{x}{2}\right)\right]dx$

풀이

(1) $= \frac{10^{5x}}{5\ln 10} - \frac{1}{2}\cos 2x + C$

(2) $= \int (4^{3x} + 4^x)dx$

$= \frac{4^{3x}}{3\ln 4} + \frac{4^x}{\ln 4} + C$

(3) $= \int (3^{x+1})^{\frac{1}{2}}dx$

$= \int 3^{\frac{1}{2}x + \frac{1}{2}}dx$

$= \frac{2(3)^{\frac{1}{2}x+\frac{1}{2}}}{\ln 3} + C$

(4) $= \frac{1}{3}\sin 3x - 2\cos\left(\frac{x}{2}\right) + C$

문제 A.23

다음 부정적분을 구하여라.

(1) $\int (e^{7x} + e^{3x})dx$

(2) $\int (e^{-2x} + \cos 2x)dx$

(3) $\int (e^{-2x} + e^{-\frac{1}{3}x})dx$

(4) $\int (4e^{-x} + 3^{x-1})dx$

(5) $\int \cos(3x+5)dx$

(6) $\int \sec 5x \tan 5x\,dx$

(7) $\int (e^x + e^{-x})^2 dx$

(8) $\int (\sec^2 2x + \tan 2x)dx$

■ 이배각공식을 사용한 적분

$$\sin 2x = 2\sin x\cos x \Rightarrow \sin x\cos x = \frac{1}{2}\sin 2x$$

$$\cos 2x = 2\cos^2 x - 1 \Rightarrow \cos^2 x = \frac{1+\cos 2x}{2} = \frac{1}{2}+\frac{1}{2}\cos 2x$$

$$\cos 2x = 1 - 2\sin^2 x \Rightarrow \sin^2 x = \frac{1-\cos 2x}{2} = \frac{1}{2}-\frac{1}{2}\cos 2x$$

예제 A.18

다음 적분을 구하여라.

(1) $\int 12\sin 3x\cos 3x\,dx$ (2) $\int \sin^2 3x\,dx$

풀이

(1) $= \int 6\sin 6x dx$

$= -\cos 6x + C$

(2) $= \int \frac{1-\cos 6x}{2}dx$

$= \int \left(\frac{1}{2}-\frac{1}{2}\cos 6x\right)dx$

$= \frac{1}{2}x - \frac{1}{12}\sin 6x + C$

문제 A.24

다음 적분을 구하여라.

(1) $\int 3\sin x\cos x\,dx$ (2) $\int \sin\frac{\theta}{2}\cos\frac{\theta}{2}d\theta$

(3) $\int 8\sin 2x\cos 2x\,dx$ (4) $\int \sin^2\frac{1}{2}x\,dx$

(5) $\int \cos^2 x\,dx$ (6) $\int \cos^2 4x\,dx$

■ 특별한 분수식의 적분

$$\int \frac{f'(x)}{f(x)}dx = \ln|f(x)| + C$$

예제 A.19

다음 적분을 구하여라.

(1) $\int \frac{5\sin x}{1+\cos x}dx$

(2) $\int \frac{x}{2x^2+1}dx$

(3) $\int \frac{e^x - e^{-x}}{e^x + e^{-x}}dx$

풀이

(1) $= -5\ln|1+\cos x| + C$

(2) $= \int \frac{1}{4} \cdot \frac{4x}{2x^2+1}dx$

$= \frac{1}{4}\ln(2x^2+1) + C$

(3) $= \ln(e^x + e^{-x}) + C$

문제 A.25

다음 부정적분을 구하여라.

(1) $\int \frac{5\cos x}{\sin x}dx$

(2) $\int \frac{3x^2+1}{x^3+x}dx$

(3) $\int \frac{7}{x+1}dx$

(4) $\int \frac{x}{x^2+1}dx$

(5) $\int \frac{6x}{x^2-4}dx$

(6) $\int \frac{2}{1-3x}dx$

Integration Formulas (적분 공식)

■ Basic Integration Formulas (기본 적분)

$$\int k\,dx = kx + C \quad (k : \text{상수})$$

$$\int x^n\,dx = \frac{1}{n+1}x^{n+1} + C,\ n \neq -1$$

$$\int \frac{1}{x}dx = \ln|x| + C$$

■ Integration of Exponential Functions (지수함수 적분)

$$\int e^x dx = e^x + C$$

$$\int a^x dx = \frac{a^x}{\ln a} + C \quad (a > 0,\ a \neq 1)$$

■ Integration of Trigonometric Functions (삼각함수 적분)

$$\int \cos x\,dx = \sin x + C$$

$$\int \sin x\,dx = -\cos x + C$$

$$\int \sec^2 x\,dx = \tan x + C$$

$$\int \csc^2 x\,dx = -\cot x + C$$

$$\int \sec x \tan x\,dx = \sec x + C$$

$$\int \csc x \cot x\,dx = -\csc x + C$$

$$\int \tan x\,dx = \ln|\sec x| + C = -\ln|\cos x| + C$$

$$\int \cot x\,dx = \ln|\sin x| + C = -\ln|\csc x| + C$$

$$\int \sec x\,dx = \ln|\sec x + \tan x| + C$$

$$\int \csc x\,dx = \ln|\csc x - \cot x| + C$$

$$\int \sin^2 x\,dx = \int \left(\frac{1}{2} - \frac{1}{2}\cos 2x\right)dx = \frac{1}{2}x - \frac{1}{4}sin2x + C$$

$$\int \cos^2 x\,dx = \int \left(\frac{1}{2} + \frac{1}{2}\cos 2x\right)dx = \frac{1}{2}x + \frac{1}{4}\sin 2x + C$$

■ Integration Using Reverse Chain Rule (역 연쇄법칙을 사용한 적분)

$$\int e^{kx}dx = \frac{1}{k}e^{kx} + C$$

$$\int \sin kx\,dx = -\frac{1}{k}\cos kx + C$$

$$\int \cos kx\,dx = \frac{1}{k}\sin kx + C$$

$$\int a^{kx}dx = \frac{1}{k}\frac{a^{kx}}{\ln a} + C$$

$$\int (kx+b)^n dx = \frac{1}{n+1} \cdot \frac{1}{k}(kx+b)^{n+1} + C$$

(k, a and b are constants)

Integration Formulas (적분 공식)

- Integration of Special Fractions (특별한 분수 적분)

$$\int \frac{f'(x)}{f(x)}dx = \ln|f(x)| + C$$

- Integration of Inverse Trigonometric Functions (역 삼각함수 적분)

$$\int \frac{dx}{\sqrt{1-x^2}} = \sin^{-1}x + C \qquad \int \frac{dx}{\sqrt{a^2-x^2}} = \sin^{-1}\left(\frac{x}{a}\right) + C$$

$$\int \frac{dx}{x^2+1} = \tan^{-1}x + C \qquad \int \frac{dx}{x^2+a^2} = \frac{1}{a}\tan^{-1}\left(\frac{x}{a}\right) + C$$

$$\int \frac{dx}{x\sqrt{x^2-1}} = \sec^{-1}|x| + C$$

A.2.2 치환적분

$u=g(x)$를 미분가능인 함수라 하고 $u=g(x)$로 치환하면 $du=g'(x)dx$이고 $f(x)$가 연속이면 다음과 같다.

$$\int f(g(x))g'(x)dx = \int f(u)du = F(u) + C = F(g(x)) + C$$

예제 A.20

다음 적분을 계산 하여라.

(1) $\int \sec^2(5t+1) \cdot 5\,dt$ (2) $\int \cos(7\theta+3)d\theta$

풀이

(1) $u=5t+1$ and $du=5dt$

$$\int \sec^2(5t+1)\cdot 5\,dt = \int \sec^2 u\,du = \tan u + C = \tan(5t+1)+C$$

(2) $$\int \cos(7\theta+3)d\theta = \frac{1}{7}\int \cos(7\theta+3)\cdot 7\,d\theta = \frac{1}{7}\int \cos u\,du$$

$$= \frac{1}{7}\sin u + C = \frac{1}{7}\sin(7\theta+3)+C$$

문제 A.26

다음 부정적분을 계산하여라.

(1) $\int (x^2-2x+3)^{10}(x-1)dx$

(2) $\int \frac{x-3}{\sqrt[4]{x^2-6x}}dx$

(3) $\int \frac{x-2}{\sqrt{4x-x^2}}dx$

(4) $\int \frac{(1+\sqrt{x})^5}{\sqrt{x}}dx$

문제 A.27

다음 부정적분을 구하여라.

(1) $\int \frac{1}{x\ln x}dx$

(2) $\int \frac{1}{xlnx\cdot\ln(\ln x)}dx$

(3) $\int \cos^3 3x\sin 3x\,dx$

(4) $\int \sec^2\theta\tan^2\theta\,d\theta$

(5) $\int \sec^4\theta\,d\theta$

(6) $\int \frac{\sec^2 2\theta}{1+\tan 2\theta}d\theta$

(7) $\int \frac{\cos 2x}{\sqrt{1+\sin 2x}}dx$

(8) $\int \frac{\sin x}{1+\cos^2 x}dx$

■ 역 삼각함수의 적분

$$\int \frac{dx}{\sqrt{a^2 - x^2}} = \sin^{-1}\left(\frac{x}{a}\right) + C$$

$$\int \frac{dx}{a^2 + x^2} = \frac{1}{a}\tan^{-1}\left(\frac{x}{a}\right) + C$$

[증명]

(1) $\displaystyle\int \frac{dx}{\sqrt{a^2 - x^2}} = \int \frac{\frac{1}{a}dx}{\frac{1}{a}\sqrt{a^2 - x^2}} = \int \frac{\frac{1}{a}dx}{\sqrt{1 - \frac{x^2}{a^2}}} = \sin^{-1}\left(\frac{x}{a}\right) + C$

(2) $\displaystyle\int \frac{dx}{a^2 + x^2} = \int \frac{\frac{1}{a^2}dx}{\frac{1}{a^2}(a^2 + x^2)} = \int \frac{\frac{1}{a}\cdot\frac{1}{a}dx}{1 + \frac{x^2}{a^2}} = \frac{1}{a}\tan^{-1}\left(\frac{x}{a}\right) + C$

예제 A.21

다음 적분을 계산 하여라.

(1) $\displaystyle\int \frac{1}{\sqrt{9 - x^2}}dx$　　(2) $\displaystyle\int \frac{1}{9 + 4x^2}dx$

풀이

(1) $\displaystyle = \frac{1}{3}\int \frac{1}{\sqrt{1 - (\frac{x}{3})^2}}dx = \sin^{-1}\left(\frac{x}{3}\right) + C$

(2) $\displaystyle = \int \frac{1}{4}\cdot\frac{1}{\frac{9}{4} + x^2}dx \ , \ a = \frac{3}{2}$

$\displaystyle = \frac{1}{4}\cdot\frac{1}{3/2}\tan^{-1}\left(\frac{x}{3/2}\right)$

$\displaystyle = \frac{1}{6}\tan^{-1}\left(\frac{2x}{3}\right) + C$

문제 A.28

다음 부정적분을 계산하여라.

(1) $\int \frac{1}{1+4x^2}dx$

(2) $\int \frac{1}{\sqrt{16-x^2}}dx$

(3) $\int \frac{1}{x^2+2x+2}dx$

(4) $\int \frac{3}{9+x^2}dx$

(5) $\int \frac{2x-1}{\sqrt{4x-4x^2}}dx$

(6) $\int \frac{e^x}{9+e^{2x}}dx$

(7) $\int \frac{2x+1}{4+x^2}dx$

(8) $\int \frac{x+1}{\sqrt{4-x^2}}dx$

(9) $\int \frac{1}{x^2-2x+5}dx$

A.2.3 부분적분법

$$\int u\,v'\,dx = u\,v - \int u'\,v\,dx$$

[증명]

$$\frac{d}{dx}(uv) = u'\,v + u\,v' \qquad \int \frac{d}{dx}(uv)dx = \int (u'\,v + uv')dx$$

$$\int \frac{d}{dx}(uv)dx = \int (u'v)dx + \int (uv')dx$$

$$uv = \int u'vdx + \int uv'dx$$

$$\therefore \int uv'dx = uv - \int u'vdx$$

예제 A.22

적분 하여라.

(1) $\int x \cdot e^x dx$ (2) $\int x \cdot e^{-2x} dx$

풀이

(1) $\int x \cdot e^x dx = x \cdot e^x - \int 1 \cdot e^x dx = xe^x - e^x + C$

(2) $\int x \cdot e^{-2x} dx = x \cdot \left(-\frac{1}{2}e^{-2x}\right) - \int 1 \cdot \left(-\frac{1}{2}e^{-2x}\right) dx = -\frac{1}{2}xe^{-2x} - \frac{1}{4}e^{-2x} + C$

문제 A.29

다음 부정적분을 구하여라.

(1) $\int x\cos x\, dx$ (2) $\int xe^{-\frac{1}{2}x} dx$

(3) $\int x\cos 3x\, dx$ (4) $\int x\sin 2x\, dx$

(5) $\int x^2 e^x\, dx$ (6) $\int \ln x\, dx$

(7) $\int x^3 \ln x\, dx$ (8) $\int \frac{\ln x}{x^2} dx$

(9) $\int \frac{\ln x}{\sqrt{x}} dx$ (10) $\int \tan^{-1} x\, dx$

A.2.4 정적분

$f(x)$는 구간 $[a.b]$에서 연속이고, $F(x)$를 $f(x)$의 역도함수라 하면 다음이 성립한다.

$$\int_a^b f(x)dx = F(b) - F(a)$$

[증명]

$A(x)$은 a에 x까지 $f(x)$아래의 면적이라 하자.

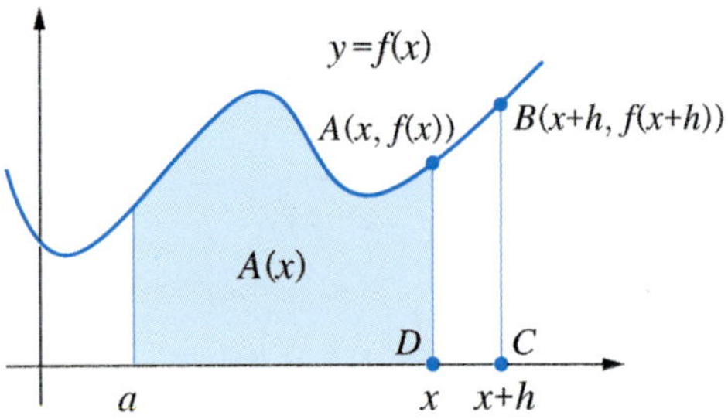

$$A(x)=\int_a^x f(x)dx \Rightarrow A(a)=0,\ \ A(b)=\int_a^b f(x)dx \cdots\cdots ①$$

$$A'(x)=\lim_{h\to 0}\frac{A(x+h)-A(x)}{h}$$

$$=\lim_{h\to 0}\frac{\triangle A}{h}=\lim_{h\to 0}\frac{\square ABCD\text{의 면적}}{h}$$

$$=\lim_{h\to 0}\frac{\frac{1}{2}[f(x)+f(x+h)]h}{h}=\lim_{h\to 0}\frac{1}{2}[f(x)+f(x+h)]$$

$$=\frac{1}{2}[f(x)+f(x)]=f(x)$$

$$\therefore A'(x)=f(x)$$

$$A(x)=F(x)+C$$

$$x=a,\ A(a)=F(a)+C=0$$

$$\therefore C=-F(a)$$

$$\therefore A(x)=F(x)-F(a)$$

$$x=b,\ A(b)=F(b)-F(a) \ldots\ldots ②$$

①, ② $$\int_a^b f(x)dx=F(b)-F(a)$$

예제 A.23

(1) $\displaystyle\int_{-1}^{2}(3x^2-2x)dx$ (2) $\displaystyle\int_{1}^{2}\frac{x^2+x-2}{2x^2}dx$

풀이

(1) $\displaystyle\int_{-1}^{2}(3x^2-2x)dx=[x^3-x^2]_{-1}^{2}$

$$=(8-4)-(-1-1)$$

$$=6$$

(2) $\displaystyle\int_{1}^{2}\frac{x^2+x-2}{2x^2}dx=\frac{1}{2}\int_{1}^{2}\left(1+\frac{1}{x}-\frac{2}{x^2}\right)dx$

$$=\frac{1}{2}\left[x+\ln x+\frac{2}{x}\right]_{1}^{2}$$

$$=\frac{1}{2}\ln 2$$

문제 A.30

다음 적분을 계산하여라.

(1) $\displaystyle\int_{-1}^{1}(x^2-x-1)dx$ (2) $\displaystyle\int_{0}^{2}(4+8x-6x^2)dx$

(3) $\displaystyle\int_{4}^{9}\frac{2+x}{2\sqrt{x}}dx$ (4) $\displaystyle\int_{-1}^{8}\frac{1}{\sqrt[3]{x}}dx$

(5) $\displaystyle\int_{1}^{2}\frac{3x-1}{3x}dx$ (6) $\displaystyle\int_{2}^{1}\left(3x+\frac{2}{x}\right)^2dx$

(7) $\displaystyle\int_{-\frac{\pi}{4}}^{\frac{\pi}{4}}\cos 2x\,dx$ (8) $\displaystyle\int_{0}^{\frac{\pi}{3}}[\tan\theta-\sec\theta\tan\theta]\,d\theta$

문제 A.31

다음 적분을 계산하여라.

(1) $\int_{0}^{\ln 2}(e^{2x}+e^{-x})dx$

(2) $\int_{0}^{1}\frac{4x}{x^2+1}dx$

(3) $\int_{-\frac{1}{2}}^{1}\frac{4\,dx}{\sqrt{1-x^2}}$

(4) $\int_{-1}^{\sqrt{3}}\frac{3\,dx}{x^2+1}$

(5) $\int_{1}^{\sqrt{3}}\frac{dx}{\sqrt{4-x^2}}$

(6) $\int_{0}^{\sqrt{3}}\frac{dx}{x^2+9}$

(7) $\int_{0}^{\frac{\pi}{4}}\sin^2 x\,dx$

(8) $\int_{\frac{\pi}{12}}^{\frac{\pi}{6}}\cos^2 2\theta\,d\theta$

A.2.5 정적분에서 치환적분

g' 가 구간 $[a,b]$ 에서 연속이고 f가 g의 치역위에서 연속이면 다음이 성립한다.

$$\int_{a}^{b}f(g(x))\cdot g'(x)dx=\int_{g(a)}^{g(b)}f(u)du$$

예제 A.24

$\int_{0}^{2}x(x^2-1)^2dx$ 을 계산 하여라.

풀이

$u=x^2-1$

$\frac{du}{dx}=2x$

$\frac{1}{2}du=x\,dx$

If $x=0, u=-1$

If $x=2, u=3$

$$\int_0^2 x(x^2-1)^2 dx = \int_{-1}^3 u^2 \frac{1}{2} du$$
$$= \frac{1}{6}[u^3]_{-1}^3$$
$$= \frac{1}{6}(27-(-1)) = \frac{28}{6} = \frac{14}{3}$$

문제 A.32

치환법으로 적분을 계산하여라.

(1) $\int_0^1 t^3(1+t^4)^3 dt$

(2) $\int_{-1}^1 \frac{5r}{(4+r^2)^2} dr$

(3) $\int_2^4 \frac{dx}{x(\ln x)^2}$

(4) $\int_0^{\pi/4} (1+e^{\tan\theta})\sec^2\theta\, d\theta$

(5) $\int_0^{\pi/6} \cos^{-3}2\theta \sin 2\theta\, d\theta$

(6) $\int_{\sqrt{2}}^2 \frac{\sec^2(\sec^{-1}x)}{x\sqrt{x^2-1}} dx$

(7) $\int_0^{\pi/4} \tan x \sec^2 x\, dx$

A.2.6 정적분을 위한 부분적분

$$\int_a^b u v' dx = [uv]_a^b - \int_a^b u' v\, dx$$

예제 A.25

$\int_0^4 xe^{-x} dx$ 을 정적분하여라.

풀이

$$\int_0^4 xe^{-x}dx = [-xe^{-x}]_0^4 - \int_0^4(-e^{-x})dx$$
$$= [-4e^{-4}-0] + \int_0^4 e^{-x}dx$$
$$= -4e^{-4} - [e^{-x}]_0^4$$
$$= -4e^{-4} - e^{-4} + 1$$
$$= 1 - 5e^{-4}$$

문제 A.33

다음 정적분을 구하여라.

(1) $\int_{-1}^{1} xe^x dx$

(2) $\int_{\frac{\pi}{3}}^{\frac{\pi}{2}} x\sin x\, dx$

(3) $\int_{0}^{\frac{\pi}{2}} x^2\sin 2x\, dx$

(4) $\int_{1}^{e} x\ln x\, dx$

(5) $\int_{1}^{e} \ln x dx$

(6) $\int_{0}^{1} \tan^{-1}x\, dx$

(7) $\int_{\frac{1}{2}}^{1} \sin^{-1}x\, dx$

(8) $\int_{0}^{4} e^{\sqrt{x}}dx$

A.2.7 부분분수에 의한 적분

이 절에서는 유리함수(다항함수들로 이루어진 분수)를 부분분수(partial fraction)라 불리는 본다 간단한 함수들의 함으로 표현하는 방법을 배운다. 유리함수를 부분분수로 나타내면 적분하기 쉽다. 예를 들어, 유리함수 $(5x-3)/(x^2-2x-3)$은

$$\frac{5x-3}{x^2-2x-3} = \frac{2}{x+1} + \frac{3}{x-3}$$

으로 쓸 수 있다. 다음과 같이 위 항등식의 우변의 분수들을 적분하여 더하면 된다.

$$\int \frac{5x-3}{(x+1)(x-3)}dx = \int \frac{2}{x+1}dx + \int \frac{3}{x-3}dx$$
$$= 2\ln|x+1| + 3\ln|x-3| + C$$

예제 A.26

$\int \frac{x-1}{x(x-2)}dx$ 을 구하여라.

풀이

$\frac{x-1}{x(x-2)} = \frac{A}{x} + \frac{B}{x-2}$. $x-1 = A(x-2) + Bx$

$x=0 : -1 = -2A$, $A = \frac{1}{2}$. $x = 2 : 1 = 2B$, $B = \frac{1}{2}$

$\int \left(\frac{1}{2x} + \frac{1}{2(x-2)}\right)dx = \frac{1}{2}\ln|x| + \frac{1}{2}\ln|x-2| + C = \frac{1}{2}\ln|x(x-2)| + C$

문제 A.34

다음 적분을 구하여라.

(1) $\int_{\frac{1}{2}}^{1} \frac{y+4}{y^2+y}dy$

(2) $\int \frac{dx}{x^2+2x}$

(3) $\int \frac{y-1}{y+1}dy$

(4) $\int \frac{x+4}{x^2+5x-6}dx$

(5) $\int \frac{dt}{t^3+t^2-2t}$

(6) $\int_0^1 \frac{dx}{(x+1)(x^2+1)}$

(7) $\int \frac{4x\,dx}{(x-1)^2(x+1)}$

(8) $\int \frac{2x^2-x+4}{x(x^2+4)}dx$

A.2.8 이상 적분

이상 적분에는 두 가지 종류가 있다.

(1) 함수는 연속이지만 적분구간이 유한하지 않는 경우

(2) $f(x)$가 적분구간은 유한하나, $x=c$, $a \le c \le b$에서 불연속점을 가지는 경우

■ $\int_a^b f(x)dx$ 식의 적분

종류 (1)의 이상적분 예

$$\int_0^\infty \frac{dx}{\sqrt[3]{x+1}}; \qquad \int_1^\infty \frac{dx}{x};$$

종류 (2)의 이상적분 예

$$\int_0^1 \frac{dx}{x}; \qquad \int_0^2 \frac{x}{\sqrt{4-x^2}}dx;$$

이상 적분은 두 종류에 모두 속하는 경우가 있다.

$$\int_0^\infty \frac{dx}{x}; \qquad \int_0^\infty \frac{dx}{\sqrt{x+x^4}}; \qquad \int_{-\infty}^1 \frac{dx}{\sqrt{1-x}};$$

종류(1)의 경우, 적분구간이 유한하지 않은 이상 적분은 다음과 같이 극한으로 계산한다.

$$\int_a^\infty f(x)dx = \lim_{b\to\infty}\int_a^b f(x)dx$$

단, $[a, b]$에서 f는 연속이다.

우변이 극한치가 존재한다면, 좌변의 이상 적분은 수렴한다고 말한다. 우변의 극한치가 존재하지 않으면, 이 이상 적분이 발산한다고 말한다. 이상 적분은 다음 예시들에서 설명하고 있다.

예제 A.27

다음을 적분하여라.

(1) $\int_1^{\infty}\frac{1}{x^2}dx$ (2) $\int_{-\infty}^{0} e^{-x}dx$

풀이

(1) $\int_1^{\infty}\frac{1}{x^2}dx=\lim_{b\to\infty}\int_1^{b}x^{-2}dx=\lim_{b\to\infty}-\left(\frac{1}{b}-1\right)=1$

주어진 적분은 1로 수렴한다. 그림에서, $\int_1^{\infty}\frac{dx}{x^2}$을 x축 위와, $x=1$, $y=\frac{1}{x^2}$ 곡선 밑의 넓이로 해석한다.

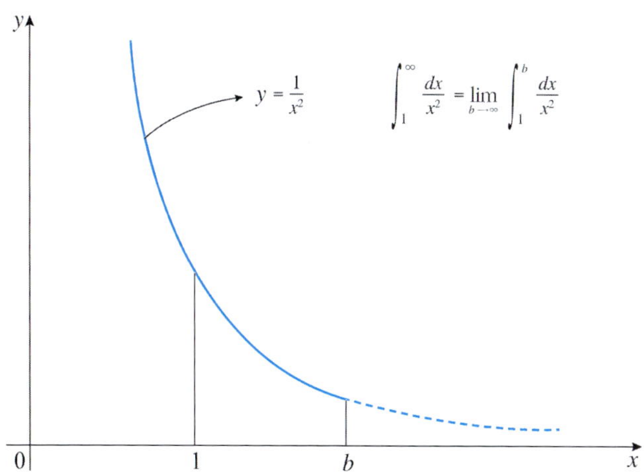

(2) $\int_{-\infty}^{0}e^{-x}dx=\lim_{b\to-\infty}-e^{-x}\Big|_b^0=\lim_{b\to-\infty}-(1-e^{-b})=+\infty$ 발산한다.

종류(2)의, 함수가 불연속점을 가지고 있는 이상 적분은 다음과 같이 다뤄진다.

f가 $x=a$일 때 $f(x)=\infty$이거나 $f(x)=-\infty$일 때, $\int_a^b f(x)dx$를 $\lim_{k\to a^+}\int_k^b f(x)dx$으로 푼다. 주어진 적분은 극한치의 존재 여부에 따라 수렴하거나 발산한다. f가 b에서 불연속점을 가진다면, $\int_a^b f(x)dx$를 $\lim_{k\to b^-}\int_a^k f(x)dx$으로 푼다. 주어진 적분은 극한치의 존재 여부에 따라 수렴하거나 발산한다. 피적분 함수가 적분 구간 $(a<c<b)$ 사이 안쪽의 점 c에서 불연속점을 가진다면,

$$\int_a^b f(x)dx = \lim_{k\to c^-}\int_a^k f(x)dx + \lim_{m\to c^+}\int_m^b f(x)dx$$

이다. 이상 적분은 극한치 두 개 다 존재해야만 수립한다. 어느 극한치도 존재하지 않으면, 이상 적분은 발산한다고 판정한다.

예제 A.28

다음을 적분하여라.

(1) $\int_0^1 \frac{dx}{\sqrt[3]{x}}$

(2) $\int_2^3 \frac{dt}{(3-t)^2}$

풀이

(1) $\int_0^1 \frac{dx}{\sqrt[3]{x}} = \lim_{k\to 0^+}\int_k^1 x^{-1/3}dx = \lim_{k\to 0^+}\frac{3}{2}x^{2/3}\Big|_k^1 = \lim_{k\to 0^+}\frac{3}{2}(1-k^{2/3}) = \frac{3}{2}$

그림에서, 이 적분을 $y=\frac{1}{\sqrt[3]{x}}$ 밑과 $x=1$ 왼쪽으로의 첫 번째 사분면 넓이로 해석된다.

(2) $\int_2^3 \frac{dt}{(3-t)^2} = \lim_{k\to 3^-} -\int_2^k (3-t)^{-2}(-dt) = \lim_{k\to 3^-}\frac{1}{3-t}\Big|_2^k = +\infty$, 발산한다.

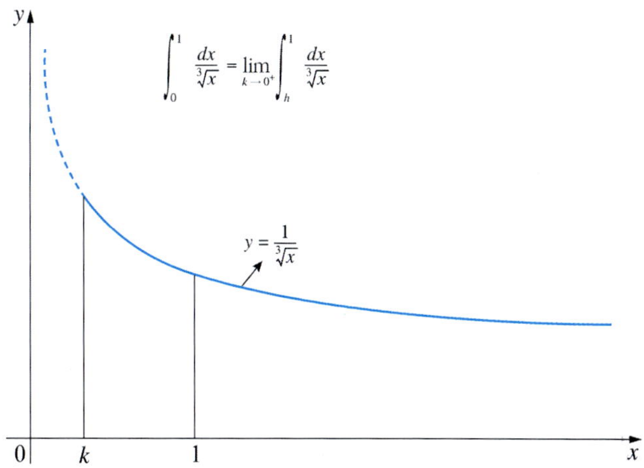

문제 A.35

이상적분을 구하여라.

(1) $\displaystyle\int_{-1}^{1} \frac{dx}{x^{\frac{2}{3}}}$

(2) $\displaystyle\int_{0}^{\infty} \frac{dx}{x^2+1}$

(3) $\displaystyle\int_{-\infty}^{\infty} \frac{2x\,dx}{(x^2+1)^2}$

(4) $\displaystyle\int_{-\infty}^{-2} \frac{2\,dx}{x^2-1}$

(5) $\displaystyle\int_{-\infty}^{0} \theta\, e^{\theta}\, d\theta$

(6) $\displaystyle\int_{0}^{\infty} \frac{dx}{(1+x)\sqrt{x}}$

(7) $\displaystyle\int_{1}^{2} \frac{ds}{s\sqrt{s^2-1}}$

(8) $\displaystyle\int_{0}^{1} x \ln x\, dx$

(9) $\displaystyle\int_{0}^{\frac{\pi}{2}} \tan\theta\, d\theta$

(10) $\displaystyle\int_{-1}^{\infty} \frac{d\theta}{\theta^2+5\theta+6}$

(11) $\displaystyle\int_{-1}^{1} \ln|x|\, dx$

(12) $\displaystyle\int_{0}^{\ln 2} x^{-2} e^{-\frac{1}{x}}\, dx$

(13) $\displaystyle\int_{1}^{\infty} \frac{\sqrt{x+1}}{x^2}\, dx$

(14) $\displaystyle\int_{2}^{\infty} \frac{dv}{\sqrt{v-1}}$

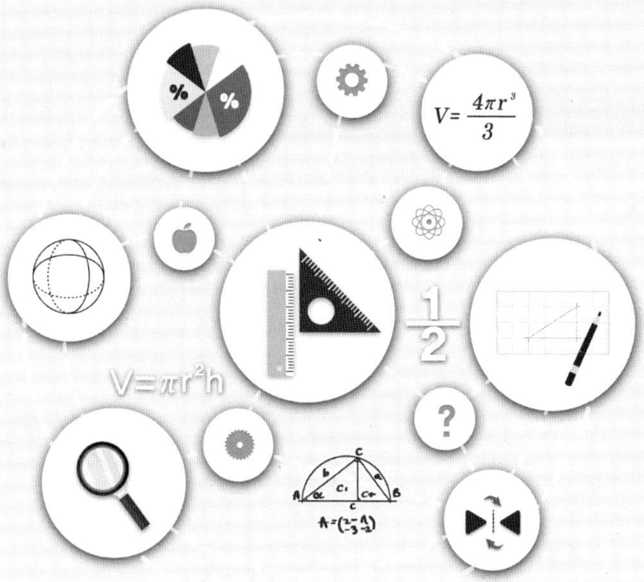

문제 해답

CHAPTER 1 퍼센트

[문제 1.1]

불량이 1개씩 있는 4가지의 불량을 기타의 항목으로 묶은 후 불량의 종류를 도수의 크기 순서로 배열하면 찢어짐, 구멍 뚫림, 기타, 잘못 접혀짐, 크기 불량, 두께 불량이 된다. 크기 순서대로 배열하고 도수분포표를 만들어 4번째 열에 누적상대도수를 배치하면 다음과 같다.

불량의 종류	도수	백분율	누적 백분율
찢어짐	22	0.44	0.44
구멍 뚫림	15	0.30	0.74
기타	8	0.16	0.90
잘못 접혀짐	5	0.10	1
합	50	1.00	

[문제 1.2]

(1) $\frac{8}{100}$

(2) $\frac{1}{100}\times\frac{25}{2}$

(3) $\frac{365}{100}=\frac{73}{50}$

(4) $\frac{1}{100}\times\frac{2}{3}=\frac{1}{150}$

[문제 1.3]

(1) $\frac{60}{100}=0.6$

(2) $\frac{53}{4}\times\frac{1}{100}=0.1325$

(3) 1.53

(4) 0.05

(5) 0.00025

(6) 0.000057

[문제 1.4]

(1) 54%

(2) 230%

(3) 107%

(4) 1130%

[문제 1.5]

(1) $\frac{4}{5}\times100=80\%$

(2) $\frac{3}{25}\times100=12\%$

(3) $\frac{15}{10}\times100=150\%$

(4) $\frac{12}{3}\times100=400\%$

[문제 1.6]

(1) 10.2

(2) 880

(3) 20%

(4) 4.5%

(5) 50

(6) 2

[문제 1.7]

45,000 × (1-0.08) = 41,400 명

[문제 1.8]

$\frac{18}{20}\times100=90\%$

[문제 1.9]

$x\times\frac{15}{100}=25,000$

$x=\frac{500,000}{3}$ 원

[문제 1.10]

(1) 90,000(1-0.1) = 81,000 원

(2) 59,000(1-0.125) = 51625 원

[문제 1.11]

(1) $\frac{12,000}{50,000}\times100=24\%$

(2) $\frac{200,000}{800,000}\times100=25\%$

[문제 1.12]

(1) 3,750원

(2) 27,900원

(3) 7,650원

[문제 1.13]

(1) 25%

(2) 100%

(3) 30%

[문제 1.14]

(1) 301,000 원

(2) 2,001,800 원

[문제 1.15]

(1) 15,000 × 0.15 =2,250 원

(2) 5,000 × 0.15 =750 원

[문제 1.16]

(1) 8% (2)17%

[문제 1.17]

(1) 9,700,000원 (2) 6,500,000원

[문제 1.18]

(1) 11.23% (2) 15.83%

CHAPTER 2 이자

[문제2.1]

I=Prt에서

(1) I=4,000×0.06×3 만원=720만원

(2) I=450×0.025×5 만원 =562500원

(3) I=2억×0.04×0.5 만원 =4000000원

[문제2.2]

$t=\frac{I}{Pr}$ 에서

(1) $t=\frac{300}{2000\times 0.05}=3$ $\therefore$3년

(2) $t=\frac{240}{1600\times 0.06}=2.5$ $\therefore$2.5년

(3) $T=\frac{1680\text{만}}{2\text{억}\times 0.07}=1.2$ $\therefore$1.2년

(4) $T=\frac{1,100}{2,500\times 0.055}=8$ $\therefore$8년

[문제 2.3]

$P=\frac{I}{rt}$ 에서

(1) $P=\frac{1,200\text{만원}}{0.06\times 5}=4,000\text{만원}$

(2) $P=\frac{2,275,000}{0.065\times 7}=500\text{만원}$

(3) $P=\frac{810\text{만원}}{0.09\times 1.5}=6,000\text{만원}$

[문제 2.4]

$r=\frac{I}{Pt}$ 에서

(1) $r=\frac{980}{3,500\times 4}=0.07$

(2) $r=\frac{24}{800\times 1.5}=0.02$

(3) $r=\frac{1,980}{5,500\times 2}=0.18$

[문제 2.5]

(1) 5,000만원 $\times 0.05 \times \frac{1}{2}$ = 125만원

(2) x원 투자한다면, $x \times 0.05 \times \frac{1}{2}$ = 210만원

$\therefore x$ =8400만원

[문제 2.6]

(1) 3억 $\times$ 0.09 = 2700만원

(2) 3억 $\times$ 0.08 $\times \frac{1}{2}$ = 1200만원

3억 1200만원 $\times$0.08 $\times \frac{1}{2}$ = 848만원 $\therefore$ 연소득은 1200만원+848만원 = 2048만원

[문제 2.7]

(1) 3,000만원$\times$0.06$\times$4 = 720만원

(2) 지불금액은 모두 3,000+720 = 3720만원

(3) $\frac{3,720\text{만원}}{48} = 775,000$원

[문제 2.8]

(1) 150+40$\times$18=870만원

(2) 870-790=80만원

(3) $r = \frac{I}{Pt} = \frac{80}{640 \times 1.5} \approx 0.083$

[문제 2.9]

(1) 120+80$\times$12=1,080만원

(2) 1,080-1,000=80만원

(3) $r = \frac{80}{880} = 0.09$

[문제 2.10]

(1) 8,000만원$\times(1+0.04)^4$=93,588,700원

(2) 350만원$\times(1+0.05)^2$=3,858,800원

(3) 2억원$\times(1+0.06)^5$=267,645,100원

[문제 2.11]

기간수 n=$\frac{18}{3}$=6, 이율 r=$\frac{4}{4}$=1%, P=8,200만원이므로,

$8,200 \times (1+0.01)^6 = 8,704$만원

[문제 2.12]

$A = 1,529$만원 $n = 4$ $r = 0.0625$

1,529만원 $= P(1+0.0625)^4$

$P = \frac{1,529}{1.0625^4} = 1,200$만원

[문제 2.13]

(1) 월이율 r%이라면 n=18

$16,408,018 = 1,500$만 $\times (1+r)^{18}$에서,

$(1+r)^{18} = 1.0939$ $r = 0.005$

(2) $0.005 \times 12 = 0.06$

[문제 2.14]

$2,254.71 = 1,400(1+0.1)^n$

$1.1^n = 1.61051,\ n = \frac{\log 1.61051}{\log 1.1} = \frac{0.2068}{0.0414} \approx 5$ $\therefore$5년

[문제 2.15]

(1) 4년간 감가상각비는 105만원 $\times$ 4=420만원

따라서, 잔존가액은 1,400만원-420만원 = 980만원

(2) 잔존가액 y만원, x년간 감가상각비 $105x$만원

따라서, y=1,400-105x

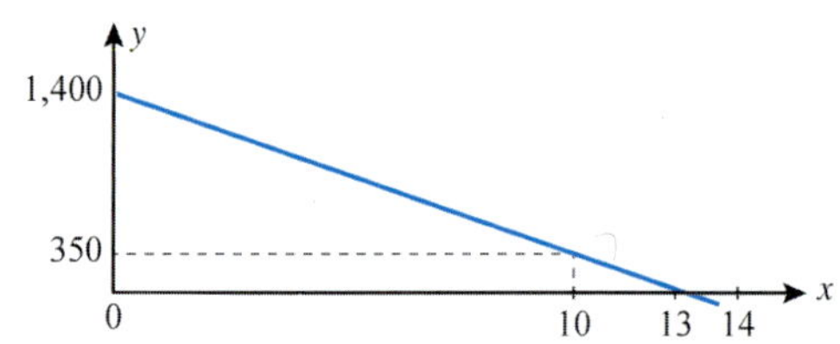

(3) 1,400-105x=0 $x = \frac{1,400}{105} = 13.3$

약 13.3년후 가치가 없어진다.

[문제 2.16]

(1) 1,300만원$\times(1-0.13)^4=7,447,700$원

(2) 감가상각금액은 1,300만-7,447,700=5,552,300원

(3) 잔존가액 y만원, x년후 (x=1,2,3,4,5)

$y=1,300(1+0.13)^x$

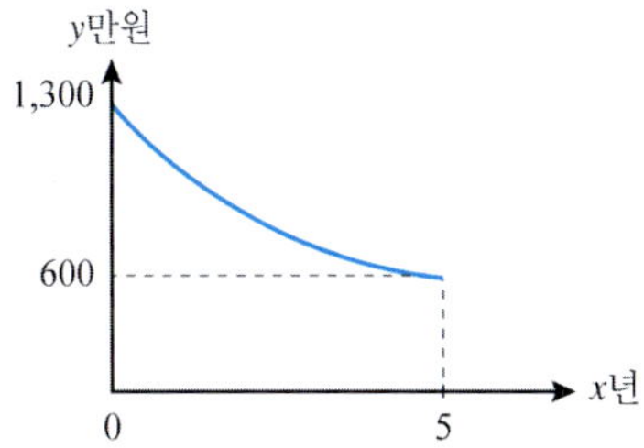

[문제 2.17]

(1) 2,500,000원, 3,100,000원, 6,125,000원 감가상각된다.

(2) 750만 ÷ 25 = 300,000km

[문제 2.18]

$$\text{물가지수}=\frac{1,450}{1000}\times100=145$$

[문제 2.19]

$$130=\frac{\text{2017년 대학수학교재가격}}{12,000}\times100$$

2017년 대학수학교재가격은, 130×120=15,600원

[문제 2.20]

(1) $2013\sim2014,\ \frac{118-108}{108}\times100=9.3\%,$

$2014\sim2015,\ \frac{127-118}{118}\times100=7.6\%$

$2015\sim2016,\ \frac{137-127}{127}\times100=7.9\%,$

$2016\sim2017,\ \frac{147-137}{137}\times100=7.3\%$

(2) $2012\sim2013,\ \frac{108-100}{100}\times100=8\%,$

$\frac{8+9.3+7.6+7.9+7.3}{5}=8\%$

(3) 2013 ~ 2014 회계연도

[문제2.21]

$3,000,000\times(1+0.05)^7=4,221,300$원

[문제 2.22]

실질가치를 P원이라면 3,500만원 $=P(1+0.046)^4$

$$\therefore P=\frac{\text{3,500만원}}{1.046^4}=29237600\text{원}$$

CHAPTER 3 부금과 연금

[문제 3.1]

매년 초에 적립하는 금액의 원리합계를 그림으로 나타내면 다음과 같다.

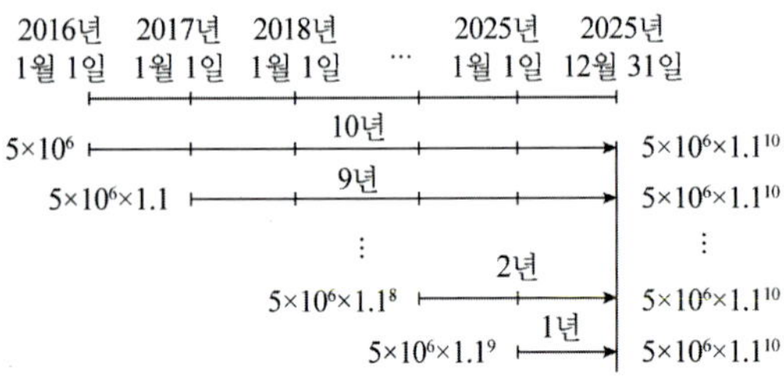

따라서 2025년 12월 31일까지 적립한 금액의 원리합계는

$$
\begin{aligned}
5\times10^6\times1.1^{10}\times10 &= 5\times1.1^{10}\times10^7\\
&=5\times2.6\times10^7\\
&=13\times10^7(\text{원})
\end{aligned}
$$

[문제 3.2]

매년 초에 적립하는 금액을 a만원이라 하면 3년 후의 원리합계는

$$
\begin{aligned}
&a(1+0.05)+a(1+0.05)^2+a(1+0.05)^3\\
&=\frac{a\times1.05(1.05^3-1)}{1.05-1}=\frac{a\times1.05(1.16-1)}{1.05-1}\\
&=3.36a(\text{만원})
\end{aligned}
$$

이때 $3.36a=420$만원이어야 하므로 $a=125$

따라서 매년 초에 125만원씩 적립해야 한다.

[문제 3.3]

태현와 민식이가 각각 10년 후, 5년 후에 받는 금액을 A만 원, B만 원이라 하면

$$
\begin{aligned}
A&=10(1+0.03)+10(1+0.03)^2+\cdots+10(1+0.03)^{10}\\
&=\frac{10\times1.03(1.03^{10}-1)}{1.03-1}=\frac{1030(1.03^{10}-1)}{3}
\end{aligned}
$$

$$
\begin{aligned}
B&=20(1+0.03)+20(1+0.03)^2+\cdots+20(1+0.03)^5\\
&=\frac{20\times1.03(1.03^5-1)}{1.03-1}=\frac{2060(1.03^5-1)}{3}
\end{aligned}
$$

$$
\begin{aligned}
\therefore \frac{A}{B}&=\frac{1030(1.03^{10}-1)}{3}\times\frac{3}{2060(1.03^5-1)}\\
&=\frac{1.03^5+1}{2}=\frac{1.16+1}{2}=1.08
\end{aligned}
$$

따라서 태현가 받는 금액은 민식이가 받는 금액의 1.08배이다.

[문제 3.4]

2014년 1월 1일에 적립한 금액은 500만 원이고, 이 금액의 2023년 말의 원리합계는 (이하 단위는 만 원) 500×1.06^{10}

2015년 1월 1일에 적립한 금액은 500×1.06이고, 이 금액의 2023년 말의 원리합계는 $500\times1.06\times1.06^9=500\times1.06^{10}$ …

2023년 1월 1일에 적립한 금액은 500×1.06^9이고, 이 금액의 2023년 말의 원리합계는

$$500\times1.06^9\times1.06=500\times1.06^{10}$$

따라서 구하는 적립금의 원리합계는

$$
\begin{aligned}
500\times1.06^{10}\times10 &\fallingdotseq 500\times1.8\times10\\
&=9000(\text{만원})
\end{aligned}
$$

[문제 3.5]

이달 말부터 a만 원씩 갚는다고 하면 갚는 금액의 12개월 후의 원리합계는

$$
\begin{aligned}
&a+a\times1.015+\cdots+a\times1.015^{11}\\
&=\frac{a(1.015^{12}-1)}{1.015-1}=\frac{a(1.2-1)}{0.015}=\frac{40}{3}a(\text{만원}) \qquad ㉠
\end{aligned}
$$

한편 20만 원의 12개월 후의 원리합계는

$$20\times1.015^{12}=20\times1.2=24(\text{만원}) \qquad ㉡$$

㉠과 ㉡은 같아야 하므로

$$\frac{40}{3}a=24 \qquad \therefore a=1.8$$

따라서 매달 18000원씩 갚아야 한다.

[문제 3.6]

갚아야 할 1000만 원의 36개월 후의 원리합계는

$$1000\times1.01^{36}\doteq1000\times1.4=1400(\text{만 원}) \qquad ㉠$$

매달 a만 원씩 갚는다고 하면 갚는 금액의 36개월 후의 원리합계는

$$a+a\times1.01+\cdots+a\times1.01^{35}$$

$$=\frac{a(1.01^{36}-1)}{1.01-1}=\frac{a(1.4-1)}{0.01}=40a(\text{만 원}) \qquad ㉡$$

㉠과 ㉡이 같아야 하므로

$$1400=40a \qquad \therefore a=35$$

따라서 매달 35만 원씩 갚아야 한다.

[문제 3.7]

일시불로 받는 금액을 a원이라고 하면, a원에 대한 30년의 원리합계와 1800만 원을 매 년 말에 30년 동안 받았을 때의 원리합계가 같아야 한다.

$$(a\text{원에 대한 30년의 원리합계})=a\times1.1^{30}\quad=18a$$

$$(\text{1800만 원의 30년 원리합계})=\frac{18\times10^6\times(1.1^{30}-1)}{0.1}$$

$$\frac{18\times10^6\times(1.1^{30}-1)}{0.1}=18a$$

$$\therefore a=170000000$$

따라서 퇴직자 A씨가 받은 금액은 1억 7천만 원이다.

[문제 3.8]

현재 받을 금액을 x만원이라면

$$x(1+0.05)^{10}=5\text{만}+5\text{만}\times1.05+5\text{만}\times1.05^2+\cdots+5\text{만}\times1.05^9$$

$$1.05^{10}x=5\text{만}\cdot\frac{1.05^{10}-1}{1.05-1}$$

$$1.630x=\frac{5\text{만}\times0.630}{0.05}$$

$$\therefore x=386,503\text{원}$$

CHAPTER 4 세금

[문제 4.1]

사용량은 360+1×4×15=420(kWh)이고 기본요금 7,300원, 전력량요금 117,852원, 요금합계 125,152 부가가치세 12,515원, 전력산업기반요금 4,630원, 합계 142,290원

[문제 4.2]

(1) 총 전력사용량은 210+2×4×20=370(kWh)이므로 기본요금은 1,600원, 전력량요금 69,523원, 요금합계 71,123원 부가가치세 7,112원, 전력산업기반요금 2,630원 그러므로 합계 80,860원

(2) 총 전력사용량은 600+3×5×20=900(kWh)이므로 기본요금은 7,300원, 전력량요금 252,540원, 요금합계 259,840원 부가가치세 25,984원, 전력산업기반요금 9,610원, 그러므로 합계 295,430원

[문제 4.3]

먼저, 배우자는

10억 원×(1.5/3.5)=428,571,428.571,

즉 428,571,428원, 자녀1과 자녀2는 각각

10억 원×(1/3.5)=285,714,285.714원,

즉 285,714,286원이 된다.

[문제 4.4]

상속세 산출액은 3억 2천만 원(=2억 4천만 원+2억 원×40%)이고, 손자의 경우에는 할증과세되므로 할증세액은 3억 2천만 원×(8억 원/30억 원)×30%=25,600,000원 이다.

[문제 4.5]

배우자 : 25억 원×(1.5/4.5)=833,333,332(원)
자녀 일인당 : 25억 원×(1/4.5)=555,555,556(원)

[문제 4.6]

(1) 10억 4천만 원 + 20억 × 50% = 20억 4천만 원

(2) 1천만 원 + 4억 × 20% = 9,000만 원으로 9,000만 × 10 = 9억 원의 세금이 부과된다.

[문제 4.7]

민씨 부부의 경우, 민씨가 사망하면 20억 원에서 10억 원을 공제한 나머지 10억 원에 대해서 세금 2억4천만 원이 나올 수 있다.
한씨 부부의 경우, 10억 원에서 5억 원을 공제한 나머지 5억 원에 대해 세금 9,000만원이 나올 수 있다.

[문제 4.8]

(1) 배우자는 6억 원이 공제되므로 4억 원에 대한 증여세만 내면된다.
1억 원 × 10% + 3억 원 × 20% = 1,000만원 + 6천만 원 = 7천만 원
(2) 수증자가 미성년자이므로 2,000만원이 공제된다. 그러므로 (1억 원-2,000만 원)×10%=800만 원
세대를 건너뛴 증여재산은 30% 할증과세하므로 800 + 240 = 1,040만 원

[문제 4.9]

금융소득 초과분 3,000만원을 사업소득 2억9천만원에 더하면 3억2천만원이 되므로
1,200×0.06+3,400×0.15+4,200×0.24+21,200×0.35+2,000×0.38=9,770(만원)인데, 여기서 금융소득 2,000만원을 초과한 3,000만원에 대하여 이미 은행에서 14%의 이자소득세 420만원을 원천징수하였으므로 이 돈을 공제하면 9,350만원을 세금으로 내면 된다.

[문제 4.10]

1,200×0.06+3,300×0.15=567(만원), 567-140=427(만원)을 내면 된다.

[문제 4.11]

1,000만원이 과세대상인데, 이것의 세율 6%는 은행의 원천징수세율 14%보다 낮으므로 추가 세 부담은 없다.

[문제 4.12]

5,000+1,000=6,000(만원)의 마지막 1,000만원은 세율 24% 구간에 해당하는데, 은행의 원천징수세율 14%보다 10% 더 높으므로 1,000만원의 10%인 100만원을 더 내면 된다.

[문제 4.13]

(1) 과세표준액은 500,000,000×70%=350,000,000(원)이다.
(2) 과세표준액은 350,000,000원이고 과세표준액이 '1억 원 초과'에 해당되므로 세율적용식은
25만원+(1억 원 초과금액×0.5%)가 되어서 25만원+(3억5천만원-1억원)×0.5%=1,500,000원이다.

[문제 4.14]

(1) 81만원
(2) 185만원

[문제 4.15]

(1) 취득세는 (1억 4천만원)×1%=140만원이고, 농특세는 $85m^2$ 이하이므로 없다.
교육세는 (1억 4천만원)×0.1%=14만원, 세금합계는 154만원이다.
(2) 취득세는 (1억 9천만원)×1%=190만원이고, 농특세는 (1억 9천만원)×0.2%=38만원이다.
교육세는 (1억 9천만원)×0.1%=19만원, 세금합계는 247만원이다.
(3) 취득세는 (12억원)×3%=3,600만원이고, 농특세는 (12억원)×0.2%=240만원이다.
교육세는 (12억원)×0.3%=36만원, 세금합계는 3,876만원이다.
(4) 취득세는 (8억원)×2%=1,600만원이고, 농특세는 (8억원)×0.2%=160만원이다.
교육세는 (8억원)×0.2%=160만원, 세금합계는 1,920만원이다.

[문제 4.16]

양도차익이 2,000만원이고 보유기간이 '1년 이상 2년 미만'에 해당하므로 세율은 40%가 적용된다. 과세표준은 2,000만원인데 여기에 40%의 세율을 곱하면 2,000만원×40%=800만원이고 지방소득세 10%를 추가로 내야하므로 내야할 세금은 880만원이다.

[문제 4.17]

828만원

CHAPTER 5 방정식·부등식을 이용한 생활수학

[문제 5.1]

주어진 식에 $y=15.5$를 대입하면

$$15.5=-0.05x^2+2x+0.5,\quad -5x^2+200x-1500=0$$
$$(x-10)(x-30)=0,\ x=10 \text{ 또는 } x=30.$$

따라서 발사 후 물 로켓이 두 번째로 지면으로부터 15.5m 높이에 있을 때, 발사 지점으로부터 물 로켓까지의 수평거리는 30m이다.

[문제 5.2]

2점, 3점, 4점짜리 문제 중 맞힌 문제의 개수를 각각 x, y, z 라고 하면

$$\begin{cases} 2x+3y+4z=85 \cdots\cdots (1) \\ x+y+z=26 \quad \cdots\cdots (2) \\ y=z+3 \quad\quad \cdots\cdots (3) \end{cases}$$

(3)을 (1)에 대입하면

$$2x+3(z+3)+4z=85,\quad 2x+7z=76 \qquad (4)$$

(3)을 (2)에 대입하면

$$x+(z+3)+z=26,\quad x+2z=23 \qquad (5)$$

(4)-2×(5)을 하면

$$3z=30,\ z=10$$

$z=10$을 (3)에 대입하면

$$x+13+10=26,\ x=3$$

즉, 연립방정식의 해는 $x=3,\ y=13,\ z=10$

따라서 병하는 2점짜리 3개, 3점짜리 13개, 4점짜리 10개를 맞혔다.

[문제 5.3]

잘라 낼 정사각형의 한 변의 길이를 x cm라고 하면 직육면체 모양의 상자의 가로의 길이는 (20-2x)cm, 세로의 길이는 (12-2x)cm, 높이는 $x$cm이다. 따라서 직육면체 모양의 상자의 부피는

$$(20-2x)(12-2x)x=256$$

이 식을 전개하여 정리하면 $x^3-16x^2+60x-64=0$ 인수정리와 조립제법을 이용하여 좌변을 인수분해하면

$$(x-2)(x^2-14x+32)=0,\ x=2 \text{ 또는 } x=7\pm\sqrt{17}$$

그런데 $0<x<6$이므로 $x=2$또는$x=7-\sqrt{17}$

따라서 잘라 낼 정사각형의 한 변의 길이는 2cm 또는 $(7-\sqrt{17})cm$이다.

[문제 5.4]

최고 속력을 $2x$km/시 라고 하면 C역을 만들어 5분간 정차할 때 추가되는 시간은 $\frac{20}{x}-\frac{20}{2x}+\frac{5}{60}=\frac{11}{60}$, $\frac{10}{x}=\frac{6}{60}$ $\therefore x=100$

따라서 이 고속 전철의 최고 속력은 $2x=200$(km/시)

[문제 5.5]

$V=12, I=6$이므로 전체에 걸린 저항R은

$$R=\frac{V}{I}=\frac{12}{6}=2$$

주어진 조건에 의하여 x에 관한 식을 세우면, 왼쪽 병렬로 연결된 부분의 저항 R_1은

$$\frac{1}{R_1}=\frac{1}{x}+\frac{1}{1}\quad \therefore R_1=\frac{x}{x+1},$$

오른쪽 병렬로 연결된 부분의 저항 R_2는

$$\frac{1}{R_2}=\frac{1}{x+2}+\frac{1}{3}\quad \therefore R_2=\frac{3(x+2)}{x+5}$$

따라서 $R=R_1+R_2$이므로 $\frac{x}{x+1}+\frac{3(x+2)}{x+5}=2$

양변에 분모의 최소공배수 $(x+1)(x+5)$를 곱하면

$$x(x+5)+3(x+2)(x+1)=2(x+1)(x+5)$$
$$x^2+x-2=0,\ (x+2)(x-1)=0\ \therefore x=-2$$

또는 $x=1$이 때, $x>0$이므로 $x=1$

[문제 5.6]

철수가 수영을 시작한 점을 P 라하고 $\overline{AP}=x(0\le x<100)$ 라고 하면, $\overline{AP}+\overline{BP}=120$이므로

$$x+\sqrt{(100-x)^2+40^2}=120,\quad \sqrt{x^2-200x+11600}=120-x$$

양변을 제곱하여 정리하면 $40x=2800\ \therefore x=70(m)$

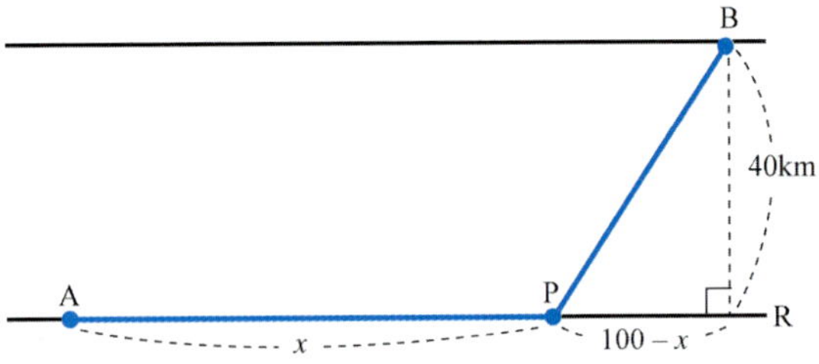

[문제 5.7]

경비정과 어선의 속력의 비가 2:1이므로

$\overline{AC}:\overline{BC}=2:1=\overline{A'C}:\overline{B'C}$

즉, 두 직각삼각형 $AA'C, BB'C$는 닮음비가 2:1인 닮은꼴이다. 따라서 $\overline{A'C}:\overline{B'C}=2:1$에서 $\overline{A'B'}=9$이므로

$\overline{A'C}=6, \overline{B'C}=3 \quad \therefore \overline{AC}=\sqrt{8^2+6^2}=10$

경비정의 속도가 $20km/$시이므로 도착한 시간은

$\frac{10}{20}=0.5$(시간)$=30$(분)

[문제 5.8]

$\overline{EB}+\overline{BD}=7$이므로

$\sqrt{x^2+9}+\sqrt{(5-x)^2+3}=7,\ \sqrt{(5-x)^2+3}=7-\sqrt{x^2+9}$

양변을 제곱하여 정리하면

$7\sqrt{x^2+9}=5x+15$

다시 양변을 제곱하여 정리하면

$4x^2-25x+36=0,\ (4x-9)(x-4)=0 \ \therefore x=\frac{9}{4}$ 또는 $x=4$

[문제 5.9]

$\overline{AP}=x\,km$라고 하면

(1) $A\rightarrow P$로 이동할 때

속력: $300km/$시 $=5km/$분, 시간: $\frac{\overline{AP}}{5}=\frac{x}{5}$(분)

(2) $P\rightarrow B$로 이동할 때

속력: $600km/$시 $=10km/$분,

시간: $\frac{\overline{PB}}{10}=\frac{\sqrt{(50-x)^2+40^2}}{10}$ (분)

전체 소요시간이 9분이므로 (1), (2)로부터

$\frac{x}{5}+\frac{\sqrt{(50-x)^2+40^2}}{10}=9$

$90-2x=\sqrt{(50-x)^2+40^2}$

양변을 제곱하여 정리하면

$x^2-260x+4000=0$

$(x-20)(3x-200)=0,\ 0<x<50$이므로 $x=20$

따라서 이 전투기가 방향을 바꾸는 P지점까지 가는데 걸리는 시간은 $\frac{x}{5}=\frac{20}{5}=4$(분)

[문제 5.10]

양수기 A,B로 과수원 P에 20톤의 물을 공급하는 데 걸리는 시간은 각각

$\frac{20}{\sqrt{x+3}},\ \frac{20}{x}$

즉, $\frac{20}{x}-\frac{20}{\sqrt{x+3}}=10$에서 $(2-x)\sqrt{x+3}=2x$ 양변을 제곱하여 정리하면

$x^3-5x^2-8x+12=0,\ (x-1)(x-6)(x+2)=0$

$\therefore x=1\ (\because 0<x<2)$

따라서 두 대의 양수기 A,B를 모두 이용하여 한 시간 동안 공급할 수 있는 물의 양은 $\sqrt{x+3}+x=2+1=3$톤 그러므로 두 대의 양수기 A,B를 모두 이용하여 과수원 Q에 243톤의 물을 공급하는 데 걸리는 시간은 $\frac{243}{3}=81$(시간)이다.

[문제 5.11]

작업대의 가로의 길이를 x m라고 하면 둘레의 길이가 32m이어야 하므로 세로의 길이는 (16-x)m이다. 이 때 작업대의 넓이가 $60m^2$ 이상이 되어야 하므로 $x(16-x)\ge 60$

$x^2-16x+60\le 0,\ (x-6)(x-10)\le 0,\ 6\le x\le 10$ ㉠

또, 가로의 길이다 세로의 길이보다 길어야 하므로

$x>16-x,\ 2x>16,\ x>8$ ㉡

구하는 해는 ㉠,㉡의 공통부분이므로 $8<x\le 10$

따라서 가로의 길이는 8m 초과 10m 이하이다.

[문제 5.12]

고속도로 위의 자동차의 속력은 60km/h 이상 100km/h 이하이므로 부등식 $|x-80| \le a$의 해는 $60 \le x \le 100$이다. 따라서 $-a \le x-80 \le a$, $80-a \le x \le 80+a$에서

$80-a=60, 80+a=100$, 즉 $a=20$

[문제 5.13]

이 회사에서 20억 원 이상 수익을 얻으려고 할 때 필요한 근로자의 수 x는 부등식 $-0.1x^2+300x \ge 200000$을 만족해야 한다.

$$x^2-3000x+2000000 \le 0, (x-2000)(x-1000) \le 0$$

즉, $1000 \le x \le 2000$

따라서 필요한 근로자의 수는 1000명 이상 2000명 이하이다.

[문제 5.14]

(1) 인간과 개의 가청주파수의 범위를 같은 수직선 위에 나타내면 다음 그림과 같다.

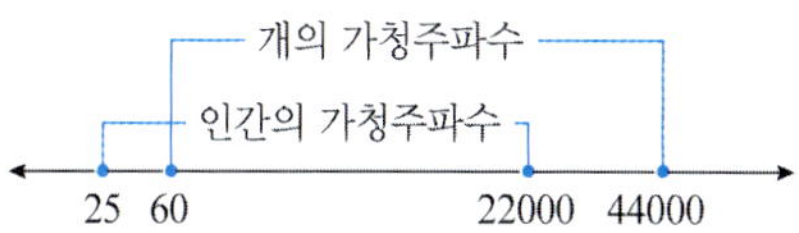

(2) 수직선에서 인간의 가청주파수와 개의 가청주파수의 공통 부분을 구하면 인간과 개가 함께 들을 수 있는 가청주파수의 범위는 $60Hz$~$22000Hz$이다.

[문제 5.15]

돌아올 때의 속력을 $x\,km$/시라고 하면 왕복 평균 속력은

$$\frac{120}{\frac{3}{2}+\frac{60}{x}}=\frac{240x}{3x+120}$$

왕복 평균 속력이 $50km$/시 이상이어야 하므로

$$\frac{240x}{3x+120} \ge 50$$

이 때, $x>0$이므로 위 식의 양변에 $3x+120$을 곱하여 정리하면

$$240x \ge 50(3x+120),\ 90x \ge 6000$$

$$\therefore x \ge \frac{200}{3}=66.66\cdots \fallingdotseq 67$$

따라서 돌아올 때 평균 속력은 약 $67km$/시 이상이면 된다.

[문제 5.16]

새로운 투자액을 x억 원이라고 하면 바뀐 정기예금 투자액은 $(1+2x)$억 원이고, 그에 따른 수익은 $(1+2x)\times\frac{5}{100}$ 바뀐 주식 투자액은 $(1-x)$억 원이고, 그에 따른 수익은

$$(1-x)\times\frac{20}{100}$$

따라서 총 수익률이 10% 이상이 되어야 하므로

$$\frac{(1+2x)\times\frac{5}{100}+(1-x)\times\frac{20}{100}}{2+x}\times 100 \ge 10$$

$$\frac{5(1+2x)+20(1-x)}{2+x} \ge 10,\ \frac{4x-1}{2+x} \le 0,$$

$$(x+2)(4x-1) \le 0, x \ne -2$$

이 때, $x>0$이므로 $0<x \le 0.25$ 그러므로 2천 5백만 원 이하를 투자해야 한다.

[문제 5.17]

오늘까지의 라운드 수를 x, 퍼팅 수를 y라고 하면

$$\frac{y}{x}=1.3$$

$$\therefore y=1.3x \qquad ㉠$$

또, 어제까지의 평균 퍼팅 수는

$$1.2775 \le \frac{y-25}{x-18} < 1.2785 \qquad ㉡$$

㉠을 ㉡에 대입하여 정리하면

$$1.2775 \le \frac{1.3x-25}{x-18} < 1.2785$$

$1.2775 \le \frac{1.3x-25}{x-18}$에서

$$2.005 \le 0.0225x \qquad ㉢$$

$\frac{1.3x-25}{x-18} < 1.2785$에서

$$0.0215x < 1.987 \qquad ㉣$$

ㄷ, ㄹ에서

$$89.11 \le x < 92.42$$

이때, $x, y(=1.3x)$는 정수이므로

$$x = 90, y = 117$$

따라서 라운드 수와 퍼팅 수의 합은 207

[문제 5.18]

하루에 생산할 수 있는 과자 A,B의 상자 수를 각각 x, y라고 하면 원료 P는 $(2x+2y)$kg, 원료 Q는 $(3x+y)$kg이 필요하므로 다음과 같은 연립부등식을 얻는다.

$$x \ge 0, y \ge 0, \begin{cases} 2x+2y \le 14 & \cdots (1) \\ 3x+y \le 13 & \cdots (2) \end{cases}$$

이 연립부등식의 영역은 아래 그림의 색칠한 부분과 같다.

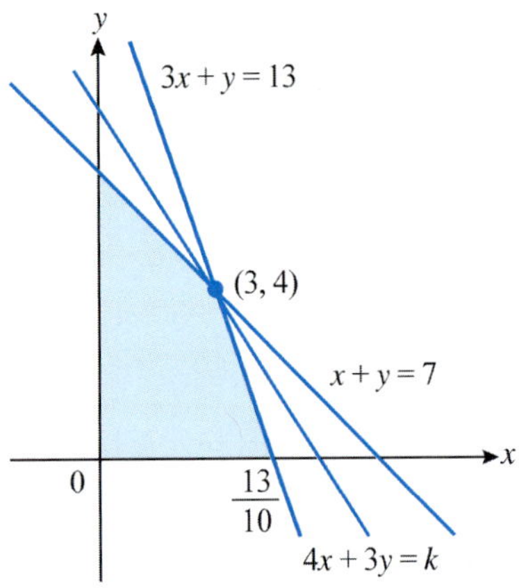

이 때, 판매 이익은 $(4x+3y)$만원이므로 (1),(2)의 공통 영역 안에서 $4x+3y$의 최댓값을 구하면 된다. 판매 이익을 k만원이라고 하면 $4x+3y=k$,이때 k가 최대가 되는 경우는 직선 $4x+3y=k$가 두 직선

$$\begin{cases} 2x+2y = 14 \\ 3x+y = 13 \end{cases}, \text{즉} \begin{cases} x+y = 7 & \cdots (3) \\ 3x+y = 13 & \cdots (4) \end{cases}$$

(3), (4)의 교점을 지날 때이다.

연립방정식 (3),(4)를 풀면 x=3, y=4이므로 교점은 (3,4)이다.

따라서 $4x+3y$의 최댓값은 x=3, y=4일 때, 24이므로 최대 이익은 24만 원이다.

[문제 5.19]

철새 A,B의 수가 각각 x쌍, y쌍이므로 $x \ge 0, y \ge 0$짝짓기 철 동안 서식할 수 있는 최대 면적이 $90000m^2$이므로

$$120x + 180y \le 90000$$

제공받을 수 있는 최대 먹이의 양이 10500kg이므로

$$30x + 15y \le 10500$$

구하는 연립부등식의 영역은 다음 그림의 색칠한 부분과 같다. 이때, 경계선은 영역에 포함된다.

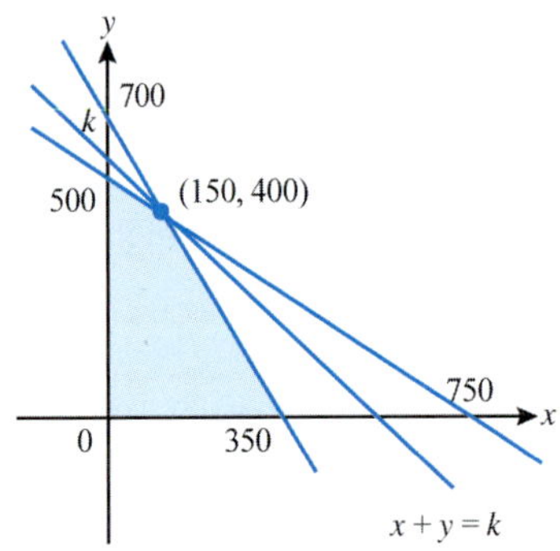

$x+y=k$ (k는 상수)로 놓으면 $x+y$는 x=150, y=400일 때, 최댓값 150+400=550을 갖는다.

[문제 5.20]

제품 A,B를 각각 $x$kg, $y$kg씩 생산한다고 하면

$$x \ge 0, y \ge 0 \qquad (1)$$

또, 원료 p,q,r를 각각 10kg 이상, 7kg 이상, 8 kg 이상 사용해야 하므로

$$5x + y \ge 10 \qquad (2)$$

$$2x + y \ge 7 \qquad (3)$$

$$x + 2y \ge 8 \qquad (4)$$

그리고 제품 A,B를 생산하는 데 드는 비용을 S(천만 원)이라고 하면

$$S=3x+2y \qquad (5)$$

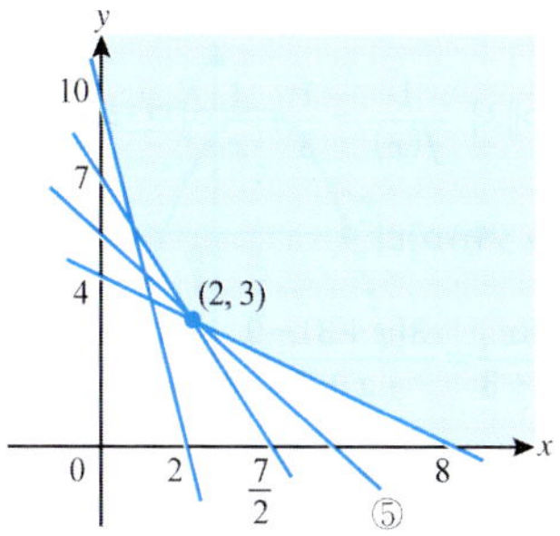

따라서 (1),(2),(3),(4)의 조건에서 S가 최소가 되는 것은 직선 (5)가 두 직선 $2x+y=7$, $x+2y=8$의 교점 (2,3)을 지날 때이다.

따라서 A : 2 kg, B : 3kg

[문제 5.21]

리본 A의 길이를 xm, 리본 B의 길이를 ym라고 하면 다음과 같은 연립부등식을 얻는다.

$$x \geq 0, y \geq 0, \begin{cases} x+y \geq 9 & \cdots(1) \\ 50x+40y \leq 400 & \cdots(2) \end{cases}$$

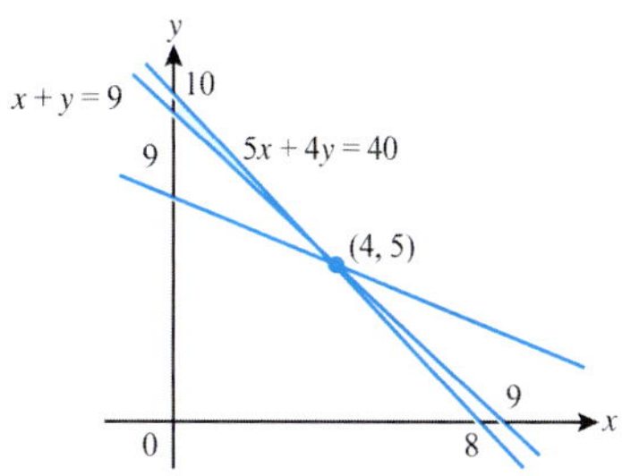

이 연립부등식의 영역은 위 그림의 색칠한 부분과 같다. 이때 경계선은 영역에 포함된다. 필요한 비용은 $200x+300y$(원)이므로 (1),(2)의 공통 영역 안에서 $200x+300y$의 최솟값을 구하면 된다.

$$200x+300y=k \qquad (3)$$

로 놓으면 k가 최소가 되는 경우는 직선 (3)이 두 직선

$$\begin{cases} x+y=9 \\ 50x+40y=400 \end{cases}, \text{즉} \begin{cases} x+y=9 & \cdots(4) \\ 5x+4y=40 & \cdots(5) \end{cases}$$

의 교점을 지날 때이다.

(4), (5)에서 교점의 좌표는 (4,5)이므로 $200x+300y$의 최솟값은 2300

따라서 구하는 최소 비용은 2300원이다.

CHAPTER 6 직선 · 함수를 이용한 생활수학

[문제 6.1]

섭씨온도 x와 절대 온도 y의 관계를 나타내는 직선은 두 점 (0,273),(100,373)을 지나므로 직선의 방정식은

$$y-273=\frac{373-273}{100-0}(x-0)$$

즉, $y=x+273$ 따라서 구하는 일차방정식은

$$x-y+273=0$$

또, $x=18$일 때,

$$y=18+273=291$$

따라서 섭씨온도 18°C는 절대온도로 291K이다.

[문제 6.2]

(1) 점 A의 좌표는 원점에서 왼쪽으로 4만큼, 위쪽으로 5만큼 이동한 점이므로 A(-4,5)이다.

(2) 직선 l이 두 점 (-8,3),(-4,5)를 지나므로 직선 l의 기울기는 $\frac{5-3}{-4-(-8)}=\frac{1}{2}$

(3) 점 A(-4,5)를 지나고 기울기가 $\frac{1}{2}$인 직선 l의 방정식은

$$y-5=\frac{1}{2}x-(-4), \text{즉} \, y=\frac{1}{2}x+7$$

[문제 6.3]

(1) 온도 20°C에서 1분 동안 낸 울음소리가 124회이므로 직선은 점 (20,124)를 지난다.
또, 온도 25°C에서 1분 동안 낸 울음소리가 160회이므로 직선은 점 (25,160)을 지난다. 따라서 두 점 (20,124),(25,160)을 지나는 직선의 방정식이므로

$$y-124=\frac{160-124}{25-20}(x-20),$$

$$y-124=\frac{36}{5}x-144, \; y=\frac{36}{5}x-20$$

(2) y=106(회)일 때,

$$106=\frac{36}{5}x-20, x=\frac{5}{36}\times 126=17.5(°C)$$

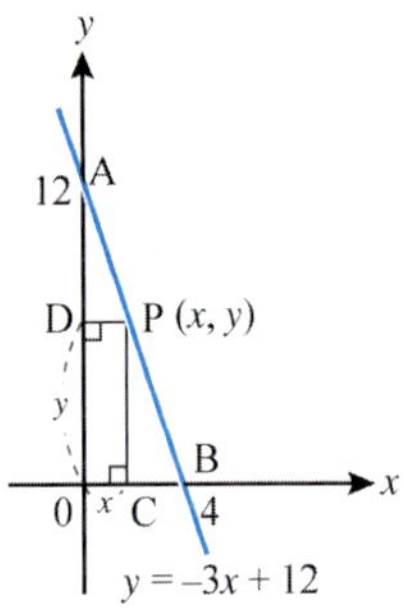

[문제 6.16]

주어진 식을 변형하면

$$h(t) = -4.9t^2 + 9.8t + 4 = -4.9(t-1)^2 + 8.9$$

$0.5 \le t \le 2$에서 $h(t)$의 최댓값과 최솟값을 구하면 $t=1$일 때 $h(1) = 8.9$, $t = 0.5$일 때

$$h(0.5) = 7.675, t = 2\text{일 때 } h(2) = 4$$

따라서 최고점에 도달할 때의 높이는 8.9m이고, 최저점에 도달할 때의 높이는 4m이다.

[문제 6.17]

(1) 음의 관계

(2) $r = -.92$

[문제 6.18]

(1) 양의 관계

(2)

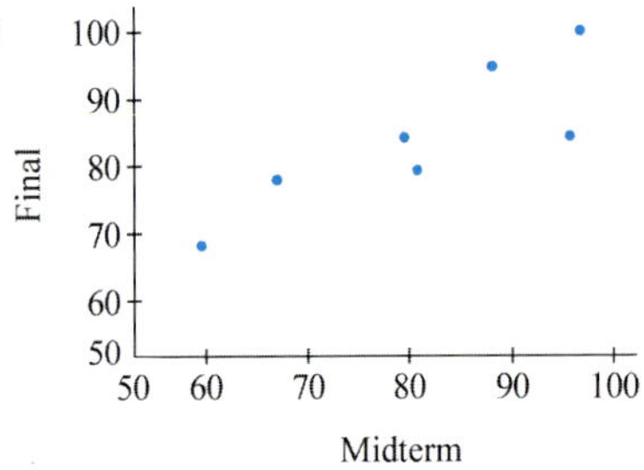

(3) $r = .86$

[문제 6.19]

$r = .95$

[문제 6.20]

계산기를 사용하면, 회귀선의 방정식은

$$\hat{y} = 59.684 + 7.295x$$

즉, 판매량 = 59.684 + 7.295 광고비

회귀선은 만약 $5000이 광고비로 쓰인다면, 그 결과인 전체 판매량은 7.295(5) + 59.684 = 96.159 이므로 96,159 달러인 것을 예측한다.

회귀선의 기울기는 모든 추가적으로 광고비에 사용한 $1000는 판매량에 $7295이 증가한다는 것을 알 수 있다.

[문제 6.21]

(1)

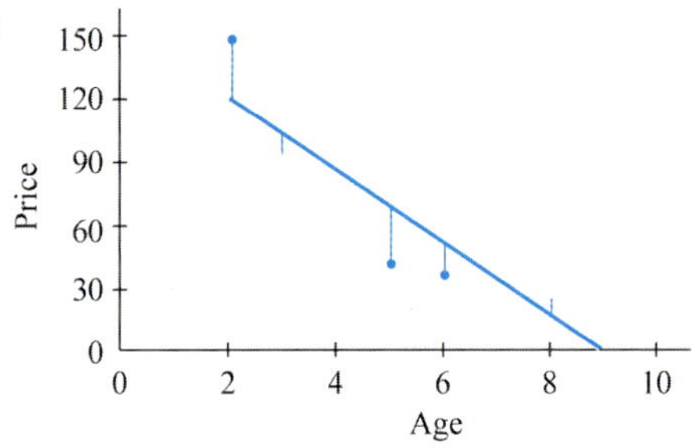

(2) $\hat{y} = 150.4136 - 16.6264x$

(3) $b_0 = 150.4136$은 새차(백불)의 가격

$b_1 =$1년 지날 때 마다 $\$1663$씩 가격이 떨어진다.

(4)

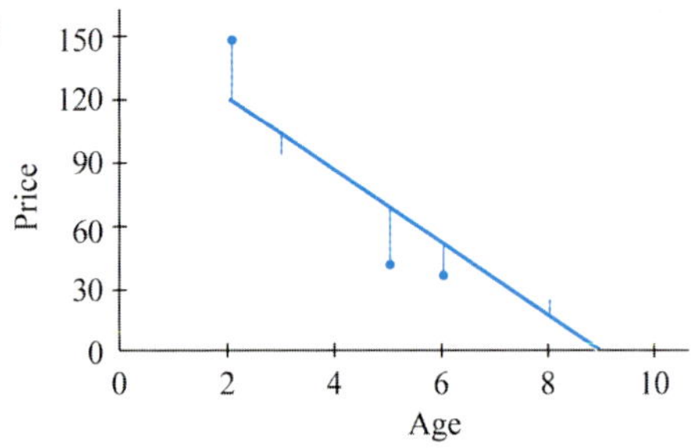

(5) $\hat{y} = 150.4136 - 16.6264(7) = 34.0288$

즉 $\$3403$

[문제 6.22]

(1)

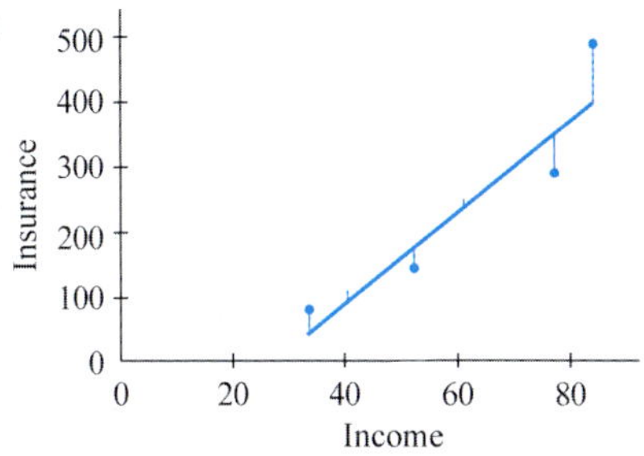

(2) $\hat{y} = -208.4 + 7.4374x$

(3) $b_0 = -208.4$은 수입이 0일 때 생명보험금이다. $x = 0$은 [\$34,000 , \$85,000] 내에 있지 않아 의미없다.

$b_1 = 7.437$

(4)

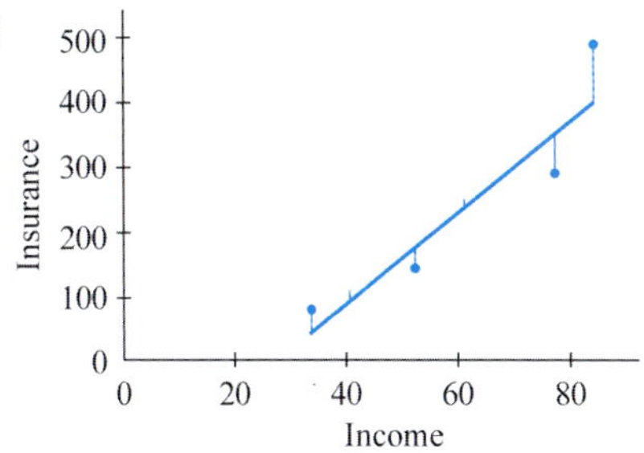

(5) $\hat{y} = -208.4 + 7.4374(55) = 200.6569$

(6) $\hat{y} = -208.4 + 7.4374(78) = 371.717$

$e = y - \hat{y} =$ \$300,000 - \$371,717.10= - \$71,717.10

CHAPTER 7 지수와 로그를 이용한 생활수학

[문제 7.1]

(1) $2^{3\sqrt{2}} \times 2^{\sqrt{50}} = 2^{3\sqrt{2}+\sqrt{50}} = 2^{3\sqrt{2}+5\sqrt{2}} = 2^{8\sqrt{2}}$

(2) $3^{\sqrt{2}+1} \div 3^{\sqrt{2}-1} = 3^{\sqrt{2}+1-(\sqrt{2}-1)} = 3^2 = 9$

(3) $(4^{\sqrt{27}})^{-\frac{1}{\sqrt{3}}} = 4^{-\frac{\sqrt{27}}{\sqrt{3}}} = 4^{-\frac{3\sqrt{3}}{\sqrt{3}}} = 4^{-3} = \frac{1}{4^3} = \frac{1}{64}$

(4) $27^{\sqrt{5}} \times \left(\frac{1}{9}\right)^{\sqrt{5}} = \left(27 \times \frac{1}{9}\right)^{\sqrt{5}} = 3^{\sqrt{5}}$

[문제 7.2]

투약 후 5분이 경과한 후 혈액 속에 남아 있는 약품의 양을 a, 투약 후 30분이 경과한 후 혈액 속에 남아 있는 약품의 양을 b라고 하면

$a = 10^{1-0.02\times5} = 10^{0.9}$, $b = 10^{1-0.02\times30} = 10^{0.4}$이므로

$$\frac{a}{b} = \frac{10^{0.9}}{10^{0.4}} = 10^{0.9-0.4} = 10^{0.5} = \sqrt{10}$$

따라서 투약 후 5분이 경과한 후 혈액 속에 남아 있는 약품의 양은 투약 후 30분이 경과한 후 혈액 속에 남아 있는 약품의 양의 $\sqrt{10}$ 배이다.

[문제 7.3]

$M_s = 2^{1000}M_p$, $D = 2^{410}$을 주어진 식에 대입하면

$$r = 2^{410} \times \left(\frac{M_p}{2^{1000}M_p}\right)^{\frac{2}{5}} = 2^{410} \times (2^{-1000})^{\frac{2}{5}}$$

$$= 2^{410} \times 2^{-400} = 2^{10}$$

즉, r의 값은 1024이다.

[문제 7.4]

1pg의 다이옥신이 처음 흡수된 후 인체에 남아 있는 다이옥신의 양은

10년 후 $\frac{a}{100} \times 1 = \frac{a}{100}(pg)$

20년 후 $\frac{a}{100} \times \frac{a}{100} = (\frac{a}{100})^2(pg)$

30년 후 $\frac{a}{100} \times \left(\frac{a}{100}\right)^2 = \left(\frac{a}{100}\right)^3(pg)$

그런데 처음 흡수된 후 30년이 지난 후에 인체에 남아 있는

다이옥신의 양이 0.216pg이므로

$$\left(\frac{a}{100}\right)^3=0.216,\quad a^3=0.216\times100^3=60^3$$

이 때, $a>0$이므로 a의 값은 60이다.

[문제 7.5]

t년 후의 개체 수를 y라고 하면 $y=10000(1+0.1)^{\frac{t}{2}}$
따라서 10년 후의 개체 수는

$$y=10000\times1.1^5=10000\times1.61=16100$$

[문제 7.6]

수심이 5m인 곳에서의 빛의 세기는 $A(5)=1060(\frac{1}{2})^{\frac{5}{4}}$ 수심이 25m인 곳에서의 빛의 세기는

$$A(25)=1060\left(\frac{1}{2}\right)^{\frac{25}{4}},$$

$$\frac{A(5)}{A(25)}=\frac{1060\left(\frac{1}{2}\right)^{\frac{5}{4}}}{1060\left(\frac{1}{2}\right)^{\frac{25}{4}}}=\left(\frac{1}{2}\right)^{\frac{5}{4}-\frac{25}{4}}=\left(\frac{1}{2}\right)^{-5}=2^5=32$$

따라서 수심이 5m인 곳에서의 빛의 세기는 수심이 25m인 곳에서의 빛의 세기의 32배이다.

[문제 7.7]

(1) $4\log_3 54-3\log_3\sqrt[3]{16}=4(\log_3 2+3\log_3 3)-3\times\frac{4}{3}\log_3 2$

$$=4\log_3 2+12-4\log_3 2=12$$

(2) $6\log_2\sqrt{3}+\frac{1}{3}\log_2 125-\log_2 135$

$$=6\times\frac{1}{2}\log_2 3+\frac{1}{3}\times3\log_2 5-(3\log_2 3+\log_2 5)$$

$$=3\log_2 3+\log_2 5-3\log_2 3-\log_2 5=0$$

[문제 7.8]

세기가 I_0인 X선의 흡수 계수가 0.46이고 두께가 $d$cm인 물질을 통과한 후, X선의 세기를 I라고 하면

$$\log I=\log I_0-\frac{0.46}{2.3}d,\ \log I-\log I_0=-0.2d,\ \log\frac{I}{I_0}=-0.2d$$

이므로 $\frac{I}{I_0}=10^{-0.2d}$ 이 때 $\frac{I}{I_0}=\frac{1}{10}=10^{-1}$이므로

$$10^{-0.2d}=10^{-1},\ -0.2d=-1,\ d=5$$

따라서 주어진 물질의 두께는 5cm이다.

[문제 7.9]

용기 속의 온도가 15°C, 45°C일 때의 포화 증기압이 각각 P_1, P_2이므로

$$\log P_1=8.11-\frac{1750}{15+235}=8.11-7=1.11$$

$$\log P_2=8.11-\frac{1750}{45+235}=8.11-6.25=1.86$$

따라서 $P_1=10^{1.11}, P_2=10^{1.86}$이므로

$$\frac{P_2}{P_1}=\frac{10^{1.86}}{10^{1.11}}=10^{0.75}=10^{\frac{3}{4}}$$ 이다.

[문제 7.10]

박테리아의 수가 256000개가 되는 때를 x 일이라고 하면

$$4^x=256000,\ x\log4=\log256000$$

$$x=\frac{\log256000}{\log4}=\frac{8\log2+3\log10}{2\log2}=\frac{8\times0.3+3}{2\times0.3}=9$$

따라서 1개의 박테리아는 9일 후에 256000개가 된다.

[문제 7.11]

소리의 크기가 100dB이므로 x=100을 대입하면

$$100=10\log\frac{I}{10^{-8}},\ 10^{10}=\frac{I}{10^{-8}}$$

$$I=10^2=100$$

[문제 7.12]

(1) $\left(\frac{5}{4}\right)=\left(\frac{4}{5}\right)^{-1}$ 이므로 주어진 방정식은

$\left(\frac{4}{5}\right)^{3x+1}=\left(\frac{4}{5}\right)^{-2x-5}$ 밑이 같으므로

$3x+1=-2x-5,\ 5x=-6$ 따라서 $x=-\frac{6}{5}$

(2) $2^x = X(X>0)$ 으로 놓으면 주어진 방정식은

$X^2-6X-16=0$ $(X-8)(X+2)=0$

$X=8$ 또는 $X=-2$

그런데 $X>0$ 이므로 $2^x=8$, 즉 $x=3$

[문제 7.13]

고도가 1000m씩 높아질 때마다 기압이 10%씩 줄어든다고 하였으므로

고도가 1000m일 때의 기압 : $1000\times\frac{9}{10}=900(\text{hPa})$

고도가 2000m일 때의 기압 : $1000\times\left(\frac{9}{10}\right)^2=810(\text{hPa})$

고도가 3000m일 때의 기압 : $1000\times\left(\frac{9}{10}\right)^3=729(\text{hPa})$

따라서 기압이 729hPa인 지점의 고도는 3000m이다.

[문제 7.14]

(1) $(\frac{1}{5})^{2x-1}=(5^{-1})^{2x-1}=5^{-2x+1}$이므로 주어진 부등식은

$5^{-2x+1}>5^{\frac{2}{3}}$

밑 5는 1보다 크므로 $-2x+1>\frac{2}{3}$, 즉 $x<\frac{1}{6}$

(2) $3^x=X(X>0)$ 으로 놓으면 주어진 부등식은

$X^2-7X-18>0$ $(X-9)(X+2)>0$

$X>9$ 또는 $X<-2$

그런데 $X>0$이므로 $3^x>9$ 즉, $x>2$

[문제 7.15]

현재 돌말의 개체수를 A마리라고 하면 n시간 후의 돌말의 개체서는 $A\times2^n$마리이므로

$A\times2^n=64A$ 즉, $2^n=64$이고 $64=2^6$이므로

$2^n=2^6$ 밑이 같으므로 n=6

따라서 돌말의 개체수가 처음의 64배가 되는 것은 6시간 후이다.

[문제 7.16]

(1) $125=x^6$, $x^6-125=0$

$(x^2-5)(x^4+5x^2+25)=0$

이 방정식의 실근은 $x^2-5=0$을 만족한다.

즉, $x=\sqrt{5}$ 또는 $x=-\sqrt{5}$

이때 (밑)>0 이므로 $x=\sqrt{5}$

(2) $\log_3(x^2-2)+1=\log_3 3(x^2-2)$이므로 주어진 방정식은

$\log_3 3(x^2-2)=\log_3(5x-4)$

$3(x^2-2)=5x-4$

$(3x+1)(x-2)=0$

$x=-\frac{1}{3}$ 또는 $x=2$ ①

(진수)>0 이므로 $x^2-2>0$, $5x-4>0$에서

$x>\sqrt{2}$ ②

①에서 ②를 만족하는 x의 값은 $x=2$

(3) $\log_3 x=X$로 놓으면 주어진 방정식은

$X^2+3X-4=0$

$(X+4)(X-1)=0$

$X=-4$또는$X=1$

$\log_2 x=-4$또는$\log_2 x=1$

즉, $x=2^{-4}=\frac{1}{16}$ 또는$x=2$

[문제 7.17]

현재 외국인 관광객의 수를 T라고 하면 n년 후의 외국인 관광객의 수는 $T\times1.18^n$이므로 $T\times1.18^n=5T$, $1.18^n=5$ 양변에 상용로그를 취하면

$n\log1.18=\log5$

$0.07n=1-0.3$, 즉$n=10$

따라서 외국인 관광객의 수가 현재의 5배가 되는 것은 10년 후이다.

[문제 7.18]

(1) 밑 0.1은 1보다 작은 양수이므로 $x^2-9>8x$

$(x-9)(x+1)>0$ $x<-1$또는$x>9$ ①

(진수)>0이므로 $x^2-9>0$, $8x>0$, $x>3$ ②

따라서 ①, ②를 모두 만족하는 x의 값의 범위는 $x>9$

(2) $\log_2 x + \log_2(x-6) < 4$

$\log_2 x(x-6) < 4$

밑 2는 1보다 크므로 $x(x-6) < 2^4$

$(x-8)(x+2) < 0$, $-2<x<8$ ①

(진수) > 0이므로 $x > 0, x-6 > 0$에서 $x > 6$ ②

따라서 ①, ②를 모두 만족하는 x의 값의 범위는

$6 < x < 8$

[문제 7.19]

n년 후의 연구 개발비는 50×1.12^n 조 원이므로

$$50\times1.12^n \geq 80,\ 1.12^n \geq \frac{8}{5}$$

부등식의 양변에 상용로그를 취하면

$$n\log1.12 \geq \log8 - \log5,\ \ 0.049n \geq 3\times0.301-(1-0.301)$$

$$0.049n \geq 0.204,\ n \geq 4.1632\cdots$$

따라서 총 연구 개발비가 처음으로 80조 원 이상이 될 것으로 예상되는 해는 5년 후인 2022년이다.

[문제 7.20]

$60+20\log(t+1) \geq 80$에서 $20\log(t+1) \geq 20$

$$\log(t+1) \geq \log10$$

$$t+1 \geq 10\ \ \therefore t \geq 9$$

따라서 9개월 후 평균점수가 처음으로 80점 이상이 된다.

[문제 7.21]

화폐의 가치가 1년에 10%씩 절하되므로 n년 후의 화폐 가치는 0.9^n 절하된다.

$$\therefore 0.9^n \leq 0.1$$

양변에 상용로그를 취하면 $n\log\frac{9}{10} \leq \log\frac{1}{10}$

$$n(2\log3-1) \leq -1$$

$$n \geq \frac{1}{1-2\log3} = \frac{1}{1-2\times0.477} \fallingdotseq 21.7$$

따라서 22년 후인 2039년부터는 달러의 화폐 가치가 현재보다 90% 이상 떨어진다.

CHAPTER 8 행렬을 이용한 생활수학

[문제 8.1]

(1) $\begin{pmatrix}1 & 2\\-3 & 4\end{pmatrix}\left\{\begin{pmatrix}-4\\6\end{pmatrix}+\begin{pmatrix}3\\12\end{pmatrix}\right\} = \begin{pmatrix}1 & 2\\-3 & 4\end{pmatrix}\begin{pmatrix}-1\\18\end{pmatrix}=\begin{pmatrix}35\\75\end{pmatrix}$

(2) $\begin{pmatrix}4 & 1\\2 & 3\end{pmatrix}\begin{pmatrix}2 & 3\\1 & 0\end{pmatrix}=\begin{pmatrix}9 & 12\\7 & 6\end{pmatrix}$

(3) $\begin{pmatrix}4 & 22\\8 & 10\end{pmatrix}$

(4) $\begin{pmatrix}15 & 8 & 10\\16 & 10 & 7\\26 & 14 & 17\end{pmatrix}\begin{pmatrix}1 & 2\\3 & 1\\0 & 3\end{pmatrix}=\begin{pmatrix}39 & 68\\46 & 63\\68 & 117\end{pmatrix}$

[문제 8.2]

$P_1 \to P_1 : 0,\ P_1 \to P_2 : 2,\ P_1 \to P_3 : 1$

$P_2 \to P_1 : 1,\ P_2 \to P_2 : 0,\ P_2 \to P_3 : 1$

$P_3 \to P_1 : 0,\ P_3 \to P_2 : 1,\ P_3 \to P_3 : 0$

따라서 구하는 행렬은 $A=\begin{pmatrix}0 & 2 & 1\\1 & 0 & 1\\0 & 1 & 0\end{pmatrix}$

[문제 8.3]

스위치 1, 2와 스위치 1, 3이 닫혀 있으면 전구가 켜지므로

$$a_{12}=1, a_{21}=1, a_{13}=1, a_{31}=1$$

또, 스위치 1, 1, 스위치 2, 2, 스위치 3, 3 스위치 2, 3이 닫혀 있으면 전구가 켜지지 않으므로

$$a_{11}=0, a_{22}=0, a_{33}=0, a_{23}=0, a_{32}=0$$

따라서, 구하는 행렬은 $A=\begin{pmatrix}0 & 1 & 1\\1 & 0 & 0\\1 & 0 & 0\end{pmatrix}$

[문제 8.4]

$D_1 = -2P_1 - P_2 + 20$

$S_1 = 4P_1 - P_2 + 2$

$D_2 = 5P_1 - 2P_2 + 8$

$S_2 = 3P_2 - 2$

한편 $D_1 = S_1, D_2 = S_2$일 때, P_1, P_2가 결정되므로

$D_1 = S_1$에서 $-2P_1 - P_2 + 20 = 4P_1 - P_2 + 2 \quad \therefore P_1 = 3$

$D_2 = S_2$에서 $5P_1 - 2P_2 + 8 = 3P_2 - 2 \quad \therefore P_2 = 5$

[문제 8.5]

문제의 조건에서

$a_{11}=1,\ a_{12}=1,\ a_{13}=1$

$a_{21}=1,\ a_{23}=1,\ a_{31}=1$

$a_{22}=a_{32}=a_{33}=0$

$$A=\begin{pmatrix}1&1&1\\1&0&1\\1&0&0\end{pmatrix},\ A^2=\begin{pmatrix}3&1&2\\2&1&1\\1&1&1\end{pmatrix}$$

[문제 8.6]

(1) 준 식에서 $X=\begin{pmatrix}3&4\\2&3\end{pmatrix}^{-1}\begin{pmatrix}1&2\\3&4\end{pmatrix}$

$$=\frac{1}{3\cdot3-4\cdot2}\begin{pmatrix}3&-4\\-2&3\end{pmatrix}\begin{pmatrix}1&2\\3&4\end{pmatrix}$$

$$=\frac{1}{1}\begin{pmatrix}-9&-10\\7&8\end{pmatrix}=\begin{pmatrix}-9&-10\\7&8\end{pmatrix}$$

(2) 준 식에서 $X=\begin{pmatrix}2&3\\5&7\end{pmatrix}\begin{pmatrix}2&5\\3&7\end{pmatrix}^{-1}$

$$=\begin{pmatrix}2&3\\5&7\end{pmatrix}\left\{\frac{1}{2\cdot7-5\times3}\begin{pmatrix}7&-5\\-3&2\end{pmatrix}\right\}$$

$$=\begin{pmatrix}2&3\\5&7\end{pmatrix}\begin{pmatrix}-7&5\\3&-2\end{pmatrix}=\begin{pmatrix}-5&4\\-14&11\end{pmatrix}$$

[문제 8.7]

원래의 메시지를 나타내는 행렬 A를 구하기 위해서는 암호화된 행렬 B에 X의 역행렬을 곱하면 된다. 즉, $AX=B$일 때, $A=BX^{-1}$이다.

$$X=\begin{pmatrix}1&-1\\2&0\end{pmatrix}\text{에서 }X^{-1}=\begin{pmatrix}0&\frac{1}{2}\\-1&\frac{1}{2}\end{pmatrix}$$

(42 -12), (32 -22)에 X^{-1}를 각각 곱하면,

$$(42\ -12)\begin{pmatrix}0&\frac{1}{2}\\-1&\frac{1}{2}\end{pmatrix}=(12\quad 15)$$

$$(32\ -22)\begin{pmatrix}0&\frac{1}{2}\\-1&\frac{1}{2}\end{pmatrix}=(22\quad 5)$$

따라서 행렬의 성분을 열거하면 12, 15, 22, 5이고, 이에 해당하는 알파벳을 찾으면 LOVE이다.

[문제 8.8]

준 식에서 $\begin{pmatrix}3&1\\5&2\end{pmatrix}\begin{pmatrix}x\\y\end{pmatrix}=\begin{pmatrix}6\\11\end{pmatrix}$

계수의 행렬에서 $D=3\cdot2-1\cdot5=1\neq0$이므로 역행렬이 존재하고,

$$\begin{pmatrix}3&1\\5&2\end{pmatrix}^{-1}=\frac{1}{1}\begin{pmatrix}2&-1\\-5&3\end{pmatrix}=\begin{pmatrix}2&-1\\-5&3\end{pmatrix}$$

이므로

$$\begin{pmatrix}x\\y\end{pmatrix}=\begin{pmatrix}2&-1\\-5&3\end{pmatrix}\begin{pmatrix}6\\11\end{pmatrix}\quad\therefore\begin{pmatrix}x\\y\end{pmatrix}=\begin{pmatrix}1\\3\end{pmatrix}\quad\therefore\begin{cases}x=1\\y=3\end{cases}$$

[문제 8.9]

$\begin{cases}x+y=32\\6x+7y=211\end{cases}$ 이므로

연립방정식을 행렬을 이용하여 나타내면

$$\begin{pmatrix}1&1\\6&7\end{pmatrix}\begin{pmatrix}x\\y\end{pmatrix}=\begin{pmatrix}32\\211\end{pmatrix}$$

$$\therefore\begin{pmatrix}x\\y\end{pmatrix}=\begin{pmatrix}1&1\\6&7\end{pmatrix}^{-1}\begin{pmatrix}32\\211\end{pmatrix}=\begin{pmatrix}7&-1\\-6&1\end{pmatrix}\begin{pmatrix}32\\211\end{pmatrix}$$

$$\therefore A=\begin{pmatrix}7&-1\\-6&1\end{pmatrix}$$

[문제 8.10]

현재의 도시 지역과 농촌 지역의 인구를 각각 x, y(만 명)이라 하고, 1년 후의 인구를 각각 x', y'(만 명)이라고 하면

$$\begin{cases}x'=0.9x+0.2y\\y'=0.1x+0.8y\end{cases}\quad\therefore\begin{pmatrix}x'\\y'\end{pmatrix}=\begin{pmatrix}0.9&0.2\\0.1&0.8\end{pmatrix}\begin{pmatrix}x\\y\end{pmatrix}$$

따라서, 2년 후의 도시 지역과 농촌 지역의 인구 x'', y''(만 명)은

$$\begin{pmatrix}x''\\y''\end{pmatrix}=\begin{pmatrix}0.9&0.2\\0.1&0.8\end{pmatrix}\begin{pmatrix}x'\\y'\end{pmatrix}=\begin{pmatrix}0.9&0.2\\0.1&0.8\end{pmatrix}^2\begin{pmatrix}x\\y\end{pmatrix}$$

$$\therefore\begin{pmatrix}x''\\y''\end{pmatrix}=\begin{pmatrix}0.83&0.34\\0.17&0.66\end{pmatrix}\begin{pmatrix}300\\100\end{pmatrix}=\begin{pmatrix}283\\117\end{pmatrix}$$

$\therefore 283-117=166$(만명)

[문제 8.11]

$x_1 + x_3 = 25 + 35 = 60$

$x_1 - x_2 = 15 + 10 = 25$

$x_2 + x_3 = 15 + 20 = 35$

$$\begin{pmatrix} 1 & 0 & 1 \\ 1 & -1 & 0 \\ 0 & 1 & 1 \end{pmatrix}\begin{pmatrix} x_1 \\ x_2 \\ x_3 \end{pmatrix} = \begin{pmatrix} 60 \\ 25 \\ 35 \end{pmatrix}$$

$$\therefore P = \begin{pmatrix} 1 & 0 & 1 \\ 1 & -1 & 0 \\ 0 & 1 & 1 \end{pmatrix}$$

CHAPTER 9 미분을 이용한 생활수학

[문제 9.1]

$\lim_{x\to 0} f(x)$를 구하면

$$\lim_{x\to 0} f(x) = \lim_{x\to 0} \frac{x^3 + 5x^2 + x + 1}{x^3 + x^2 + x} = \frac{1}{0} = \infty$$

[문제 9.2]

함수 $y = f(t)$의 그래프는 아래 그림과 같다.
그래프에서 t의 값이 19보다 크면서 19에 한없이 가까워질 때, 함수 $f(t)$의 값이 1에 한없이 가까워지므로

$$\lim_{x\to 19+} f(t) = 1$$이고,

t의 값이 19보다 작으면서 19에 한없이 가까워질 때, 함수 $f(t)$의 값이 0에 한없이 가까워지므로 $\lim_{t\to 19-} f(t) = 0$이다.

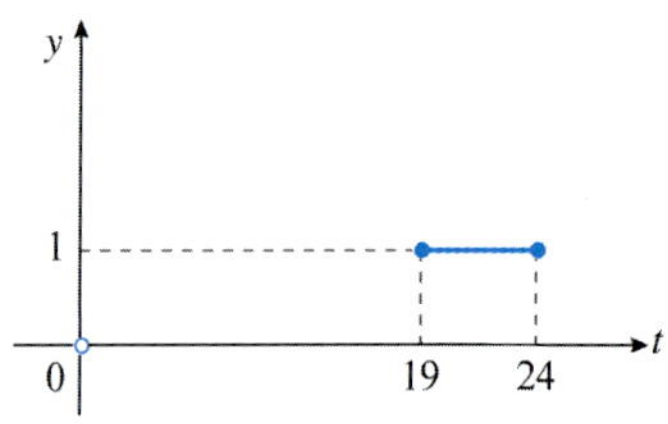

[문제 9.3]

$$\lim_{t\to\infty} M(t) = \lim_{t\to\infty} \frac{k}{r}(1 - e^{-rt}) = \lim_{t\to\infty} \frac{k}{r}\left(1 - \frac{1}{e^{rt}}\right) = \frac{k}{r}$$

[문제 9.4]

(1) 함수 $y = f(x)$의 그래프는 아래 그림과 같다.

(2) 구간 $(0,30]$에서 함수 $f(x)$는 $x = 2, x = 5, x = 10, x = 20$에서 불연속이고, 그 밖의 모든 실수에서 연속이다.

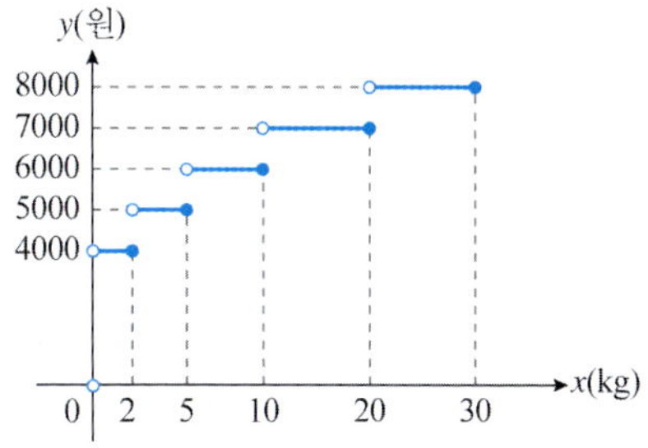

[문제 9.5]

속도는 연속적으로 변하므로 속도가 70km/h에서 83km/h로 변하는 10 : 00에서 10 : 30 사이에 속도가 80km/h가 되는 순간이 적어도 한 번 존재한다. 이와 같은 방법으로 11 : 00에서 11 : 30사이에 11 :30에서 12 : 00사이에 12 : 00에서 12 : 30사이에 각각 속도가 80km/h가 되는 순간이 적어도 한 번씩 존재한다.
따라서 k의 최솟값은 4

[문제 9.6]

시각 t에서의 온도를 $f(t)$(°C)라 하고 시각 $t=a$에서 최저 기온을, 시각 $t=b$에서 최고 기온을 기록했다고 하면

$$f(a)=4,\ f(b)=12.3$$

이때, $4<9<12.3$이므로 사이값 정리에 의하여 $f(c)=9$인 c가 구간 (a,b)에 적어도 하나 존재한다.
따라서 이날 천왕봉의 기온이 9°C인 순간이 적어도 한 번은 있었음을 알 수 있다.

[문제 9.7]

$$f(x)=-7.5\times10^{-5}(x-4)^2+1$$
$$=-7.5\times10^{-5}(x^2-8x+16)+1$$

$f'(x)=-7.5\times10^{-5}(2x-8)$이므로

$$f'(5)=-7.5\times10^{-5}(2\times5-8)$$
$$=-1.5\times10^{-4}(g/cm^3/°C)$$

[문제 9.8]

(1) $x$kg을 생산할 때의 한계 비용이 $f'(x)$이므로

$$f'(x)=100-0.2x$$

따라서 100kg을 생산할 때의 한계 비용은

$$f'(100)=100-0.2\times100=80(\text{원})$$

(2) 물을 채우기 시작한 지 x분 동안 $(x^2+2x)cm^3$의 물이 공급되므로 x분 후의 물의 높이를 $h(x)$cm라고 하면 $x^2+2x=1600\pi h(x)$에서

$$h(x)=\frac{1}{1600\pi}(x^2+2x)$$

$h'(x)=\dfrac{1}{1600\pi}(2x+2)$이므로 $h'(7)=\dfrac{1}{100\pi}(cm/\text{min})$

(3) $y=-x(x-5)(x-14)+5000$에서

$$y'=(-x)'(x-5)(x-14)+(-x(x-5)'(x-14)$$
$$+(-x(x-5)(x-14)')+(5000)'$$
$$=-(x-5)(x-14)-x(x-14)-x(x-5)$$
$$=-3x^2+38x-70$$

따라서 $x=10$일 때의 y의 순간변화율은

$$-3\cdot10^2+38\cdot10-70=10$$

(4) 생산량 x에 대한 비용 C의 평균변화율은

$$\frac{\Delta C}{\Delta x}=\frac{C(101)-C(100)}{101-100}=211$$

$\therefore a=211$

생산량 100일 때, 비용 C의 한계비용은

$$C'(x)=10+2x$$
$$C'(100)=10+2\cdot100=210$$

$\therefore b=210\ \therefore a-b=1$

[문제 9.9]

(1) $y'=3\cos\dfrac{\pi}{6}(x-3)+4'=-\dfrac{\pi}{2}\sin\dfrac{\pi}{6}(x-3)$이므로 시각이 11시일 때, 해수면의 높이의 순간변화율은

$$-\frac{\pi}{2}\sin\frac{\pi}{6}(11-3)=-\frac{\pi}{2}\sin\frac{4}{3}\pi$$
$$=-\frac{\pi}{2}\cdot\left(-\frac{\sqrt{3}}{2}\right)=\frac{\sqrt{3}}{4}\pi$$

(2) $S(t)=\frac{25e^t}{e^t+10}$ 이고 $S'(t)=\frac{250e^t}{(e^t+10)^2}$ 이므로

$$S'(t)=\frac{250e^5}{(e^5+10)^2}$$

(3) 물질 A의 양의 순간변화율은

$$y'=\left(\frac{2x}{e^x}\right)'=\frac{2\cdot e^x-2x\cdot e^x}{(e^x)^2}=\frac{2-2x}{e^x}$$

따라서 2시간 후의 물질 A의 양의 순간변화율은

$$\frac{2-2\cdot 2}{e^2}=-\frac{2}{e^2}$$

(4) $f'(x)=\frac{-2x-4}{-x^2-4x+33}$ 이므로 $f'(4)=-12$

따라서 구하는 직선의 방정식은

$$y=-12(x-4)+6=-12x+54$$

[문제 9.10]

$y=ax^3+bx^2+cx+d$는 $x=-4, x=0$에서 수평하므로

$y'_{x=0}=0,\ y'_{x=-4}=0$이다.

$y'=3ax^2+2bx+c$에서 $y'_{x=0}=c=0$ ①

$y'_{x=-4}=48a-8b+c=0$ ②

①,②에서 $b=6a\quad\therefore\frac{b}{a}=6$

[문제 9.11]

(1) $f(x)=-\frac{1}{8}x^2-\frac{1}{2}x+5$로 놓으면

$$f'(x)=-\frac{1}{4}x-\frac{1}{2}\text{에서 } f'(2)=-1$$

이때, $f(2)=-\frac{1}{8}\cdot 2^2-\frac{1}{2}\cdot 2+\frac{7}{2}$이므로 구하는 접선의 방정식은

$$y-\frac{7}{2}=-(x-2),\ \text{즉 } y=-x+\frac{11}{2}$$

(2) $f(x)=-x^2+43x$라고 하면

함수 $f(x)=-x^2+43x$의 그래프 위의 점 (9, 306)에서의 접선의 방정식은 $f'(x)=-2x+43$에서 $f'(9)=25$이므로

$y-306=25(x-9)$

즉, $y=25x+81$

[문제 9.12]

(1) $f(t)=-\frac{1}{15}t^3+\frac{1}{5}t^2+\frac{3}{5}t$에서

$$f'(t)=-\frac{1}{5}t^2+\frac{2}{5}t+\frac{3}{5}=-\frac{1}{5}(t+1)(t-3)$$

$f'(t)=0$에서 $t=-1$ 또는 $t=3$

$f'(t)$의 부호를 조사하여 $f(t)$의 증감을 표로 나타내면 다음과 같다.

t	0	⋯	3	⋯	4
$f'(t)$	+	+	0	−	−
$f(t)$	↗	↗	$\frac{9}{5}$	↘	↘

따라서 함수 $f(t)$는 구간 [0,3]에서 증가한다. 즉, 혈중 농도가 증가하는 시각은 $0\le t\le 3$이다.

(2) 판매 총액을 $p(x)$로 놓으면 $p(x)=-5x^3+2000x^2$이 식의 양변을 x에 대하여 미분하면

$$p'(x)=-15x^2+4000x=-5x(3x-800)$$

한편, $p'(x)>0$일 때, 가격이 증가함에 따라 판매 총액이 증가하므로 구하는 x의 값의 범위는

$$0<x<\frac{800}{3}$$

[문제 9.13]

(1) 돛에 작용하는 힘을 F라고 하면 $F=kxy^2$ (단, $k>0$)

또, $x^2+y^2=(2\sqrt{3})^2$, 즉 $y^2=12-x^2$이므로

$$F=kx(12-x^2)\ (\text{단}, 0<x<2\sqrt{3})$$

이때, $F'=3k(4-x^2)=3k(2+x)(2-x)$이므로 $F'=0$에서 $x=-2$ 또는 $x=2$

F'의 부호의 변화를 조사하여 F의 증가와감소를 표로 나타내면 다음과 같고, F는 $x=2$일 때, 극대이면서 최대이다.

x	0	⋯	2	⋯	$2\sqrt{3}$
F'		+	0	−	
F		↗	극대	↘	

따라서 가로의 길이가 2m, 세로의 길이가 $2\sqrt{2}$m일 때 가장 큰 힘을 받는다.

(2) 입장료 수입을 $f(x)$라고 하면

$$f(x) = (1000x+5000)(2000-10x^2)$$
$$= 10000(x+5)(200-x^2)$$
$$= 10000(-x^3-5x^2+200x+1000)$$
$$\therefore f'(x) = 10000(-3x^2-10x+200)$$
$$= -10000(3x-20)(x+10)$$

$f'(x)=0$에서 $x=\frac{20}{3}$ ($\because x$는 10이하의 음이 아닌 정수)

그런데 x는 자연수이므로

$f(6)=18040000$원, $f(7)=18120000$원

따라서 $x=7$, 즉 입장료가 12000원 일 때 최대가 된다.

(3) $f(x)=2\sin\sqrt{x}+2$로 놓으면 $f'(x)=\frac{\cos\sqrt{x}}{\sqrt{x}}$이므로

$f'(x)=0$에서 $x=\frac{\pi^2}{4}$

$f''(x)=-\frac{\sqrt{x}\sin\sqrt{x}+\cos\sqrt{x}}{2\sqrt{x^3}}$이므로 $f''\left(\frac{\pi^2}{4}\right)<0$

따라서 함수 $f(x)$는 $x=\frac{\pi^2}{4}$ 일 때 극대가 된다.

(4) $R=\frac{3M^2}{2}-\frac{M^2}{3}$이므로 $\frac{dR}{dM}=2M\times\frac{3}{2}-M^2=3M-M^2$

$\therefore M=3$

[문제 9.14]

(1) $x'=80-10t$이므로 $x'=0$에서 $t=8$

따라서 불꽃을 쏘아 올린 지 8초 후에 최고 높이에 도달하여 폭발이 일어난다.

(2) 1) $v=\frac{dx}{dt}=2-2t$, $a=\frac{dv}{dt}=-2$

2) 선수가 수면으로부터 가장 높이 있는 순간은 $v=0$이므로 $v=2-2t=0$에서 $t=1$

따라서 뛰어오른 지 1초 후에 수면으로부터 가장 높이 있다.

(3) $\frac{\Delta f(t)}{\Delta t}=\frac{f(12)-f(0)}{12-0}=\frac{216}{12}=18$

즉, $f'(t)=2t+6=18$에서 $t=6$이므로 자동차의 평균 속도가 $f'(t)$와 같아지는 t의 값은 6

(4) t초 동안 자동차가 움직인 거리를 $x(t)=at^2+bt(m)$라고 하면 자동차의 속도 $v(t)$는

$v(t)=\frac{dx}{dt}=2at+b(m/s)$,

$72(km/h)=\frac{72000}{3600}(m/s)=20(m/s)$

$v(0)=20$에서 $b=20$이므로 $v(t)=2at+20$

또, 6초 후 자동차가 정지하였으므로

$v(6)=0$에서 $12a+20=0$, $a=-\frac{5}{3}$

CHAPTER 10 적분을 이용한 생활수학

[문제 10.1]

$\Delta y = (2x+1)\Delta x + k(\Delta x)^2$에서

$$\frac{\Delta y}{\Delta x} = 2x+1+2k(\Delta x)$$

$$\therefore \lim_{\Delta x \to \infty} \frac{\Delta y}{\Delta x} = 2x+1$$

$$\therefore y = \int (2x+1)dx = x^2+x+C$$

$x=0$일 때, $y=0$이므로 $C=0$

$$\therefore y = x^2+x$$

$$[y]_{x=1000} = 1000^2+1000 = 1001000(\text{원})$$

따라서 재료가 1kg 들었을 때, 상품의 가격은 약 100만원 정도이다.

[문제 10.2]

(1) $f'(x) = 0.002x+100$에서

$$f(x) = \int (0.002x+100)dx$$

$$= 0.001x^2+100x+C(C\text{는 상수})$$

이때, $f(x)=4000$이므로 $C=4000$

따라서, $f(x) = 0.001x^2+100x+4000$

(2) $f'(t) = -4t-1$이므로

$$f(t) = \int(-4t-1)dt = -2t^2-t+C(\text{단, } C\text{는 적분상수})$$

$f(0)=1000$이므로 $C=1000$ 즉,

$$f(t) = -2t^2-t+1000$$

$$f(10) = -2\times 10^2-10+1000 = 790$$

따라서 10시간이 지난 후에 남아 있는 타닌의 함량은 790mg이다.

(3) $f(x) = \int(0.0002x+10)dx = 0.0001x^2+10x+C$

고정비용이 400(만 원)이므로 $f(0)=400$

$$\therefore C = 400$$

따라서, 전체생산비용

$$f(x) = 0.0001x^2+10x+400(\text{만 원})$$

$$\therefore f(100) = 0.0001\cdot 100^2+10\cdot 100+400 = 1401(\text{만 원})$$

[문제 10.3]

복원되는 속도가 $P(t) = 10t^{\frac{3}{2}}$(단위/년)이므로 x년까지 복원되는 면적은

$$\int_0^x 10t^{\frac{3}{2}}dt = \left[10\cdot\frac{2}{5}t^{\frac{5}{2}}\right]_0^x = 10x^{\frac{5}{2}}$$

조경 면적이 290단위 이상이 되면 생태계가 복원되므로

$$10x^{\frac{5}{2}} > 290$$

$$x^{\frac{5}{2}} > 29$$

$x=4$일 때, $4^{\frac{5}{2}}=32$이므로 4년 후 복원된다.

[문제 10.4]

(1) 1800년부터 x년 후의 화석 연료의 사용량을 $f(x)$라고 하면 화석 연료 사용량의 순간변화율은

$$f'(x) = \frac{d}{dx}\int_0^x \frac{1}{5000}t^3dt = \frac{1}{5000}x^3\text{이다.}$$

2100년은 300년 후이고, $f'(300) = \frac{1}{5000}\times 300^3 = 5400$이므로 2100년의 화석 연료 사용량의 순간변화율은 5400×10^9kg/년 이다.

(2) $\int_0^{0.1} 400t\,dt = [200t^2]_0^{0.1} = 200\times 0.01 = 2\,(J)$

(3) 5년 후의 자동차 가격은 $f(5)$만 원이고, 현재의 자동차 가격은 $f(0)$만 원이므로 5년 후의 자동차 가격은 $(f(0)-f(5))$만 원 인하된다.

따라서

$$f(0)-f(5) = \int_5^0 f'(t)dt = \int_5^0 (20t-200)dt$$

$$= [10t^2 = 200t]_5^0 = 0-(250-1000)$$

$$= 750$$

이므로, 즉 5년 후의 자동차 가격은 750만 원 인하되므로 5년 후의 자동차 가격은 1000-750=250(만 원)

[문제 10.5]

현재가격 $p_0=500$이므로

$$500=100+0.01{q_0}^2$$
$$\therefore q_0=200$$

따라서 생산자 과잉은

$$S=\int_0^{200} 500-(100+0.01q^2)dq$$
$$=\int_0^{200}(400-0.01q^2)dq$$
$$=\left[400q-\frac{0.01}{3}q^3\right]_0^{200}$$
$$=\frac{160000}{3}$$

[문제 10.6]

$$\int_{-1}^{2} f(x)dx=\int_{-1}^{0}(-x^2+1)dx+\int_0^2\left(\frac{1}{4}x^3-\frac{3}{4}x^2+1\right)dx$$
$$=\left[-\frac{1}{3}x^3+x\right]_{-1}^{0}+\left[\frac{1}{16}x^4-\frac{1}{4}x^3+x\right]_0^2$$
$$=\frac{2}{3}+1=\frac{5}{3}(m^2)$$

[문제 10.7]

장미가 심어진 정원의 넓이 S는

$$S=\int_0^{\pi}|-\sin x|dx=\int_0^{\pi}\sin x\,dx$$
$$=\left[-\cos x\right]_0^{\pi}=-\cos\pi+\cos 0=2$$

[문제 10.8]

양변을 h로 미분하면

$$S(h)=3h^2-6h+4=3(h-1)^2+1$$

따라서 $h=1$, 즉 물의 깊이가 1일 때 수면의 넓이가 최소가 된다.

[문제 10.9]

담아야 할 물의 양 V는 다음 그림의 어두운 부분을 y축 둘레로 회전시킨 입체의 부피와 같으므로

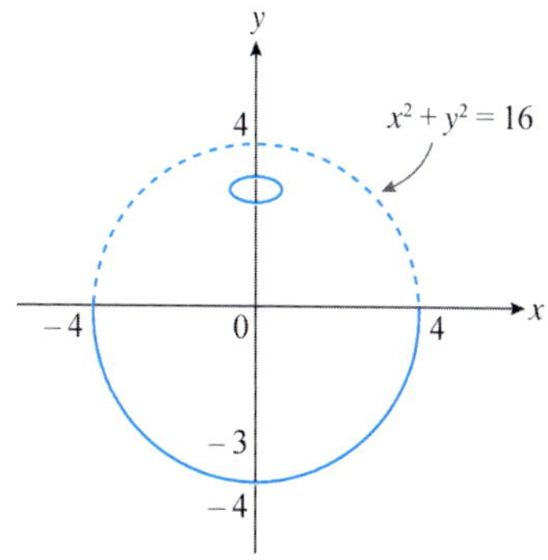

$$V=\pi\int_{-3}^{0}x^2dy=\pi\int_{-3}^{0}(16-y^2)dy$$
$$=\pi\left[16y-\frac{y^3}{3}\right]_{-3}^{0}=39\pi$$

컵의 부피는

$$\pi\times1^2\times3=3\pi$$

$$39\pi\div3\pi=13(회)$$

[문제 10.10]

$10^2=r^2+(x+5)^2$에서 $r^2=10^2-(x+5)^2$이므로

$$S(x)=\pi r^2=\pi 10^2-(x+5)^2$$
$$=\pi(-x^2-10x+75)$$

따라서

$$V(x)=\int_0^5\pi(-x^2-10x+75)dx$$
$$=\pi\left[-\frac{1}{3}x^3-5x^2+75x\right]_0^5=\frac{625}{3}\pi(cm^3)$$

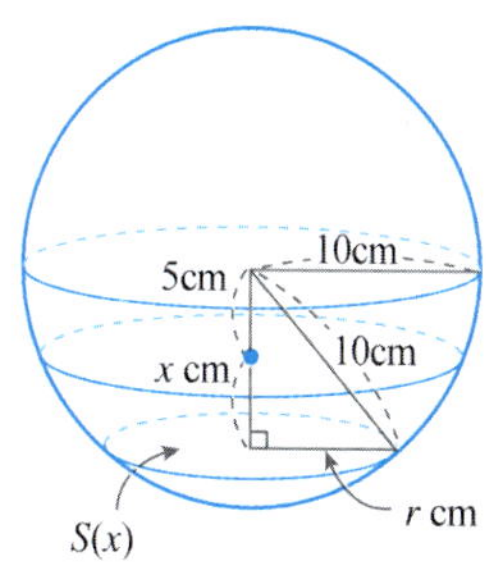

[문제 10.11]

시속을 초속으로 바꾸면 72km/시는 20m/초이므로 브레이크가 작동되는 순간부터 t초 후의 차의 속력 v는 $v=20-4t$ 이 자동차가 정지할 때까지 걸린 시간은

$$20-4t=0,\ t=5$$

따라서 이 시간동안 움직인 거리는

$$s=\int_0^5 v\,dt=\int_0^5 (20-4t)dt=\left[20-2t^2\right]_0^5=50(m)$$

[문제 10.12]

열차의 속도가 시속 72km이면 초속 20(m/sec)이다. 장애물 앞에 정지하려면 감속해야 하므로 가속도를 $-a(a>0)$라고 하면 t초 후의 속도 $v(t)$는

$$v(t)=20-at$$

그러므로 정지할 때까지 걸린 시간은 $t=\frac{20}{a}$

따라서 정지할 때까지의 이동 거리는

$$\int_0^{\frac{20}{a}}(20-at)dt=\left[20t-\frac{1}{2}at^2\right]_0^{\frac{20}{a}}=\frac{200}{a}$$

그런데 $\frac{200}{a}\le 200$이어야하므로$a\ge 1$

[문제 10.13]

(1) 지상 15m에서 물로켓을 쏘아 올렸으므로 $t=2$일 때 지면으로부터의 높이는

$$15+\int_0^2(30-10t)dt=15+\left[30t-5t^2\right]_0^2$$
$$=15+60-20=55(m)$$

(2) $\int_0^5|30-10t|dt=\int_0^3(30-10t)dt+\int_3^5(10t-30)dt$

$$=\left[30t-5t^2\right]_0^3+\left[5t^2-30t\right]_3^5$$
$$=45-25+45=65(m)$$

(3) 물로켓이 최고 지점에 도달할 때의 속도는 0이므로 $30-10t=0$에서 $t=3$ 그때의 지상으로부터의 높이를 h(m)라고 하면

$$h=15+\int_0^3(30-10t)dt$$
$$=15+\left[30t-5t^2\right]_0^3=15+45=60(\mathrm{m})$$

따라서 물로켓은 쏘아 올린 후 3초가 지났을 때, 최고 지점에 도달하고, 그때의 지면으로부터의 높이는 60m이다.

[문제 10.14]

(1) $\int_0^3(-t^2+6t)dt=\left[-\frac{1}{3}t^2+3t\right]_0^3=18(m)$

(2) 물이 멈췄을 때의 속도는 0이므로

$v(t)=-t^2+3t=0$에서 $-t(t-3)=0$

$t=0$ 또는 $t=3$, 즉, 3초 후 물이 멈췄다.

물이 이동한 거리는

$$\int_0^3(-t^2+3t)dt=\left[-\frac{1}{3}t^3+\frac{3}{2}t^2\right]_0^3=\frac{9}{2}$$

따라서 흘러나온 물의 양은

$$\pi\times 4^2\times\frac{9}{2}=72\pi(cm^3)$$

CHAPTER 11 확률을 이용한 생활수학

[문제 11.1]

설상 경기장에서는 4종류의 경기를 관람할 수 있고, 빙상 경기장에서는 3종류의 경기를 관람할 수 있으므로 구하는 경우의 수는 합의 법칙에 의하여 $4+3=7$이다.

[문제 11.2]

서로 다른 두 분야에서 각각 1권씩의 책을 택하는 경우의 수는 다음과 같다.

(i) 문학 분야의 책과 과학 분야의 책을 택한 경우 :
곱의 법칙에 의하여 $6\times4=24$

(ii) 과학 분야의 책과 예술 분야의 책을 택한 경우 :
곱의 법칙에 의하여 $4\times5=20$

(iii) 예술 분야의 책과 문학 분야의 책을 택한 경우 :
곱의 법칙에 의하여 $5\times6=30$

(i),(ii),(iii)의 경우는 동시에 일어날 수 없으므로 구하는 경우의 수는 합의 법칙에 의하여

$24+20+30=74$

[문제 11.3]

$60=2^2\times3\times5$이고, $90=2\times3^2\times5$이므로 60의 약수의 개수는 $3\times2\times2=12$(개)이고, 90의 약수의 개수는 $2\times3\times2=12$(개)이다.
한편, 60과 90의 최대공약수는 $30=2\times3\times5$이므로 공약수의 개수는 $2\times2\times2=8$(개)이다.
따라서 구하는 개수는 $12+12-8=16$(개)이다.

[문제 11.4]

문화재를 택하는 경우의 수는 3이고, 전시관을 택하는 경우의 수는 2이므로 완도 관광을 하는 방법은 곱의 법칙에 의하여 $3\times2=6$(가지)이다.

[문제 11.5]

물의 온도를 선택하는 방법이 3가지, 회전 속도를 선택하는 방법이 5가지, 헹굼 횟수를 선택하는 방법이 4가지이므로 구하는 경의 수는 곱의 법칙에 의하여

$3\times5\times4=60$

[문제 11.6]

번호 위치를 택하는 6가지 경우에 번호 모양 4가지를 잇달아 택할 수 있으므로 쪽 번호를 매기는 경우의 수는 곱의 법칙에 의하여 $6\times4=24$이다.

[문제 11.7]

수험생 5명을 일렬로 세우는 방법은 $5!$가지이다. 이중에서 5명 모두가 다른 사람의 수험표를 받는 경우는 수험생 5명을 1, 2, 3, 4, 5라고 하여 아래와 같은 수형도를 그려보면, 1에 2를 대응시킬 때 11가지가 있다. 1에 3, 4, 5를 대응시킬 때에도 11가지씩 있으므로
$11\times4=44$(가지)이다.

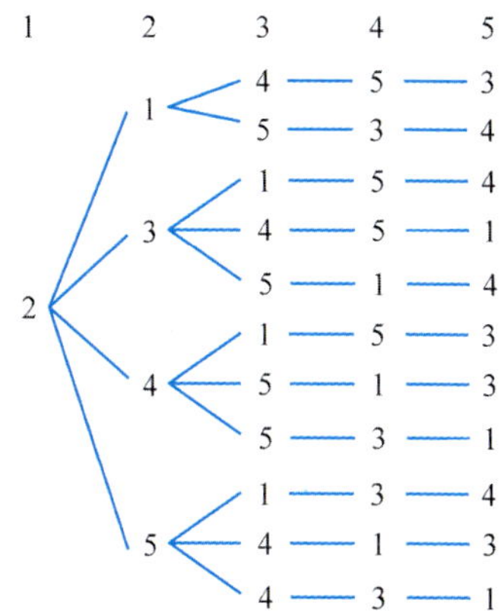

[문제 11.8]

도시 A에서 출발하여 도시 D로 가는 방법은 다음과 같다.

(i) 도시 B와 도시 C를 거치는 방법
도시 A에서 도시 B로 가는 방법은 4가지, 도시 B에서 도시 C로가는 방법은 3가지, 도시 C에서 도시 D로가는 방법은 1가지이다. 따라서 도시 A에서 출발하여 도시 B와 도시 C를 거쳐 도시 D로 가는 방법은 곱의 법칙에 의하여 $4\times3\times1=12$(가지)

(ii) 곧바로 가는 방법
도시 A에서 도시 D로 곧바로 가는 방법은 2가지이다.

(i), (ii)의 방법은 동시에 일어날 수 없으므로 도시 A에서 도시 D로가는 방법은 합의 법칙에 의하여 $12+2=14$(가지)이다.

[문제 11.9]

디지털미디어시티역에서 서울역까지 가는 방법은 다음과 같다.

(i) 신촌역을 거치는 방법
디지털미디어시티역에서 신촌역까지 가는 방법은 경의선 철도, 지하철, 버스의 3가지이고, 신촌역에서 서울역까지 가는 방법은 경의선 철도, 버스의 2가지이므로 곱의 법칙에 의하여 $3\times2=6$(가지)이다.

(ii) 홍대입구역을 거치는 방법
디지털미디어시티역에서 홍대입구역까지 가는 방법은 공항 철도, 지하철의 2가지이고, 홍대입구역에서 서울역까지 가는 방법은 버스, 지하철, 공항 철도의 3가지이므로 곱의 법칙에 의하여 $2\times3=6$(가지)이다.

(i), (ii)의 방법은 동시엥 일어날 수 없으므로 구하는 방법은 합의 법칙에 의하여 $6+6=12$(가지)이다.

[문제 11.10]

(1) ${}_nP_2=n(n-1)$이고, $12=4\times3$이므로 $n=4$이다.

(2) ${}_nP_4=n(n-1)(n-2)(n-3)$이고,
$3\times{}_nP_3=3n(n-1)(n-2)$이므로
$n-3=3$에서 $n=6$이다.

[문제 11.11]

5명의 순서를 정하는 것은 5명을 일렬로 배열하는 것과 같다. 따라서 구하는 경우의 수는 ${}_5P_5=5\times4\times3\times2\times1=120$이다.

[문제 11.12]

(1) ${}_6P_2\times{}_4P_4=(6\times5)\times(4\times3\times2\times1)=6!={}_6P_6=720$
${}_6P_3\times{}_3P_3=(6\times5\times4)\times(3\times2\times1)=6!={}_6P_6=720$

[문제 11.13]

구하는 경우의 수는 3개에서 5개를 택하는 중복순열의 수와 같으므로

$${}_3\Pi_5=3^5=243$$

[문제 11.14]

처음 세 자리는 영문자 26개 중 중복을 허락하여 3개를 뽑아 일렬로 배열하는 경우의 수이므로 ${}_{26}\Pi_3$이고, 나머지 네 자리는 0부터 9까지 10개의 숫자 중 중복을 허락하여 4개를 일렬로 배열하는 경우의 수이므로 ${}_{10}\Pi_4$이다.
따라서 구하는 경우의 수는 ${}_{26}\Pi_3\times{}_{10}\Pi_4$이다.

[문제 11.15]

(신랑1, 신부1), (신랑2, 신부2), (신랑3, 신부3)끼리 세 묶음으로 생각하면 원 모양의 탁자에 앉는 경우의 수는 (3-1)!이고, 부부끼리 자리를 바꿔 앉는 경우의 수는 각각 2!이다.
따라서 구하는 경우의 수는 $(3-1)!\times2!\times2!\times2!=16$

[문제 11.16]

10대의 자동차 가운데서 5대를 뽑는 경우의 수는

$${}_{10}C_5=\frac{10!}{5!5!}=252(\text{가지})$$

이고, 이 각각에 대하여 뽑은 5대를 원형 전시대에 늘어놓는 방법은 원순열이므로 (5-1)! 가지씩 있다.
따라서 구하는 방법의 수는

$${}_{10}C_5\times(5-1)!=252\times4!=6048(\text{가지})$$

[문제 11.17]

(1) ${}_nC_2=\dfrac{n(n-1)}{2}=66$이므로
$n(n-1)=12\times11$에서 $n=12$이다.

(2) $\dfrac{n(n-1)(n-2)(n-3)}{4\times3\times2\times1}=\dfrac{(n-1)(n-2)(n-3)}{3\times2\times1}$에서
$n=4$이다.

[문제 11.18]

다음의 세 경우로 나누어 경우의 수를 구한다.

(i) 증권 회사에 2개, 통신회사에 1개, 건설 회사에 1개의 원서를 내는 경우

$${}_3C_2\times{}_3C_1\times{}_4C_1=3\times3\times4=36(\text{가지})$$

(ii) 증권 회사에 1개, 통신회사에 2개, 건설 회사에 1개의 원서를 내는 경우

$${}_3C_1 \times {}_3C_2 \times {}_4C_1 = 3\times3\times4 = 36(\text{가지})$$

(iii) 증권 회사에 1개, 통신회사에 1개, 건설 회사에 2개의 원서를 내는 경우

$${}_3C_1 \times {}_3C_1 \times {}_4C_2 = 3\times3\times6 = 54(\text{가지})$$

따라서 (i), (ii), (iii) 으로부터 구하는 경우의 수는

36+36+54=126(가지)

[문제 11.19]

부전승 학급을 먼저 결정하고 나머지 대진표를 만든다. 먼저 부전승으로 준결승에 진출하는 두 학급을 배정하는 방법의 수는 ${}_6C_2$가지이다.
그 각각에 대하여 나머지 4학급 중 A와 같은 조에 2학급을 배정하는 방법의 수는 ${}_4C_2$가지이고, 나머지 2학급은 B와 같은 조에 배정된다.
따라서 구하는 방법의 수는 ${}_6C_2 \times {}_4C_2 = 90(\text{가지})$

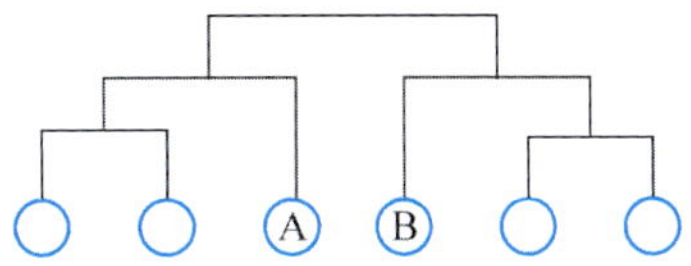

[문제 11.20]

성실 납세자 52명 중 5명을 임의로 추첨하는 경우의 수는 ${}_{52}C_5$이고, 성실 납세자 A, B가 모두 경품을 받는 경우의 수는 A, B를 제외한 50명 중 3명을 임의로 추첨하는 경우의 수와 같으므로 ${}_{50}C_3$이다.

따라서 구하는 확률은 $\dfrac{{}_{50}C_3}{{}_{52}C_5} = \dfrac{5}{663}$이다.

[문제 11.21]

(1) 목제주령구를 500번, 800번, 1000번 굴렸을 때, '시 한 수 읊기' 벌칙이 나올 비율은 차례로

$$\frac{34}{500} = 0.068,\ \frac{58}{800} = 0.0725,\ \frac{72}{1000} = 0.072$$

이 비율은 시행횟수가 클수록 0.07에 가까워진다고 볼 수 있다. 따라서 구하는 확률은 0.07이라고 할 수 있다.

(2) '시 한 수 읊기', '소리 없이 춤추기', '여러 사람이 코 두드리기' 이외의 벌칙이 나올 확률은 차례로

$$\frac{393}{500} = 0.786,\ \frac{630}{800} = 0.7875,\ \frac{787}{1000} = 0.787$$

이 비율은 시행 횟수가 클수록 0.79에 가까워진다고 볼 수 있다. 따라서 구하는 확률은0.79라고 할 수 있다.

[문제 11.22]

교과 관련 학습 프로그램에 참여하는 사건을 A, 예체능 관련 프로그램에 참여하는 사건을 B라고 하면

$$P(A) = \frac{102}{150} = \frac{17}{25},$$

$$P(B) = \frac{84}{150} = \frac{14}{25}$$

두 프로그램 중 어느 것에도 참여하지 않는 사건은 $(A\cup B)^C$이므로

$$P((A\cup B)^C) = \frac{20}{150} = \frac{2}{15}$$

$$P(A\cup B) = 1 - P((A\cup B)^C) = 1 - \frac{2}{15} = \frac{13}{15}$$

이때 두 프로그램 모두 참여하는 사건은 $A\cap B$이다.
따라서 구하는 확률은 확률의 덧셈정리에 의하여

$$\begin{aligned} P(A\cap B) &= P(A) + P(B) - P(A\cup B) \\ &= \frac{17}{25} + \frac{14}{25} - \frac{13}{15} \\ &= \frac{28}{75} \end{aligned}$$

[문제 11.23]

남학생이 포함되거나 2학년 학생이 포함되어 대표가 뽑히는 사건을 A라고 하면 A^C는 1학년 여학생 중에서 2명의 대표가 뽑히는 사건이다.

$P(A^C) = \dfrac{{}_3C_2}{{}_{20}C_2} = \dfrac{3}{190}$이므로 구하는 확률은

$$P(A) = 1 - P(A^C) = 1 - \frac{3}{190} = \frac{187}{190}$$

[문제 11.24]

i) 갑이 당선되어 세금을 올릴 확률을 p_1이라 하면

$$p_1 = 0.4 \times 0.8 = 0.32$$

ii) 을이 당선되어 세금을 올릴 확률을 p_2이라 하면

$$p_2 = 0.5 \times 0.6 = 0.3$$

iii) 갑이 당선되어 세금을 올릴 확률을 p_3이라 하면

$$p_3 = 0.1 \times 0.3 = 0.03$$

i), ii), iii)에서 세금을 올릴 확률은

$$\begin{aligned} p &= p_1 + p_2 + p_3 \\ &= 0.32 + 0.3 + 0.03 \\ &= 0.65 \end{aligned}$$

[문제 11.25]

사고에 관련된 택시가 푸른색 택시라고 증언하는 사건을 A, 사고를 일으킨 택시가 푸른색인 사건을 B 라고 하자.
사건 A는 사고를 일으킨 택시가 푸른색이고 그것을 올바로 구별하는 사건 $A \cap B$ 와 사고를 일으킨 택시가 초록색이고 그것을 잘못 구별하는 사건 $A \cap B^C$의 합집합이다.
이때, $P(A \cap B) = \frac{15}{100} \times \frac{8}{10}$, $P(A \cap B^C) = \frac{85}{100} \times \frac{2}{10}$ 이므로

$$P(A) = P(A \cap B) + P(A \cap B^C)$$

$$P(B|A) = \frac{\frac{15}{100} \times \frac{8}{10}}{\frac{15}{100} \times \frac{8}{10} + \frac{85}{100} \times \frac{2}{10}} = \frac{12}{29}$$

따라서 구하는 확률은 $\frac{12}{29}$

[문제 11.26]

컴퓨터 Ⅱ를 구입하는 사건을 A라고 하면 A^C는 컴퓨터 Ⅰ을 구입하는 사건이다. 또, 구입한 후 1년 이내에 고장 수리를 요청하는 사건을 B라고 하면 구하는 확률은

$$\begin{aligned} P(A|B) &= \frac{P(A)P(B|A)}{P(A)P(B|A) + P(A^C)P(B|A^C)} \\ &= \frac{0.3 \times 0.1}{0.3 \times 0.1 + 0.7 \times 0.05} \\ &= \frac{6}{13} \end{aligned}$$

[문제 11.27]

기계 A로 생산한 제품인 사건을 A, 기계 B로 생산한 제품인 사건을 B, 한 개의 제품을 조사하였더니 불량품일 사건을 M이라고 하면 $P(A) = 0.6$, $P(B) = 0.4$, $P(M|A) = 0.02$, $P(M|B) = 0.04$이므로

$$\begin{aligned} P(M) &= P(A \cap M) + P(B \cap M) \\ &= P(A)P(M|A) + P(B)P(M|B) \\ &= 0.6 \times 0.02 + 0.4 \times 0.04 \\ &= 0.012 + 0.016 = 0.028 \end{aligned}$$

따라서 한 개의 제품을 조사하였더니 불량품이었을 때, 그 제품이 기계 A에서 생산된 제품일 확률 $P(A|M)$은

$$P(A|M) = \frac{P(A \cap M)}{P(M)} = \frac{0.012}{0.028} = \frac{3}{7}$$

[문제 11.28]

초콜릿이 들어 있는 도넛을 먹는 사건을 A, 초콜릿이 들어 있지 않은 도넛을 먹는 사건을 B라고 하면 첫 번째에서 초콜릿이 들어 있는 도넛을 먹을 확률은

$$P(A) = \frac{4}{10} = \frac{2}{5}$$

첫 번째에서 초콜릿이 들어 있는 도넛을 먹었을 때, 두 번째에서 초콜릿이 들어 있지 않은 도넛을 먹을 확률은

$$P(B|A) = \frac{6}{9} = \frac{2}{3}$$

따라서 구하는 확률은

$$P(A \cap B) = P(A)P(B|A) = \frac{2}{5} \times \frac{2}{3} = \frac{4}{15}$$

CHAPTER 12 통계를 이용한 생활수학

[문제 12.1]

(1) 한 개의 주사위를 한 번 던질 때 6의 약수의 눈이 나올 확률은 $\frac{2}{3}$이므로

$$P(X=0)=\frac{1}{3}\cdot\frac{1}{3}=\frac{1}{9},$$
$$P(X=1)=\frac{2}{3}\cdot\frac{1}{3}+\frac{1}{3}\cdot\frac{2}{3}=\frac{4}{9},$$
$$P(X=2)=\frac{2}{3}\cdot\frac{2}{3}=\frac{4}{9}$$

따라서 X의 확률분포를 표로 나타내면 다음과 같다.

X	0	1	2	합계
$P(X=x)$	$\frac{1}{9}$	$\frac{4}{9}$	$\frac{4}{9}$	1

(2) $E(X)=0\cdot\frac{1}{9}+1\cdot\frac{4}{9}+2\cdot\frac{4}{9}=\frac{4}{3},$

$$E(X^2)=0^2\cdot\frac{1}{9}+1^2\cdot\frac{4}{9}+2^2\cdot\frac{4}{9}=\frac{4}{9}$$

이므로

$$V(X)=E(X^2)-E(X)^2=\frac{20}{9}-\left(\frac{4}{3}\right)^2=\frac{4}{9}$$
$$\sigma(X)=\sqrt{V(X)}=\sqrt{\frac{4}{9}}=\frac{2}{3}$$

[문제 12.2]

$$E(X)=0\cdot\frac{1}{3}+1\cdot\frac{1}{6}+2\cdot\frac{1}{6}+3\cdot\frac{1}{3}=\frac{3}{2},$$
$$E(X^2)=0^2\cdot\frac{1}{3}+1^2\cdot\frac{1}{6}+2^2\cdot\frac{1}{6}+3^2\cdot\frac{1}{3}=\frac{23}{6}$$

이므로

$$V(X)=E(X^2)-E(X)^2=\frac{23}{6}-\left(\frac{3}{2}\right)^2=\frac{19}{12}$$
$$\sigma(X)=\sqrt{V(X)}=\sqrt{\frac{19}{12}}=\frac{\sqrt{57}}{6}$$

(1) $E(2X+3)=2E(X)+3=2\cdot\frac{3}{2}+3=6$

(2) $V(6X-2)=6^2\,V(X)=36\cdot\frac{19}{12}=57$

(3) $\sigma(-6X+5)=|-6|\sigma(X)=6\cdot\frac{\sqrt{57}}{6}=\sqrt{57}$

[문제 12.3]

$$E(X)=1\times0.5+2\times0.2+3\times0.15+4\times0.1+5\times0.05=2$$

이므로 X의 분산과 표준편차는 각각 다음과 같다.

$$V(X)=1^2\times0.5+2^2\times0.2+3^2\times0.15+4^2\times0.1+5^2\times0.05-2^2=1.5$$
$$\sigma(X)=\sqrt{1.5}$$

[문제 12.4]

$E(X)=960,\ \sigma(X)=80$이므로

$$E(Y)=E\left(\frac{5}{4}X+250\right)=\frac{5}{4}E(X)+250=\frac{5}{4}\times960+250=1450$$
$$\sigma(Y)=\sigma\left(\frac{5}{4}X+250\right)=\frac{5}{4}\sigma(X)=\frac{5}{4}\times80=100$$

[문제 12.5]

약을 복용한 10명의 환자 중에서 치유된 환자의 수를 확률변수 X라고 하면 약을 복용한 각 환자가 치유될 확률은 0.7이므로 X의 확률분포는 이항분포 $B(10, 0.7)$을 따른다.
이때, X의 확률질량함수 $p(x)$는

$$p(x)={}_{10}C_x 0.7^x 0.3^{10-x}\ (x=0,1,\cdots,10)$$

한편, 9명 이상이 치유되는 경우는 $X\geq 9$이므로 구하는 확률은

$$P(X\geq9)=p(9)+p(10)={}_{10}C_9 0.7^9\times0.3+{}_{10}C_{10}0.7^{10}=0.1212+0.0282=0.1494$$

제 12.6]

실제로 호텔에 투숙하는 사람 수를 확률변수 X라 하면 X는 이항분포 $B(22, 0.8)$을 따르므로

$$P(X=x)={}_{22}C_x 0.8^x\times0.2^{22-x}\ (x=0,1,2,\cdots,22)$$

방이 부족하려면 $X>20$이어야 하므로 구하는 확률은

$$P(X>20)=P(X=21)+P(X=22)={}_{22}C_{21}0.8^{21}\times0.2+{}_{22}C_{22}0.8^{22}\times0.2^0$$

$$= 22\times 0.009\times 0.2 + 1\times 0.007\times 1$$
$$= 0.0466$$

[문제 12.7]

공연의 예약자 800명 중에서 예약을 취소하는 예약자의 수를 확률변수 X라고 하면 공연의 예약을 취소할 확률은 0.05이므로 X의 확률분포는 이항분포 $B(800, 0.05)$를 따른다. 따라서 X의 평균과 분산은 각각

$$E(X) = 800\times 0.05 = 40$$
$$V(X) = 800\times 0.05\times 0.95 = 38$$

[문제 12.8]

(1) $f(x)$의 그래프와 x축으로 둘러싸인 부분의 넓이는 1이므로

$$1\times k + \frac{1}{2}\times 1\times k = \frac{3}{2}k = 1$$

$$k = \frac{2}{3}$$

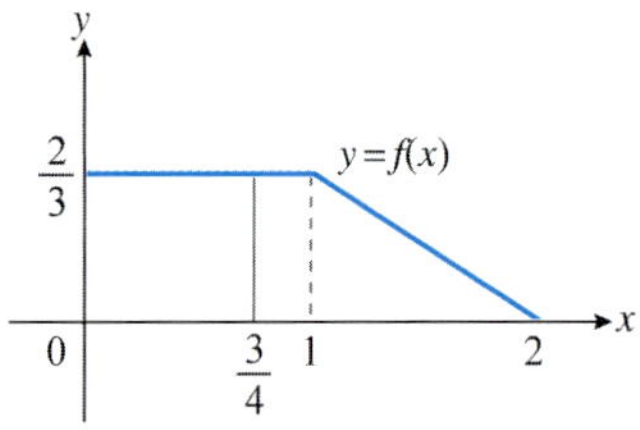

(2) 확률 $P(X\le \frac{3}{4})$은 오른쪽 그림에서 색칠한 부분의 넓이와 같으므로

$$P\left(X\le \frac{3}{4}\right) = \frac{3}{4}\times\frac{2}{3} = \frac{1}{2}$$

[문제 12.9]

확률변수 X가 갖는 범위는 $0\le X\le 10$이고, 바늘이 어느 지점에 멈춰 서게 되는 기대정도가 같으므로 그 확률밀도함수 $f(x)$는 상수함수 $f(x) = k$ (단, $0\le x\le 10$)꼴이다.
이때, $P(0\le X\le 10) = 1$이므로 아해의 그림에서 색칠한 부분의 넓이가 1이어야 한다. 즉,

$$P(0\le X\le 10) = 10\times k = 1$$

$$\therefore k = \frac{1}{10}$$

따라서, 구하는 확률밀도한수는

$$f(x) = \frac{1}{10}\ (단,\ 0\le x\le 10)$$

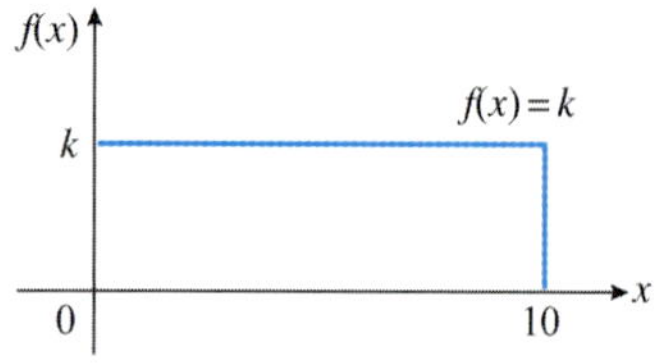

[문제 12.10]

도착 예정 시각과 실제 도착 시각의 차가 10분 이상일 확률은 $P(X\ge 10)$이다. 따라서 구하는 확률은 아래 그림에서 색칠한 부분의 넓이와 같으므로

$$P(X\ge 10) = 1 - \frac{1}{2}\times 10\times\frac{1}{40} = \frac{7}{8}$$

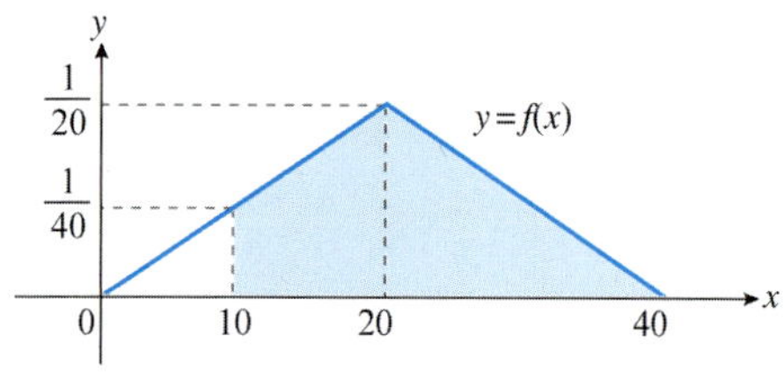

[문제 12.11]

원형 알약의 지름의 길이를 확률변수 X라고 하면 X는 정규분포 $N(8, 0.2^2)$을 따르므로 확률변수 $Z = \frac{X-8}{0.2}$은 표준정규분포 $N(0,1)$을 따른다. 즉,

$$P(7.6\le X\le 8.2) = P\left(\frac{7.6-8}{0.2}\le\frac{X-0.8}{0.2}\le\frac{8.2-8}{0.2}\right)$$
$$= P(-2\le Z\le 1)$$
$$= P(0\le Z\le 2) + P(0\le Z\le 1)$$
$$= 0.4772 + 0.3413$$
$$= 0.8185$$

따라서 알약 2000개 중 지름의 길이가 7.6mm 이상 8.2mm 이하인 알약은 $2000\times 0.8185 = 1637$(개)이다.

[문제 12.12]

블루베리 나무 한 그루당 수확량을 확률변수 X라고 하면 X는 정규분포 $N(1800, 200^2)$을 따르므로

확률변수 $Z=\dfrac{X-1800}{200}$은 표준정규분포 $N(0,1)$을 따른다. 즉,

$$P(X<1500)=P\left(Z<\frac{1500-1800}{200}\right)$$
$$=P(Z<-1.5)=P(Z>1.5)$$
$$=0.5-P(0\le Z\le 1.5)=0.5-0.4332=0.0688$$

따라서 영양 수액을 공급받을 나무는

$10000\times 0.0688=688$(그루)이다.

[문제 12.13]

예약한 400명 중에서 이 호텔에 투숙하는 사람의 수를 확률변수 X라고 하면 X는 이항분포 $B(400, 0.8)$을 따른다. 이때, X의 평균 m과 분산 σ^2은

$$m=400\times 0.8=320$$
$$\sigma^2=400\times 0.8\times 0.2=64$$

한편, $n=400$이 충분히 크므로 X는 근사적으로 정규분포 $N(320, 8^2)$을 따른다. 따라서 구하는 확률은

$$P(X\le 332)=P\left(Z\le\frac{332-320}{8}\right)=P(Z\le 1.5)$$
$$=0.5+P(0\le Z\le 1.5)=0.5+0.4332=0.9332$$

[문제 12.14]

주사약을 투여한 150명 중 치료된 환자의 수를 확률변수 X라고 하면 X는 이항분포 $B(150, 0.6)$을 따른다. 이때, 평균 m과 분산 σ^2은

$$m=150\times 0.6=90,\ \sigma^2=150\times 0.6\times 0.4=36$$

한편 $n=150$이 충분히 크므로 X는 근사적으로 정규분포 $N(90, 6^2)$을 따른다. 따라서 구하는 확률은

$$P(X\ge 84)=P\left(Z\ge\frac{84-90}{6}\right)=P(Z\ge -1)$$
$$=0.5+P(0\le Z\le 1)=0.5+0.3413=0.8413$$

[문제 12.15]

$$E(\overline{X})=32,\ \ V(\overline{X})=\frac{36}{16}=2.25$$

[문제 12.16]

표본평균 $\overline{X}$의 평균과 표준편차는 각각

$$E(\overline{X})=11,\sigma(\overline{X})=\frac{8}{\sqrt{400}}=0.4$$

이때, 표본의 크기 400은 충분히 크므로 표본평균 $\overline{X}$의 분포는 근사적으로 정규분포 $N(11, 0.4^2)$을 따른다.

[문제 12.17]

$m=245, \sigma=30, n=100$에서 표본평균 $\overline{X}$의 평균과 표준편차는 각각

$$E(\overline{X})=245, \sigma(\overline{X})=\frac{30}{\sqrt{100}}=3$$

이므로 표본평균 $\overline{X}$는 정규분포 $N(245, 3^2)$을 따른다. 따라서

$$P(\overline{X}\le 239)=P\left(Z\le\frac{239-245}{3}\right)=P(Z\le -2)$$
$$=P(Z\ge 2)=0.5-0.4772=0.0228$$

[문제 12.18]

표본평균 $\overline{X}$의 평균과 표준편차는 각각

$$E(\overline{X})=m=50.2, \sigma(\overline{X})=\frac{\sigma}{\sqrt{n}}=\frac{1}{\sqrt{100}}=\frac{1}{10}$$

이므로 $\overline{X}$는 정규분포 $N(50.2, 0.1^2)$을 따른다. 이때, $\overline{X}$를 표준화한 확률변수 Z는 $Z=\dfrac{\overline{X}-50.2}{0.1}$이고 Z는 표준정규분포 $N(0,1)$을 따른다.

(1) $P(\overline{X}\ge 50)=P\left(Z\ge\dfrac{50-50.2}{0.1}\right)=P(Z\ge -2)$

$$=0.5+P(0\le Z\le 2)$$
$$=0.5+0.4772=0.9772$$

(2) $P(\overline{X}\ge c)=P\left(Z\ge\dfrac{c-50.2}{0.1}\right)=0.011$이므로

$$P\left(0\le Z\le\frac{c-50.2}{0.1}\right)=0.5-0.011=0.489$$

이때, 표준정규분포표에서 $P(0\le Z\le 2.39)=0.489$이므로

$$\frac{c-50.2}{0.1}=2.29,\ c=50.429$$

[문제 12.19]

표본의 크기 $n=10000$이고, 표본평균 $\bar{x}=120$, 모표준편차 $\sigma=30$이므로 2016년 우리나라 국민의 1일 평균 인터넷 사용 시간 m에 대한 신뢰도 95%의 신뢰구간은

$$120-1.96\times\frac{30}{\sqrt{10000}}\le m\le 120+1.96\times\frac{30}{\sqrt{10000}}$$

즉, $119.412\le m\le 120.588$(단위:분)이다.

[문제 12.20]

원석의 평균 비중을 m이라고 하면
$n=64,\ \bar{x}=8,\ \sigma=2.4$이므로 모평균 m에 대한 신뢰도 95%의 신뢰구간은

$$8-1.96\times\frac{2.4}{\sqrt{64}}\le m\le 8+1.96\times\frac{2.4}{\sqrt{64}}$$

따라서 $7.412\le m\le 8.588$

[문제 12.21]

표본의 크기를 n이라고 하면 복숭아의 평균 무게레 대한 신뢰도 95%인 신뢰구간의 길이를

$2\times1.96\frac{50}{\sqrt{n}}$ 이다.

복숭아의 평균 무게에 대한 신뢰도 95%인 신뢰구간의 길이가 10g 이하이므로

$$2\times1.96\frac{50}{\sqrt{n}}\le 10,\ n\ge 384.16$$

이때, n은 자연수이므로 적어도 385개의복숭아를 조사해야 한다.

[문제 12.22]

모평균 m에 대한 신뢰도 95%의 신뢰구간의 길이는

$2\times1.96\times\frac{\sigma}{\sqrt{n}}$ 이므로

$$2\times1.96\times\frac{40}{\sqrt{n}}\le 5,\quad \therefore n\ge 983.4496$$

따라서, 984개 이상으로 하면 된다.

[문제 12.23]

임의 추출한 꽃 75송이 중 붉은색 분꽃의 비율을 $\hat{p}$이라고 하면 $\hat{p}$의 평균과 표준편차는 각각

$$E(\hat{p})=p=0.25$$
$$\sigma(\hat{p})=\sqrt{\frac{pq}{n}}=\sqrt{\frac{0.25\times0.75}{75}}=0.05$$

이므로 $\hat{p}$의 분포는 근사적으로 정규분포 $N(0.25,0.05^2)$을 따른다. 이때, $\hat{p}$을 표준화한 확률변수 Z를 $Z=\frac{\hat{p}-0.25}{0.05}$로 놓고 구하는 확률 $P\left(\frac{15}{75}\le\hat{p}\le\frac{30}{75}\right)$을 근사적으로 구하면

$$\begin{aligned}P\left(\frac{15}{75}\le\hat{p}\le\frac{30}{75}\right)&=P\left(\frac{0.2-0.25}{0.05}\le Z\le\frac{0.4-0.25}{0.05}\right)\\&=P(-1\le Z\le 3)\\&=P(0\le Z\le 1)+P(0\le Z\le 3)\\&=0.3413+0.4987=0.84\end{aligned}$$

[문제 12.24]

표본비율 $\hat{p}$의 평균과 표준편차는 각각

$$E(\hat{p})=p=0.4$$
$$\sigma(\hat{p})=\sqrt{\frac{pq}{n}}=\sqrt{\frac{0.4\times0.6}{96}}=0.05$$

이므로 $\hat{p}$의 분포는 근사적으로 정규분포 $N(0.4,0.05^2)$을 따른다.

이때, $\hat{p}$을 표준화한 확률변수 Z를 $Z=\frac{\hat{p}-0.4}{0.05}$로 놓으면

$$\begin{aligned}P(0.3\le\hat{p}\le 0.425)&=P\left(\frac{0.3-0.4}{0.05}\le Z\le\frac{0.425-0.4}{0.05}\right)\\&=P(-2\le Z\le 0.5)\\&=P(0\le Z\le 2)+P(0\le Z\le 0.5)\\&=0.4772+0.1915=0.6687\end{aligned}$$

[문제 12.25]

임의 추출한 100개의 제품 중 불량품의 비율을 표본비율 $\hat{p}$이라고 하면

$\hat{p}=\frac{10}{100}=0.1,\ n=100$이다. 이때, n이 충분히 크므로

$Z=\frac{\hat{p}-p}{\sqrt{\frac{\hat{p}\hat{q}}{n}}}$는 근사적으로 표준정듀분포를 따른다. 모비율

p에 대한 신뢰도 95%의 신뢰구간의 양 끝 값을 구하면 각각 다음과 같다.

$$\hat{p}-1.96\sqrt{\frac{\hat{p}\hat{q}}{n}}=0.1-1.96\sqrt{\frac{0.1\times0.9}{100}}=0.0412$$

$$\hat{p}+1.96\sqrt{\frac{\hat{p}\hat{q}}{n}}=0.1+1.96\sqrt{\frac{0.1\times0.9}{100}}=0.1588$$

따라서 구하는 신뢰구간은 $0.0412 \le p \le 0.1588$

[문제 12.26]

$n=400$, $\hat{p}=\frac{320}{400}=0.8$, $\hat{q}=0.2$이므로 모비율 p에 대한 신뢰도 95%인 신뢰구간의 양 끝값은

$$\hat{p}-1.96\sqrt{\frac{\hat{p}\hat{q}}{n}}=0.8-1.96\sqrt{\frac{0.8\times0.2}{400}}=0.8-0.0392=0.7608$$

$$\hat{p}+1.96\sqrt{\frac{\hat{p}\hat{q}}{n}}=0.8+1.96\sqrt{\frac{0.8\times0.2}{400}}=0.8+0.0392=0.8392$$

또, 모비율 p에 대한 신뢰도 99%인 신뢰구간의 양 끝값은

$$\hat{p}-2.58\sqrt{\frac{\hat{p}\hat{q}}{n}}=0.8-2.58\sqrt{\frac{0.8\times0.2}{400}}=0.8-0.0516=0.7484$$

$$\hat{p}+2.58\sqrt{\frac{\hat{p}\hat{q}}{n}}=0.8+2.58\sqrt{\frac{0.8\times0.2}{400}}=0.8+0.0516=0.8516$$

따라서 신뢰도 95%인 신뢰구간은 $0.7608 \le p \le 0.8392$이고, 신뢰도 99%인 신뢰구간은 $0.7484 \le p \le 0.8516$이다.

[문제 12.26]

새로운 품종의 옥수수에서 임의 추출한 크기 n인 표본의 표본비율을 $\hat{p}$이라고 하면 발아율에 대한 신뢰도 95%인 신뢰구간의 길이는 $2\times1.96\sqrt{\frac{\hat{p}\hat{q}}{n}}$ 이다. 이때,

$$\hat{p}\hat{q}=\hat{p}(1-\hat{p})=-\left(\hat{p}-\frac{1}{2}\right)^2+\frac{1}{4}\le\frac{1}{4}$$

이므로 신뢰구간의 길이의 최댓값은 $2\times1.96\sqrt{\frac{1}{4n}}$ 이다.

따라서 이 값을 0.1 이하로 하려면

$$2\times1.96\sqrt{\frac{1}{4n}}\le0.1,\ n\ge384.16$$

그러므로 자연수 n의 최솟값은 385이다.

[문제 12.27]

1000명 중 표본 640명의 비율인 표본비율이 $\hat{p}=\frac{640}{1000}=0.64$이므로 신뢰도 95%로 추정한 모비율 p의 신뢰구간은

$$\hat{p}-1.96\sqrt{\frac{0.64\times0.36}{n}}\le p\le\hat{p}+1.96\sqrt{\frac{0.64\times0.36}{n}} \quad ①$$

이때 $|p-\hat{p}|\le0.01$이어야 하므로

$$-1.96\sqrt{\frac{0.64\times0.36}{n}}\le p-\hat{p}\le+1.96\sqrt{\frac{0.64\times0.36}{n}} \quad ②$$

이 식을 정리하면

$$\sqrt{n}\ge94.08,\ 즉\ n\ge8851.0464$$

따라서 표본의 크기를 8852명 이상으로 해야 한다.

APPENDIX A.1 미분

[문제 A.1]

(1) $\frac{d}{dx}(x^{\sqrt{2}}) = \sqrt{2}x^{\sqrt{2}-1}$

(2) $\frac{d}{dx}(x^{10}) = 10x^9$

(3) $\frac{d}{dx}(x^{-\frac{4}{3}}) = -\frac{4}{3}x^{-\frac{7}{3}}$

[문제 A.2]

(1) $y' = 6x-5$

(2) $y' = 15x^2 - \frac{1}{\sqrt{x}}$

(3) $y = 1+\frac{1}{x}+2x^{-2}$

$y' = 0-\frac{1}{x^2}-4x^{-3} = -\frac{1}{x^2}-\frac{4}{x^3}$

(4) $y = 2\sqrt{x}+\frac{2}{x}$

$y' = \frac{1}{\sqrt{x}}-\frac{2}{x^2}$

(5) $y' = 2x^{-2}-8x^{-3}$

(6) $y' = -12x^{-2}+12x^{-4}-4x^{-5}$

[문제 A.3]

(1) $y = 1+5x^{-1}-x^{-2}$

$y' = -5x^{-2}+2x^{-3}$

(2) $y = 2x^{5/2}-3x-x^{-1/2}$

$y' = 5x^{3/2}-3+\frac{1}{2}x^{-3/2} = 5x^{3/2}-3+\frac{1}{2x^{3/2}}$

(3) $y = 3x^{-1}+2x-x^2$

$y' = -3x^{-2}+2-2x = -\frac{3}{x^2}+2-2x$

(4) $f(x) = 12x^{5/3}-6x^{2/3}$

$f'(x) = 20x^{2/3}-4x^{-1/3} = 20x^{2/3}-\frac{4}{x^{1/3}}$

[문제 A.4]

(1) $y' = -5x^4+12x^2-2x-3$

(2) $y' = 3x^2(3x^2-2x)+(x^3-2)(6x-2)$

$= 9x^4-6x^3+6x^4-2x^3-12x+4$

$= 15x^4-8x^3-12x+4$

(3) $y' = \frac{3}{4}x^{-\frac{1}{4}}+3x^{-4}+\frac{11}{4}x^{\frac{7}{4}}+x^{-2}$

(4) $y' = -3\sqrt{x}+(5-3x)\frac{1}{2\sqrt{x}}$

$= \frac{-6x+5-3x}{2\sqrt{x}} = \frac{5-9x}{2\sqrt{x}}$

[문제 A.5]

(1) $\frac{-19}{(3x-2)^2}$

(2) $y' = \frac{-3(3x^2+x)-(4-3x)(6x+1)}{(3x^2+x)^2} = \frac{9x^2-24x-4}{(3x^2+x)^2}$

(3) $\frac{-6(x^2-2)}{(x-1)^2(x-2)^2}$

(4) $y' = \frac{\frac{1}{2\sqrt{x}}(\sqrt{x}+1)-(\sqrt{x}-1)\frac{1}{2\sqrt{x}}}{(\sqrt{x}+1)^2}$

$= \frac{1}{\sqrt{x}(\sqrt{x}+1)^2}$

[문제 A.6]

(1) $y' = -27(4-3x)^8$

(2) $y' = 4(3x^2-\sqrt{x})^3\left(6x-\frac{1}{2\sqrt{x}}\right)$

(3) $y' = 4(\frac{x^2}{8}+x-\frac{1}{x})(\frac{x}{4}+1+\frac{1}{x^2})$

(4) $y' = \frac{2-2x}{3(2x-x^2)^{2/3}}$

[문제 A.7]

(1) $y' = \frac{12}{(2-3x)^5}$

(2) $y' = 3(2x+1)^2(3x-4)^4(16x-3)$

(3) $y' = 2(2-5x)^3(3x^2+1)^2(-75x^2+18x-10)$

(4) $y' = -\frac{2(x+1)(x+2)}{(2x+1)^4}$

[문제 A.8]

(1) $y' = -\dfrac{x^2}{y^2}$

(2) $\dfrac{d}{dx}\left(x^{\frac{2}{3}} + y^{\frac{2}{3}}\right) = \dfrac{d}{dx}(1)$

$$\frac{2}{3}x^{-\frac{1}{3}} + \frac{2}{3}y^{-\frac{1}{3}} \cdot y' = 0$$

$$y' = \frac{-x^{-\frac{1}{3}}}{y^{-\frac{1}{3}}} = -\frac{y^{\frac{1}{3}}}{x^{\frac{1}{3}}}$$

$$\therefore \frac{dy}{dx} = -\frac{\sqrt[3]{y}}{\sqrt[3]{x}}$$

(3) $\dfrac{d}{dx}(x^2 - xy + y^2) = \dfrac{d}{dx}(6)$

$$2x - (1 \cdot y + x \cdot y') + 2y \cdot y' = 0$$

$$y'(2y - x) = y - 2x$$

$$\therefore \frac{dy}{dx} = \frac{y - 2x}{2y - x}$$

(4) $y' = \dfrac{6y - x^2}{y^2 - 6x}$

(5) $y' = \dfrac{\sqrt{y}}{\sqrt{y} + 1}$

(6) $\dfrac{d}{dx}(x^2y^3 - x^3y^2) = \dfrac{d}{dx}(-5)$

$$2x \cdot y^3 + x^2 \cdot 3y^2y' - (3x^2 \cdot y^2 + x^3 \cdot 2yy') = 0$$

$$2xy^3 + 3x^2y^2y' - 3x^2y^2 - 2x^3yy' = 0$$

$$y'(3x^2y^2 - 2x^3y) = 3x^2y^2 - 2xy^3$$

$$\therefore \frac{dy}{dx} = \frac{xy^2(3x - 2y)}{x^2y(3y - 2x)} = \frac{y(3x - 2y)}{x(3y - 2x)}$$

[문제 A.9]

(1) $y = (2x - 1)^{-1}$

$$y' = -(2x-1)^{-2} \cdot 2 = -2(2x-1)^{-2}$$

$$y'' = 4(2x-1)^{-3} \cdot 2 = \frac{8}{(2x-1)^3}$$

(2) $y' = 6(x^2 - 2x)^5(2x - 2)$

$$y'' = 30(x^2 - 2x)^4(2x-2) \cdot (2x-2) + 6(x^2 - 2x)^5 \cdot 2$$

$$= 120(x^2 - 2x)^4(x-1)^2 + 12(x^2 - 2x)^5$$

$$= 12(x^2 - 2x)^4[10(x-1)^2 + (x^2 - 2x)]$$

$$= 12(x^2 - 2x)^4(11x^2 - 22x + 10)$$

(3) $y' = \dfrac{1}{2\sqrt{x^2+2}} \cdot 2x = \dfrac{x}{\sqrt{x^2+2}}$

$$y'' = \frac{1 \cdot \sqrt{x^2+2} - x \cdot \dfrac{1}{2\sqrt{x^2+2}} \cdot 2x}{(x^2+2)}$$

$$= \frac{\left[\sqrt{x^2+2} - \dfrac{x^2}{\sqrt{x^2+2}}\right] \cdot \sqrt{x^2+2}}{(x^2+2) \cdot \sqrt{x^2+2}}$$

$$= \frac{x^2 + 2 - x^2}{(x^2+2)\sqrt{x^2+2}} = \frac{2}{(x^2+2)\sqrt{x^2+2}}$$

(4) $2x - 2yy' = 0$

$$y' = \frac{x}{y}$$

$$y'' = \frac{1 \cdot y - x \cdot y'}{y^2} = \frac{y - x\left(\dfrac{x}{y}\right)}{y^2} = \frac{\left[y - x\left(\dfrac{x}{y}\right)\right] \cdot y}{y^2 \cdot y}$$

$$= \frac{y^2 - x^2}{y^3}\left(\text{or } -\frac{4}{y^3}\right)$$

[문제 A.10]

(1) $y' = 3\cos(3x + 1)$

(2) $y' = -\sin(-3x + 2) \cdot (-3) = 3\sin(-3x + 2)$

(3) $y' = 2\cos\left(x^3 - \dfrac{1}{x}\right) \cdot \left(3x^2 + \dfrac{1}{x^2}\right)$

$$= 2\left(3x^2 + \frac{1}{x^2}\right)\cos\left(x^3 - \frac{1}{x}\right)$$

(4) $y' = -\sin(\sin x) \cdot \cos x$

(5) $y' = 10\sec^2(10x - 5)$

(6) $y' = -\csc^2(3x^2 + 2x) \cdot (6x + 2)$

$$= -(6x + 2)\csc^2(3x^2 + 2x)$$

(7) $y' = \sec\left(\dfrac{1}{2}x\right)\tan\left(\dfrac{1}{2}x\right) \cdot \dfrac{1}{2} = \dfrac{1}{2}\sec\left(\dfrac{1}{2}x\right)\tan\left(\dfrac{1}{2}x\right)$

(8) $y' = \dfrac{1}{5}\csc(5x)\cot(5x) \cdot 5 = \csc(5x)\cot(5x)$

(9) $y' = \sec(\tan x)\tan(\tan x) \cdot \sec^2 x$

(10) $y' = \dfrac{1}{2\sqrt{1 + 2\cot x}} \cdot (-2\csc^2 x) = \dfrac{-\csc^2 x}{\sqrt{1 + 2\cot x}}$

(11) $y' = -\csc^2\left(\pi - \dfrac{1}{x}\right) \cdot \dfrac{1}{x^2}$

(12) $y = \sin[(x^3 - 1)^4]$

$$y' = \cos[(x^3 - 1)^4] \cdot 4(x^3 - 1)^3 \cdot 3x^2$$

$$= 12x^2(x^3 - 1)^3\cos(x^3 - 1)^4$$

[문제 A.11]

(1) $y' = \sin x + x\cos x$

(2) $y' = 2x\cos\left(\frac{1}{x}\right) + x^2\left(\sin\left(\frac{1}{x}\right)\right)\cdot\left(-\frac{1}{x^2}\right)$

$= 2x\cos\left(\frac{1}{x}\right) - \sin\left(\frac{1}{x}\right)$

(3) $y' = \dfrac{6\csc x - 3x\csc x\cot x}{2\sqrt{\csc x}}$

(4) $y' = \dfrac{\cos x(1+\cos x) - \sin x(-\sin x)}{(1+\cos x)^2}$

$= \dfrac{\cos x + \cos^2 x + \sin^2 x}{(1+\cos x)^2} = \dfrac{\cos x + 1}{(1+\cos x)^2} = \dfrac{1}{1+\cos x}$

(5) $y' = 4\cos 4x \cos^2 x - 2\sin 4x\cos x\sin x$

(6) $y' = (\sec\sqrt{x})\left[\dfrac{\tan\sqrt{x}\,\tan\left(\frac{1}{x}\right)}{2\sqrt{x}} - \dfrac{\sec^2\left(\frac{1}{x}\right)}{x^2}\right]$

(7) $y = \dfrac{(\cos x)^2}{\sin x}$

$y' = \dfrac{2(\cos x)(-\sin x)(\sin x) - (\cos x)^2\cdot\cos x}{\sin^2 x}$

$= \dfrac{-2\cos x\cdot\sin^2 x - \cos^3 x}{\sin^2 x} = \dfrac{-\cos x(2\sin^2 x + \cos^2 x)}{\sin^2 x}$

[문제 A.12]

(1) $y' = \dfrac{\cos(2x+3y) - 2x\sin(2x+3y) - y\cos x}{\sin x + 3x\sin(2x+3y)}$

(2) $-\sin(x+y)\cdot(1+y') + \cos(x-y)\cdot(1-y') = 0$

$-\sin(x+y) - y'\sin(x+y) + \cos(x-y) - y'\cos(x-y) = 0$

$-\sin(x+y) + \cos(x-y) = y'\sin(x+y) + y'\cos(x-y)$

$-\sin(x+y) + \cos(x-y) = y'[\sin(x+y) + \cos(x-y)]$

$\therefore \dfrac{dy}{dx} = \dfrac{-\sin(x+y) + \cos(x-y)}{\sin(x+y) + \cos(x-y)}$

(3) $y' = \dfrac{-1 - y\sec^2(xy)}{x\sec^2(xy)}$

(4) $2x + 2y\cdot y' = \sec(xy)\tan(xy)\cdot(y + xy')$

$2x + 2yy' = y\sec(xy)\tan(xy) + xy'\sec(xy)\tan(xy)$

$y'[2y - x\sec(xy)\tan(xy)] = y\sec(xy)\tan(xy) - 2x$

$\therefore \dfrac{dy}{dx} = \dfrac{y\sec(xy)\tan(xy) - 2x}{2y - x\sec(xy)\tan(xy)}$

[문제 A.13]

(1) $y' = e^{5-7x}\cdot(-7) = -7e^{5-7x}$

(2) $y' = e^{\sec x}\cdot\sec x\tan x$

(3) $y' = 2xe^{-x^2}\sin(e^{-x^2})$

(4) $y' = 3^{-x^2}\cdot(-2x)\cdot\ln 3 = -2x(3)^{-x^2}\ln 3$

(5) $y' = (1-x)e^{-x} + 3e^{3x}$

(6) $y' = a^{\cos x}(-\sin x)\cdot\ln a = -a^{\cos x}\sin x\ln a$

(7) $y' = 3x^2\cdot e^{2x} + x^3\cdot e^{2x}\cdot 2 = x^2e^{2x}(3+2x)$

(8) $y' = (27x^4 - 18x^3 + 6x^2 + 18x - 6)e^{x^3}$

(9) $y' = \dfrac{e^{-2x}\cdot(-2)\cdot(x) - e^{-2x}\cdot 1}{x^2} = \dfrac{-e^{-2x}(2x+1)}{x^2}$

(10) $y' = \dfrac{3}{2}\cos\left(\dfrac{x}{2}\right)e^{3\sin\left(\frac{x}{2}\right)}$

(11) $y' = \pi^{x\cos x}\cdot(\cos x + x\cdot(-\sin x))\ln\pi$

$= \pi^{x\cos x}(\cos x - x\sin x)\ln\pi$

(12) $y' = \dfrac{-e^{-x}\cdot(e^x - 1) - (e^{-x} + 1)\cdot e^x}{(e^x - 1)^2}$

$= \dfrac{-1 + e^{-x} - 1 - e^x}{(e^x - 1)^2} = \dfrac{e^{-x} - 2 - e^x}{(e^x - 1)^2}$

(13) $e^{x^2y} = 2x + 2y \Rightarrow e^{x^2y}(x^2y' + 2xy) = 2 + 2y'$

$\Rightarrow x^2e^{x^2y}y' + 2xye^{x^2y} = 2 + 2y'$

$\Rightarrow x^2e^{x^2y}y' - 2y' = 2 - 2xye^{x^2y}$

$\Rightarrow y' = \dfrac{2 - 2xye^{x^2y}}{x^2e^{x^2y} - 2}$

(14) $y' = (x^2 + 2x)e^x\cos(x^2e^x)$

(15) $y' = 2e^{-x}(4e^{-x} + 2)^{-\frac{3}{2}}$

(16) $e^{x+y}\cdot(1+y') = 6x\cdot y + 3x^2\cdot y'$

$e^{x+y} + y'e^{x+y} = 6xy + 3x^2y'$

$y'(e^{x+y} - 3x^2) = 6xy - e^{x+y}$

$\therefore \dfrac{dy}{dx} = \dfrac{6xy - e^{x+y}}{(e^{x+y} - 3x^2)}$

(17) $e^{2x} = \sin(x+3y) \Rightarrow 2e^{2x} = (1+3y')\cos(x+3y)$

$\Rightarrow 1 + 3y' = \dfrac{2e^{2x}}{\cos(x+3y)}$

$\Rightarrow 3y' = \dfrac{2e^{2x}}{\cos(x+3y)} - 1$

$\Rightarrow y' = \dfrac{2e^{2x} - \cos(x+3y)}{3\cos(x+3y)}$

[문제 A.14]

(1) $y' = \dfrac{3}{3x}$

(2) $y' = \dfrac{1}{\ln x} \cdot \dfrac{1}{x}$

(3) $y' = \dfrac{\cos x}{\sin x}$

(4) $y' = \dfrac{1}{\tan x} \cdot \sec^2 x = \dfrac{\sec^2 x}{\tan x}$

(5) $y' = 5(\ln x)^4 \cdot \dfrac{1}{x} = \dfrac{5(\ln x)^4}{x}$

(6) $y' = \dfrac{1}{\sin x} \cdot \cos x \cdot \dfrac{1}{\ln 3} = \dfrac{\cot x}{\ln 3}$

(7) $y' = \dfrac{1}{x \ln 2}$

(8) $y' = \dfrac{1}{x \cos x}(\cos x - x \sin x) = \dfrac{\cos x - x \sin x}{x \cos x}$

(9) $y' = \dfrac{1}{x}(\log_2 3) 3^{\log_2 x}$

(10) $y' = 2x \ln x + x^2 \cdot \dfrac{1}{x} = 2x \ln x + x$

(11) $y' = (\ln x)^{1/2} + \dfrac{1}{2(\ln x)^{\frac{1}{2}}}$

(12) $y' = \dfrac{1}{\sec x + \tan x}(\sec x \tan x + \sec^2 x)$

$= \dfrac{\sec x(\tan x + \sec x)}{\sec x + \tan x} = \sec x$

(13) $y' = \sec^2[\log(x^2+4)] \cdot \dfrac{1}{x^2+4} \cdot 2x \cdot \dfrac{1}{\ln 10}$

$= \dfrac{2x \sec^2[\log(x^2+4)]}{(x^2+4)\ln 10}$

(14) $y' = 4x^7(\ln x)^3 + 8x^7(\ln x)^4$

(15) $y' = \dfrac{\dfrac{1}{x} \cdot x^2 - \ln x \cdot 2x}{x^4}$

$= \dfrac{x - 2x \ln x}{x^4} = \dfrac{1 - 2\ln x}{x^3}$

(16) $\dfrac{1}{xy} \cdot (y + xy') = 1 - y'$

$y + xy' = xy - xyy'$

$y'(x + xy) = xy - y$

$\therefore \dfrac{dy}{dx} = \dfrac{y(x-1)}{x(y+1)}$

(17) $y + 1 = x \cdot [\ln y]^3$

$y' = [\ln y]^3 + x \cdot 3[\ln y]^2 \cdot \dfrac{1}{y} \cdot y'$

$yy' = y \ln^3 y + 3x \ln^2 y \cdot y'$

$y'(y - 3x \ln^2 y) = y \ln^3 y$

$\therefore \dfrac{dy}{dx} = \dfrac{y \ln^3 y}{(y - 3x \ln^2 y)}$

(18) $y' = \dfrac{\tan(\ln x)}{x}$

[문제 A.15]

(1) $\ln y = \ln x^{\ln x}$

$\ln y = \ln x \cdot \ln x$

$\dfrac{1}{y} \cdot y' = \dfrac{1}{x} \ln x + \ln x \cdot \dfrac{1}{x}$

$y' = \dfrac{2y}{x} \ln x$

(2) $y' = (\sin x)^x [\ln(\sin x) + x \cot x]$

(3) $y' = (x+1)^x [\dfrac{x}{x+1} + \ln(x+1)]$

(4) $\ln y = \ln(\sin x)^{\sin x}$

$\ln y = \sin x \ln(\sin x)$

$\dfrac{1}{y} \cdot y' = \cos x \cdot \ln(\sin x) + \sin x \cdot \dfrac{1}{\sin x} \cdot \cos x$

$y' = y \cos x (\ln(\sin x) + 1)$

(5) $y' = \sqrt{(x^2+1)(x-1)^2}\left(\dfrac{x}{x^2+1} + \dfrac{1}{x-1}\right)$

(6) $\ln y = \ln(\ln x)^{\ln x}$

$\ln y = \ln x \cdot \ln(\ln x)$

$\dfrac{1}{y} y' = \dfrac{1}{x} \ln(\ln x) + \ln x \cdot \dfrac{1}{\ln x} \cdot \dfrac{1}{x}$

$y' = \dfrac{y}{x}(\ln(\ln x) + 1)$

(7) $y = \dfrac{x\sqrt{x^2+1}}{(x+1)^{2/3}}\left[\dfrac{1}{x} + \dfrac{x}{x^2+1} - \dfrac{2}{3(x+1)}\right]$

(8) $y = \dfrac{\theta \sin\theta}{\sqrt{\sec\theta}} \Rightarrow \ln y = \ln\theta + \ln(\sin\theta) - \dfrac{1}{2}\ln(\sec\theta)$

$\Rightarrow \dfrac{1}{y}\dfrac{dy}{d\theta} = \left[\dfrac{1}{\theta} + \dfrac{\cos\theta}{\sin\theta} - \dfrac{(\sec\theta)(\tan\theta)}{2\sec\theta}\right]$

$\Rightarrow \dfrac{dy}{d\theta} = \dfrac{\theta \sin\theta}{\sqrt{\sec\theta}}\left(\dfrac{1}{\theta} + \cot\theta - \dfrac{1}{2}\tan\theta\right)$

(9) $\ln y = \ln\left(\dfrac{e^{-x}\cos x}{\sqrt[3]{x^2-x}}\right)$

$\ln y = \ln e^{-x} + \ln(\cos x) - \ln(\sqrt[3]{x^2-x})$

$\ln y = -x + \ln(\cos x) - \dfrac{1}{3}\ln(x^2-x)$

$\dfrac{1}{y}\cdot y' = -1 + \dfrac{1}{\cos x}(-\sin x) - \dfrac{1}{3}\cdot\dfrac{1}{x^2-x}\cdot(2x-1)$

$y' = y\left(-1-\tan x - \dfrac{2x-1}{3(x^2-x)}\right)$

[문제 A.16]

(1) $y' = \dfrac{-6}{x\sqrt{x^4-9}}$

(2) $y' = -\dfrac{1}{\sqrt{1-(-3x+2)^2}}\cdot(-3)$

$= \dfrac{3}{\sqrt{1-(-3x+2)^2}}$

(3) $y' = \dfrac{-1}{\sqrt{2x-x^2}}$

(4) $y' = -2\cdot\dfrac{1}{\sqrt{1-(\sqrt{x-1})^2}}\cdot\dfrac{1}{2\sqrt{x-1}}$

$= \dfrac{-1}{\sqrt{2-x}\sqrt{x-1}}$

(5) $y' = \dfrac{1}{x[1+(\ln x)^2]}$

(6) $y' = -\dfrac{1}{1+\left(\dfrac{1}{x}\right)^2}\cdot\dfrac{-1}{x^2} = \dfrac{1}{x^2+1}$

(7) $y = \ln(x^2+4) - x\tan^{-1}\left(\dfrac{x}{2}\right)$

$\Rightarrow \dfrac{dy}{dx} = \dfrac{2x}{x+4} - \tan^{-1}\left(\dfrac{x}{2}\right) - x\left[\dfrac{\left(\dfrac{1}{2}\right)}{1+\left(\dfrac{x}{2}\right)^2}\right]$

$= \dfrac{2x}{x^2+4} - \tan^{-1}\left(\dfrac{x}{2}\right) - \dfrac{2x}{4+x^2} = -\tan^{-1}\left(\dfrac{x}{2}\right)$

(8) $y' = -\dfrac{1}{1+(\csc(x^2))^2}\cdot(-\csc(x^2)\cot(x^2))\cdot 2x$

$= \dfrac{2x\csc(x^2)\cot(x^2)}{1+\csc^2(x^2)}$

(9) $y' = \dfrac{1}{|2x+1|\sqrt{x^2+x}}$

(10) $y' = \dfrac{1}{\sqrt{1-((1-x^2)^2)^2}}\cdot 2(1-x^2)\cdot(-2x)$

$= \dfrac{-4x(1-x^2)}{\sqrt{1-(1-x^2)^4}}$

(11) $y = \tan^{-1}\sqrt{x^2-1} + \csc^{-1}x = \tan^{-1}(x^2-1)^{1/2} + \csc^{-1}x$

$\Rightarrow \dfrac{dy}{dx} = \dfrac{\left(\dfrac{1}{2}\right)(x^2-1)^{-1/2}(2x)}{1+\left[(x^2-1)^{1/2}\right]^2} - \dfrac{1}{|x|\sqrt{x^2-1}}$

$= \dfrac{1}{x\sqrt{x^2-1}} - \dfrac{1}{|x|\sqrt{x^2-1}} = 0,\quad x>1$

(12) $y' = \dfrac{1}{2\sqrt{x^2-1}}\cdot 2x - \dfrac{1}{|x|\sqrt{x^2-1}},\quad x>1$

$= \dfrac{x}{\sqrt{x^2-1}} - \dfrac{1}{x\sqrt{x^2-1}}$

$= \dfrac{x^2-1}{x\sqrt{x^2-1}}$

$= \dfrac{\sqrt{x^2-1}}{x}$

APPENDIX A.2 적분

[문제 A.17]

(1) $= 3x - 2x^2 + \frac{1}{2}x^4 + C$

(2) $= \int 6x^{\frac{7}{3}} dx$

$= \frac{9}{5}x^{\frac{10}{3}} + C$

(3) $= \frac{1}{5}x^5 + \frac{3}{5}x^{\frac{5}{3}} + \frac{2}{x} - \frac{1}{2}x^{\frac{2}{3}} + C$

(4) $= 2\ln|x| + \frac{1}{x} + \sqrt{x} + C$

(5) $= \int \frac{1}{\ln 2} \cdot \frac{1}{x} dx$

$= \frac{\ln|x|}{\ln 2} + C$

(6) $= \int (x^3 - 27) dx$

$= \frac{1}{4}x^4 - 27x + C$

(7) $= \int (x^2 - 1) dx = \frac{1}{3}x^3 - x + C$

(8) $= \int [4\sin^2 x + 4\sin x \cos x + \cos^2 x + \sin^2 x$

$- 4\sin x \cos x + 4\cos^2 x] dx$

$= \int (5\sin^2 x + 5\cos^2 x) dx$

$= \int 5 dx$

$= 5x + C$

(9) $= \frac{1}{4}t^4 + \frac{3}{2}t^2 + \frac{2}{7}t^{\frac{7}{2}} + 2t^{\frac{3}{2}} + C$

[문제 A.18]

(1) $= \frac{1}{2}x^2 - 6x + 12\ln|x| + \frac{8}{x} + C$

(2) $= \int (x^{\frac{3}{2}} - 2x^{\frac{1}{2}}) dx$

$= \frac{2}{5}x^{\frac{5}{2}} - 2 \cdot \frac{2}{3}x^{\frac{3}{2}} + C$

$= \frac{2}{5}x^{\frac{5}{2}} - \frac{4}{3}x^{\frac{3}{2}} + C$

(3) $= \frac{1}{2}x^2 - \ln|x| + \frac{1}{x} + C$

(4) $= \frac{1}{3}x^3 - x - \frac{1}{4x} + C$

[문제 A.19]

(1) $= e^x + 4x + C$

(2) $= \frac{5^x}{\ln 5} - \frac{7^x}{\ln 7} + C$

(3) $= \frac{10^x}{\ln 10} + 10\ln|x| + \frac{7}{2}x^{-2} + C$

[문제 A.20]

(1) $= 5\sin x - \cos x + C$

(2) $= 2\ln|\sec x| + 3\ln|\sin x| + C$

(3) $= \int \csc x \, dx$

$= \ln|\csc x - \cot x| + C$

(4) $= \ln|\sec x| - 3\cos x + C$

(5) $= \sec x + 5\sin x + C$

(6) $= \tan x - 4\ln|\csc x - \cot x| + C$

(7) $= -\cot x + C$

(8) $= \int \frac{1 - \cos^2 x}{1 - \cos x} dx$

$= \int \frac{(1 - \cos x)(1 + \cos x)}{1 - \cos x} dx$

$= \int (1 + \cos x) dx$

$= x + \sin x + C$

(9) $= \sec x + C$

(10) $= \int \frac{1}{\sin x} \cdot \frac{\cos x}{\sin x} dx$

$= \int \csc x \cot x \, dx$

$= -\csc x + C$

(11) $= \tan x - x + C$

(12) $= \int (\csc^2 x - 1) dx$

$= -\cot x - x + C$

(13) $= e^x - \cot x + C$

(14) $= \int \left(10^x - \frac{1}{\cot x}\right)dx$

$= \int (10^x - \tan x)dx$

$= \frac{10^x}{\ln 10} - \ln|\sec x| + C$

[문제 A.21]

(1) $= 5\sin^{-1}x + C$

(2) $= 4\tan^{-1}x + C$

[문제 A.22]

(1) $= \frac{1}{8}(2x+1)^4 + C$

(2) $= \frac{1}{27}(3x-2)^9 + C$

(3) $= 7\sqrt{2x+1} + C$

(4) $= (1-x)^{-1} + C = \frac{1}{1-x} + C$

[문제 A.23]

(1) $= \frac{1}{7}e^{7x} + \frac{1}{3}e^{3x} + C$

(2) $= -\frac{1}{2}e^{-2x} + \frac{1}{2}\sin 2x + C$

(3) $= -\frac{1}{2}e^{-2x} - 3e^{-\frac{1}{3}x} + C$

(4) $= -4e^{-x} + \frac{3^{x-1}}{\ln 3} + C$

(5) $= \frac{1}{3}\sin(3x+5) + C$

(6) $= \frac{1}{5}\sec 5x + C$

(7) $= \frac{1}{2}e^{2x} + 2x - \frac{1}{2}e^{-2x} + C$

(8) $= \frac{1}{2}\tan 2x + \frac{1}{2}\ln|\sec 2x| + C$

[문제 A.24]

(1) $= -\frac{3}{4}\cos 2x + C$

(2) $= \int \frac{1}{2}\sin\theta d\theta$

$= -\frac{1}{2}\cos\theta + C$

(3) $= -\cos 4x + C$

(4) $= \frac{1}{2}x - \frac{1}{2}\sin x + C$

(5) $\frac{1}{2}x + \frac{1}{4}\sin 2x + C$

(6) $= \int \frac{1+\cos 8x}{2}dx$

$= \int \left(\frac{1}{2} + \frac{1}{2}\cos 8x\right)dx$

$= \frac{1}{2}x + \frac{1}{16}\sin 8x + C$

[문제 A.25]

(1) $= 5\ln|\sin x| + C$

(2) $= \ln|x^3 + x| + C$

(3) $= 7\ln|x+1| + C$

(4) $= \int \frac{1}{2} \cdot \frac{2x}{x^2+1}dx$

$= \frac{1}{2}\ln|x^2+1| + C$

$= \frac{1}{2}\ln(x^2+1) + C$

(5) $= 3\ln|x^2-4| + C$

(6) $\int \frac{2}{-3} \cdot \frac{-3}{1-3x}dx = -\frac{2}{3}\ln|1-3x| + C$

[문제 A.26]

(1) $u = x^2 - 2x + 3$ $\qquad = \int u^{10} \cdot \frac{1}{2}du$

$\frac{du}{dx} = 2x - 2$ $\qquad = \frac{1}{2} \cdot \frac{1}{11}u^{11} + C$

$\frac{1}{2}du = (x-1)dx$ $\qquad = \frac{1}{22}(x^2 - 2x + 3)^{11} + C$

(2) $u = x^2 - 6x$ $\quad = \int \frac{1}{u^{\frac{1}{4}}} \cdot \frac{1}{2} du$

$\frac{du}{dx} = 2x - 6$ $\quad = \int \frac{1}{2} u^{-\frac{1}{4}} du$

$\frac{1}{2} du = (x-3)dx$ $\quad = \frac{1}{2} \cdot \frac{4}{3} u^{\frac{3}{4}} + C$

$\quad = \frac{2}{3}(x^2 - 6x)^{\frac{3}{4}} + C$

(3) $u = 4x - x^2$ $\quad = \int \frac{1}{\sqrt{u}} \cdot -\frac{1}{2} du$

$\frac{du}{dx} = 4 - 2x$ $\quad = \int -\frac{1}{2} u^{-\frac{1}{2}} du$

$\frac{du}{dx} = -2(x-2)$ $\quad = -\frac{1}{2} \cdot 2u^{\frac{1}{2}} + C$

$-\frac{1}{2} du = (x-2)dx$ $\quad = -\sqrt{4x - x^2} + C$

(4) $u = 1 + \sqrt{x}$ $\quad = \int u^5 \cdot 2du$

$\frac{du}{dx} = \frac{1}{2\sqrt{x}}$ $\quad = 2 \cdot \frac{1}{6} u^6 + C$

$2du = \frac{1}{\sqrt{x}} dx$ $\quad = \frac{1}{3}(1 + \sqrt{x})^6 + C$

[문제 A.27]

(1) $u = \ln x$ $\quad = \int \frac{1}{u} \cdot du$

$\frac{du}{dx} = \frac{1}{x}$ $\quad = \ln|u| + C$

$du = \frac{1}{x} dx$ $\quad = \ln|\ln x| + C$

(2) $u = \ln(\ln x)$ $\quad = \int \frac{1}{u} \cdot du$

$\frac{du}{dx} = \frac{1}{\ln x} \cdot \frac{1}{x}$ $\quad = \ln|u| + C$

$du = \frac{1}{x \ln x} dx$ $\quad = \ln|\ln(\ln x)| + C$

(3) $u = \cos 3x$ $\quad = \int u^3 \cdot -\frac{1}{3} du$

$\frac{du}{dx} = -3\sin 3x$ $\quad = -\frac{1}{3} \cdot \frac{1}{4} u^4 + C$

$-\frac{1}{3} du = \sin 3x dx$ $\quad = -\frac{1}{12} \cos^4 3x + C$

(4) $u = \tan\theta$ $\quad = \int u^2 \cdot du$

$\frac{du}{d\theta} = \sec^2\theta$ $\quad = \frac{1}{3} u^3 + C$

$du = \sec^2\theta d\theta$ $\quad = \frac{1}{3} \tan^3\theta + C$

(5) $= \int \sec^2\theta \cdot \sec^2\theta d\theta$ $\quad = \int (1 + \tan^2\theta) \cdot \sec^2\theta d\theta$

$u = \tan\theta$ $\quad = \int (1 + u^2) du$

$\frac{du}{dx} = \sec^2\theta$ $\quad = u + \frac{1}{3} u^3 + C$

$du = \sec^2\theta d\theta$ $\quad = \tan\theta + \frac{1}{3} \tan^3\theta + C$

(6) $u = 1 + \tan 2\theta$ $\quad = \int \frac{1}{u} \cdot \frac{1}{2} du$

$\frac{du}{d\theta} = 2 \cdot \sec^2 2\theta$ $\quad = \frac{1}{2} \ln|u| + C$

$\frac{1}{2} du = \sec^2 2\theta d\theta$ $\quad = \frac{1}{2} \ln|1 + \tan 2\theta| + C$

(7) $u = 1 + \sin 2x$ $\quad = \int \frac{1}{\sqrt{u}} \cdot \frac{1}{2} du$

$\frac{du}{dx} = 2\cos 2x$ $\quad = \int \frac{1}{2} u^{-\frac{1}{2}} du$

$\frac{1}{2} du = \cos 2x dx$ $\quad = \frac{1}{2} \cdot 2u^{\frac{1}{2}} + C$

$\quad = \sqrt{1 + \sin 2x} + C$

(8) $u = \cos x$ $\quad = \int \frac{1}{1 + u^2} \cdot -du$

$\frac{du}{dx} = -\sin x$ $\quad = -\tan^{-1} u + C$

$-du = \sin x dx$ $\quad = -\tan^{-1}(\cos x) + C$

[문제 A.28]

(1) $= \frac{1}{2} \tan^{-1}(2x) + C$

(2) $= \sin^{-1}\left(\frac{x}{4}\right) + C$

(3) $= \tan^{-1}(x+1) + C$

(4) $= 3 \cdot \frac{1}{3} \tan^{-1}\left(\frac{x}{3}\right) + C$

$= \tan^{-1}\left(\frac{x}{3}\right) + C$

(5) $= -\frac{1}{2} \sqrt{4x - x^2} + C$

(6) $= \frac{1}{9}\int \frac{e^x dx}{1+\left(\frac{e^x}{3}\right)^2}$

$= 3\cdot\frac{1}{9}\int \frac{\frac{e^x}{3}dx}{1+\left(\frac{e^x}{3}\right)^2}$

$= \frac{1}{3}\tan^{-1}\frac{e^x}{3} + C$

(7) $= \ln(x^2+4) + \frac{1}{2}\tan^{-1}\frac{x}{2} + C$

(8) $u = 4-x^2 \qquad = \int \frac{x}{\sqrt{4-x^2}}dx + \int \frac{1}{\sqrt{4-x^2}}dx$

$\frac{du}{dx} = -2x \qquad = \int \frac{1}{\sqrt{u}}\cdot -\frac{1}{2}du + \sin^{-1}\left(\frac{x}{2}\right) + C$

$-\frac{1}{2}du = xdx \qquad = -\sqrt{u} + \sin^{-1}\left(\frac{x}{2}\right) + C$

$= -\sqrt{4-x^2} + \sin^{-1}\left(\frac{x}{2}\right) + C$

(9) $= \int \frac{1}{x^2-2x+1+4}dx$

$= \int \frac{1}{(x-1)^2+4}dx$

$= \frac{1}{2}\tan^{-1}\left(\frac{x-1}{2}\right) + C$

[문제 A.29]

(1) $= x\sin x + \cos x + C$

(2) $= -2xe^{-\frac{1}{2}x} - \int -2e^{-\frac{1}{2}x}dx$

$= -2xe^{-\frac{1}{2}} - 4e^{-\frac{1}{2}x} + C$

(3) $= \frac{1}{3}x\sin 3x - \int \frac{1}{3}\sin 3x\,dx$

$= \frac{1}{3}x\sin 3x + \frac{1}{9}\cos 3x + C$

(4) $= -\frac{1}{2}x\cos 2x - \int -\frac{1}{2}\cos 2x dx$

$= -\frac{1}{2}x\cos 2x + \frac{1}{4}\sin 2x + C$

(5) $= e^x(x^2-2x+2) + C$

(6) $= x\ln x - \int 1\,dx$

$= x\ln x - x + C$

(7) $= \frac{x^4}{16}(4\ln x - 1) + C$

(8) $= -\frac{1}{x}\ln x - \int -\frac{1}{x^2}dx$

$= -\frac{\ln x}{x} - \frac{1}{x} + C$

(9) $= 2\sqrt{x}\ln x - \int \frac{1}{x}\cdot 2\sqrt{x}\,dx$

$= 2\sqrt{x}\ln x - \int \frac{2}{\sqrt{x}}dx$

$= 2\sqrt{x}\ln x - 4\sqrt{x} + C$

(10) $= x\tan^{-1}x - \int \frac{x}{1+x^2}dx$

$= x\tan^{-1}x - \frac{1}{2}\ln(1+x^2) + C$

[문제 A.30]

(1) $-\frac{4}{3}$

(2) $= \left[4x+4x^2-2x^3\right]_0^2$

$= 8$

(3) $= \frac{25}{3}$

(4) $= \int_{-1}^{8} x^{-\frac{1}{3}}dx$

$= \left[\frac{3}{2}x^{\frac{2}{3}}\right]_{-1}^{8} = \frac{9}{2}$

(5) $= 1 - \frac{1}{3}ln2$

(6) $= \int_2^1 \left(9x^2+12+\frac{4}{x^2}\right)dx$

$= \left[3x^3+12x-\frac{4}{x}\right]_2^1 = -35$

(7) $= 1$

(8) $= \left[\ln|\sec\theta| - \sec\theta\right]_0^{\frac{\pi}{3}}$

$= \ln 2 - 1$

[문제 A.31]

(1) $= 2$

(2) $= \left[2\ln(x^2+1)\right]_0^1$

$= \ln 4$

(3) $= \dfrac{8\pi}{3}$

(4) $= \left[3\tan^{-1}x\right]_{-1}^{\sqrt{3}}$

$= 3\tan^{-1}(\sqrt{3}) - 3\tan^{-1}(-1)$

$= 3 \cdot \dfrac{\pi}{3} - 3 \cdot \left(-\dfrac{\pi}{4}\right)$

$= \dfrac{7}{4}\pi$

(5) $= \dfrac{\pi}{6}$

(6) $= \left[\dfrac{1}{3}\tan^{-1}\left(\dfrac{x}{3}\right)\right]_{0}^{\sqrt{3}}$

$= \dfrac{1}{3}\tan^{-1}\left(\dfrac{\sqrt{3}}{3}\right) - \dfrac{1}{3}\tan^{-1}(0)$

$= \dfrac{\pi}{18}$

(7) $= \dfrac{\pi}{8} - \dfrac{1}{4}$

(8) $= \displaystyle\int_{\frac{\pi}{12}}^{\frac{\pi}{6}} \dfrac{1+\cos 4\theta}{2} d\theta$

$= \displaystyle\int_{\frac{\pi}{12}}^{\frac{\pi}{6}} \left(\dfrac{1}{2} + \dfrac{1}{2}\cos 4\theta\right) d\theta$

$= \left[\dfrac{1}{2}\theta + \dfrac{1}{8}\sin 4\theta\right]_{\frac{\pi}{12}}^{\frac{\pi}{6}}$

$= \dfrac{\pi}{24}$

[문제 A.32]

(1) $u = 1+t^4 \Rightarrow du = 4t^3\,dt \Rightarrow \dfrac{1}{4}du = t^3\,dt;$

$t = 0 \Rightarrow u = 1, t = 1 \Rightarrow u = 2$

$\displaystyle\int_0^1 t^3(1+t^4)\,dt = \int_1^2 \dfrac{1}{4}u^3 du = \left[\dfrac{u^4}{16}\right]_1^2$

$= \dfrac{2^4}{16} - \dfrac{1^4}{16} = \dfrac{15}{16}$

(2) $u = 4+r^2 \Rightarrow du = 2r\,dr \Rightarrow \dfrac{1}{2}du = r\,dr;$

$r = -1 \Rightarrow u = 5, r = 1 \Rightarrow u = 5$

$\displaystyle\int_{-1}^{1} \dfrac{5r}{(4+r^2)}dr = 5\int_5^5 \dfrac{1}{2}u^{-2}du = 0$

(3) $u = \ln x \Rightarrow du = \dfrac{1}{x}dx;$

$x = 2 \Rightarrow u = \ln 2,\ x = 4 \Rightarrow u = \ln 4;$

$\displaystyle\int_2^4 \dfrac{dx}{x(\ln x)^2} = \int_{\ln 2}^{\ln 4} u^{-2}du = \left[-\dfrac{1}{u}\right]_{\ln 2}^{\ln 4}$

$= -\dfrac{1}{\ln 4} + \dfrac{1}{\ln 2} = -\dfrac{1}{2\ln 2} + \dfrac{1}{\ln 2}$

$= \dfrac{1}{2\ln 2} = \dfrac{1}{\ln 4}$

(4) $u = \tan\theta \Rightarrow du = \sec^2\theta\,d\theta;$

$\theta = 0 \Rightarrow u = 0,\ \theta = \dfrac{\pi}{4} \Rightarrow u = 1;$

$\displaystyle\int_0^{\pi/4} (1+e^{\tan\theta})\sec^2\theta\,d\theta = \int_0^{\pi/4} \sec^2\theta\,d\theta + \int_0^1 e^u du$

$= \left[\tan\theta\right]_0^{\pi/4} + \left[e^u\right]_0^1$

$= \left[\tan\left(\dfrac{\pi}{4}\right) - \tan(0)\right] + (e^1 - e^0)$

$= (1-0) + (e-1) = e$

(5) $u = \cos 2\theta \Rightarrow du = -2\sin 2\theta\,d\theta \Rightarrow -\dfrac{1}{2}du = \sin 2\theta\,d\theta;$

$\theta = 0 \Rightarrow u = 1, \theta = \dfrac{\pi}{6} \Rightarrow u = \cos 2\left(\dfrac{\pi}{6}\right) = \dfrac{1}{2}$

$\displaystyle\int_0^{\pi/6} \cos^{-3}2\theta\,\sin 2\theta\,d\theta = \int_1^{1/2} u^{-3}\left(-\dfrac{1}{2}du\right)$

$= -\dfrac{1}{2}\displaystyle\int_1^{1/2} u^{-3}du$

$= \left[-\dfrac{1}{2}\left(\dfrac{u^{-2}}{-2}\right)\right]_1^{1/2}$

$= \dfrac{1}{4\left(\dfrac{1}{2}\right)^2} - \dfrac{1}{4(1)^2} = \dfrac{3}{4}$

(6) $\displaystyle\int_{\sqrt{2}}^{2} \dfrac{\sec^2(\sec^{-1}x)}{x\sqrt{x^2-1}}dx = \int_{\pi/4}^{\pi/3} \sec^2 u\,du,$

$u = \sec^{-1}x,\ du = \dfrac{dx}{x\sqrt{x^2-1}};$

$x = \sqrt{2} \Rightarrow u = \dfrac{\pi}{4}, x = 2 \Rightarrow u = \dfrac{\pi}{3}$

$= \left[\tan u\right]_{\pi/4}^{\pi/3} = \tan\dfrac{\pi}{3} - \tan\dfrac{\pi}{4} = \sqrt{3} - 1$

(7) $u = \tan x \Rightarrow du = \sec^2 x\,dx; x = 0 \Rightarrow u = 0, x = \dfrac{\pi}{4} \Rightarrow u = 1$

$\displaystyle\int_0^{\pi/4} \tan x \sec^2 x\,dx = \int_0^1 u\,du = \left[\dfrac{u^2}{2}\right]_0^1 = \dfrac{1^2}{2} - 0 = \dfrac{1}{2}$

[문제 A.33]

(1) $= \frac{2}{e}$

(2) $= \left[x(-\cos x) - 1(-\sin x)\right]_{\frac{\pi}{3}}^{\frac{\pi}{2}}$

$= \left[-x\cos x + \sin x\right]_{\frac{\pi}{3}}^{\frac{\pi}{2}}$

$= \frac{\pi}{6} - \frac{\sqrt{3}}{2} + 1$

(3) $= \frac{\pi^2 - 4}{8}$

(4) $u = \ln x,\ v' = x$

$u' = \frac{1}{x},\ v = \frac{1}{2}x^2$

$= \left[\frac{1}{2}x^2\ln x\right]_1^e - \int_1^e \frac{1}{2}x dx$

$= \left[\frac{1}{2}x^2\ln x\right]_1^e - \left[\frac{1}{4}x^2\right]_1^e$

$= \frac{1}{4}e^2 + \frac{1}{4}$

(5) 1

(6) $u = \tan^{-1}x,\ v' = 1$

$u' = \frac{1}{1+x^2}, v = x$

$= \left[x\tan^{-1}x\right]_0^1 - \int_0^1 \frac{x}{1+x^2}dx$

$= \left[x\tan^{-1}x\right]_0^1 - \left[\frac{1}{2}\ln(1+x^2)\right]_0^1$

$= \frac{\pi}{4} - \ln\sqrt{2}$

(7) $= \frac{5}{12}\pi - \frac{\sqrt{3}}{2}$

(8) $u = \sqrt{x}$

$u^2 = x$

$2udu = dx$

$x = 0, u = o$

$x = 4, u = 2$

$= \int_0^2 e^u \cdot 2udu$

$= \int_0^2 2ue^u du$

$= \left[2u(e^u) - 2(e^u)\right]_0^2$

$= \left[e^u(2u-2)\right]_0^2$

$= 2e^2 + 2$

[문제 A.34]

(1) $\ln\frac{27}{4}$

(2) $\frac{1}{x^2+2x} = \frac{A}{x} + \frac{B}{x+2} \Rightarrow 1 = A(x+2) + Bx;$

$x = 0 \Rightarrow A = \frac{1}{2}; x = -2 \Rightarrow B = -\frac{1}{2};$

$\int \frac{dx}{x^2+2x} = \frac{1}{2}\int\frac{dx}{x} - \frac{1}{2}\int\frac{dx}{x+2}$

$= \frac{1}{2}[\ln|x| - \ln|x+2|] + C$

(3) $y - 2\ln|y+1| + C$

(4) $\frac{x+4}{x^2+5x-6} = \frac{A}{x+6} + \frac{B}{x-1}$

$\Rightarrow x+4 = A(x-1) + B(x+6);$

$x = 1 \Rightarrow B = \frac{5}{7}; x = -6 \Rightarrow A = \frac{-2}{-7} = \frac{2}{7};$

$\int \frac{x+4}{x^2+5x-6}dx = \frac{2}{7}\int\frac{dx}{x+6} + \frac{5}{7}\int\frac{dx}{x-1}$

$\frac{2}{7}\ln|x+6| + \frac{5}{7}\ln|x-1| + C$

$= \frac{1}{7}\ln\left|(x+6)^2(x-1)^5\right| + C$

(5) $\frac{1}{t^3+t^2-2t} = \frac{A}{t} + \frac{B}{t+2} + \frac{C}{t-1} \Rightarrow 1$

$= A(t+2)(t-1) + Bt(t-1) + Ct(t+2);$

$t = 0 \Rightarrow A = -\frac{1}{2}; t = -2$

$\Rightarrow B = \frac{1}{6}; t = 1 \Rightarrow C = \frac{1}{3};$

$\int \frac{dt}{t^3+t^2-2t} = -\frac{1}{2}\int\frac{dt}{t}$

$+ \frac{1}{6}\int\frac{dt}{t+2} + \frac{1}{3}\int\frac{dt}{t-1}$

$= -\frac{1}{2}\ln|t| + \frac{1}{6}\ln|t+2| + \frac{1}{3}\ln|t-1| + C$

(6) $\frac{1}{(x+1)(x^2+1)}=\frac{A}{x+1}+\frac{Bx+C}{x^2+1}\Rightarrow 1$

$$= A(x^2+1)+(Bx+C)(x+1);$$

$$x=-1\Rightarrow A=\frac{1}{2};$$

x^2의 계수$=A+B\Rightarrow A+B=0\Rightarrow B=-\frac{1}{2};$

상수$=A+C\Rightarrow A+C=1\Rightarrow C=\frac{1}{2};\int_0^1\frac{dx}{(x+1)(x^2+1)}$

$$\frac{1}{2}\int_0^1\frac{dx}{x+1}+\frac{1}{2}\int_0^1\frac{(-x+1)}{x^2+1}dx$$

$$=\left[\frac{1}{2}\ln|x+1|-\frac{1}{4}\ln(x^2+1)+\frac{1}{2}\tan^{-1}x\right]_0^1$$

$$=\left(\frac{1}{2}\ln 2-\frac{1}{4}\ln 2+\frac{1}{2}\tan^{-1}1\right)-\left(\frac{1}{2}\ln 1-\frac{1}{4}\ln 1+\frac{1}{2}\tan^{-1}0\right)$$

$$=\frac{1}{4}\ln 2+\frac{1}{2}\left(\frac{\pi}{4}\right)=\frac{(\pi+2\ln 2)}{8}$$

[문제 A.35]

(1) 6

(2) $\int_0^\infty\frac{dx}{x^2+1}=\lim_{b\to\infty}\int_0^b\frac{dx}{x^2+1}=\lim_{b\to\infty}[\tan^{-1}x]_0^b$

$$=\lim_{b\to\infty}(\tan^{-1}b-\tan^{-1}0)=\frac{\pi}{2}-0=\frac{\pi}{2}$$

(3) 0

(4) $\int_{-\infty}^{-2}\frac{2dx}{x^2-1}=\int_{-\infty}^{-2}\frac{dx}{x-1}-\int_{-\infty}^{-2}\frac{dx}{x+1}$

$$=\lim_{b\to-\infty}[\ln|x-1|]_b^{-2}-\lim_{b\to-\infty}[\ln|x+1|]_b^{-2}$$

$$=\lim_{b\to-\infty}\left[\ln\left|\frac{x-1}{x+1}\right|\right]_b^{-2}$$

$$=\lim_{b\to-\infty}\left(\ln\left|\frac{-3}{-1}\right|-\ln\left|\frac{b-1}{b+1}\right|\right)$$

$$=\ln 3-\ln\left(\lim_{b\to-\infty}\frac{b-1}{b+1}\right)=\ln 3-\ln 1=\ln 3$$

(5) -1

(6) $\int_0^\infty\frac{dx}{(1+x)\sqrt{x}};\left[\begin{array}{l}u=\sqrt{x}\\ du=\frac{dx}{2\sqrt{x}}\end{array}\right]$

$$\to\int_0^\infty\frac{2du}{u^2+1}=\lim_{b\to\infty}\int_0^b\frac{2du}{u^2+1}=\lim_{b\to\infty}[2\tan^{-1}u]_0^b$$

$$=\lim_{b\to\infty}(2\tan^{-1}b-2\tan^{-1}0)=2\left(\frac{\pi}{2}\right)-2(0)=\pi$$

(7) $\frac{\pi}{3}$

(8) $\int_0^1 x\ln x\,dx=\lim_{b\to0^+}\left[\frac{x^2}{2}\ln x-\frac{x^2}{4}\right]_b^1$

$$=\left(\frac{1}{2}\ln 1-\frac{1}{4}\right)-\lim_{b\to0^+}\left(\frac{b^2}{2}\ln b-\frac{b^2}{4}\right)$$

$$=-\frac{1}{4}-\lim_{b\to0^+}\frac{\ln b}{\left(\frac{2}{b^2}\right)}+0$$

$$=-\frac{1}{4}-\lim_{b\to0^+}\frac{\left(\frac{1}{b}\right)}{\left(-\frac{4}{b^3}\right)}$$

$$=-\frac{1}{4}+\lim_{b\to0^+}\left(\frac{b^2}{4}\right)=-\frac{1}{4}+0=-\frac{1}{4}$$

(9) 발산

(10) $\int_{-1}^\infty\frac{d\theta}{\theta^2+5\theta+6}=\lim_{b\to\infty}\left[\ln\left|\frac{\theta+2}{\theta+3}\right|\right]_{-1}^b$

$$=\lim_{b\to\infty}\left[\ln\left|\frac{b+2}{b+3}\right|\right]-\ln\left|\frac{-1+2}{-1+3}\right|$$

$$=0-\ln\left(\frac{1}{2}\right)=\ln 2$$

(11) -2

(12) $\int_0^{\ln 2}x^{-2}e^{-1/x}dx;\ \left[\frac{1}{x}=y\right]\ \to\ \int_\infty^{1/\ln 2}\frac{y^2e^{-y}dy}{-y^2}$

$$=\int_{1/\ln 2}^\infty e^{-y}dy=\lim_{b\to\infty}[-e^{-y}]_{1/\ln 2}^b$$

$$=\lim_{b\to\infty}[-e^{-b}]-[-e^{-1/\ln 2}]$$

$=0+e^{-1/\ln 2}$, 따라서 적분은 수렴한다.

(13) 2

(14) $\int_2^\infty\frac{dv}{\sqrt{v-1}};\ \lim_{v\to\infty}\frac{\left(\frac{1}{\sqrt{v-1}}\right)}{\left(\frac{1}{\sqrt{v}}\right)}=\lim_{v\to\infty}\frac{\sqrt{v}}{\sqrt{v-1}}$

$$=\lim_{v\to\infty}\frac{1}{\sqrt{1-\frac{1}{v}}}=\frac{1}{\sqrt{1-0}}=1\ \text{and}\ \int_2^\infty\frac{dv}{\sqrt{v}}$$

$$=\lim_{b\to\infty}[2\sqrt{v}]_2^b=\infty,$$

발산 $\Rightarrow\int_2^\infty\frac{dv}{\sqrt{v-1}}$는 극한 비교판정법에 의해 발산한다.

INDEX

표준정규분포표

$$P\{Z \le z\} = \int_{-\infty}^{z} \frac{1}{\sqrt{2\pi}} e^{-\frac{x^2}{2}} dx$$

표의 숫자는 z보다 같거나 작을 확률을 나타낸다.

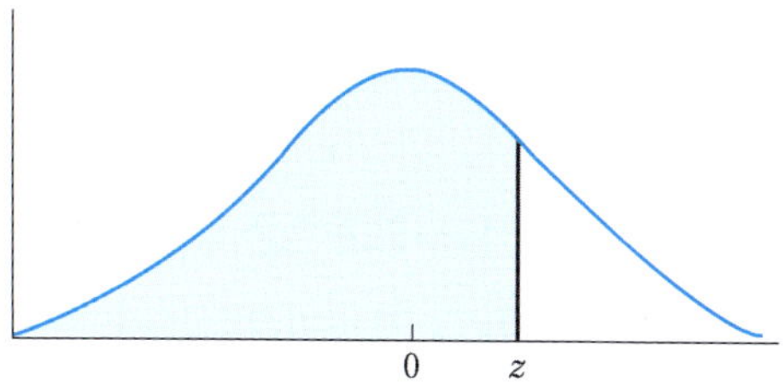

z	.00	.01	.02	.03	.04	.05	.06	.07	.08	.09
.0	.5000	.5040	.5080	.5120	.5160	.5119	.5239	.5279	.5319	.5359
.1	.5398	.5438	.5478	.5517	.5557	.5596	.5636	.5675	.5714	.5753
.2	.5793	.5832	.5871	.5910	.5948	.5987	.6026	.6064	.6103	.6141
.3	.6179	.6217	.6255	.6293	.6331	.6368	.6406	.6443	.6480	.6517
.4	.6554	.6591	.6628	.6664	.6700	.6736	.6772	.6808	.6844	.6879
.5	.6915	.6950	.6985	.7019	.7054	.7088	.7123	.7157	.7190	.7224
.6	.7257	.7291	.7324	.7357	.7389	.7422	.7454	.7486	.7517	.7549
.7	.7580	.7611	.7642	.7673	.7704	.7734	.7764	.7794	.7823	.7852
.8	.7881	.7910	.7939	.7967	.7995	.8023	.8051	.8078	.8106	.8133
.9	.8159	.8186	.8212	.8238	.8264	.8289	.8315	.8340	.8365	.8389
1.0	.8413	.8438	.8461	.8485	.8508	.8531	.8554	.8577	.8599	.8621
1.1	.8643	.8665	.8686	.8708	.8729	.8749	.8770	.8790	.8810	.8830
1.2	.8949	.8869	.8888	.8907	.8925	.8944	.8962	.8980	.8997	.9015
1.3	.9032	.9049	.9066	.9082	.9099	.9115	.9131	.9147	.9162	.9177
1.4	.9192	.9207	.9222	.9236	.9251	.9265	.9279	.9292	.9306	.9319
1.5	.9332	.9345	.9357	.9370	.9382	.9394	.9406	.9418	.9429	.9441
1.6	.9452	.9463	.9474	.9484	.9495	.9505	.9515	.9525	.9535	.9545
1.7	.9554	.9564	.9573	.9582	.9591	.9599	.9608	.9616	.9625	.9633
1.8	.9641	.9649	.9656	.9664	.9671	.9678	.9686	.9693	.9699	.9706
1.9	.9713	.9719	.9726	.9732	.9738	.9744	.9750	.9756	.9761	.9767
2.0	.9772	.9778	.9783	.9788	.9793	.9798	.9803	.9808	.9812	.9817
2.1	.9821	.9826	.9830	.9834	.9838	.9842	.9846	.9850	.9854	.9857
2.2	.9861	.9864	.9868	.9871	.9875	.9878	.9881	.9884	.9887	.9890
2.3	.9893	.9896	.9898	.9901	.9904	.9906	.9909	.9911	.9913	.9916
2.4	.9918	.9920	.9922	.9925	.9927	.9929	.9931	.9932	.9934	.9936
2.5	.9938	.9940	.9941	.9943	.9945	.9946	.9948	.9949	.9951	.9952
2.6	.9953	.9955	.9956	.9957	.9959	.9960	.9961	.9962	.9963	.9964
2.7	.9965	.9966	.9967	.9968	.9969	.9970	.9971	.9972	.9973	.9974
2.8	.9974	.9975	.9976	.9977	.9977	.9978	.9979	.9979	.9980	.9981
2.9	.9981	.9982	.9982	.9983	.9984	.9984	.9985	.9985	.9986	.9986
3.0	.9987	.9987	.9987	.9988	.9988	.9989	.9989	.9989	.9990	.9990
3.1	.9990	.9991	.9991	.9991	.9992	.9992	.9992	.9992	.9993	.9993
3.2	.9993	.9993	.9994	.9994	.9994	.9994	.9994	.9995	.9995	.9995
3.3	.9995	.9995	.9995	.9996	.9996	.9996	.9996	.9996	.9996	.9997
3.4	.9997	.9997	.9997	.9997	.9997	.9997	.9997	.9997	.9997	.9998
3.5	.9998	.9998	.9998	.9998	.9998	.9998	.9998	.9998	.9998	.9998

참고문헌

1. 민만식 (2017), 확률과통계, 한티미디어
2. 민만식 (2017), 기초미분적분학, 한티미디어
3. 이규봉 등 (2012), 생활속의 수학, 교우사
4. 이종걸 등 (2007), 생활과 수학, 교우사
5. 우정호 등 (2016), 수학1,2. 미적분학, 확률과통계, 동아출판
6. 이준열 등 (2016), 수학1,2. 미적분학, 확률과통계, 천재교육
7. 민만식 (2015), 행렬대수, 자유아카데미
8. 송혜양 등(1996), 통계학, 자유아카데미
9. 김주영, 김성숙 (2014), 생활과 수학, 교우사
10. 민만식 (2014), 이산수학, 한티미디어
11. 송성주,전명식 (2015), 수리통계학, 자유아카데미
12. 민만식 (2017), 빅데이터분석입문, 한티미디어
13. 민만식 (2016), 확률론, 한티미디어
14. 김주영 등(2014), 금융과 수학, 교우사
15. 윤승창 (2004), 생활속의 통계분석, 북스힐